国家出版基金项目
NATIONAL PUBLICATION FOUNDATION

现代水声技术与应用丛书
杨德森 主编

混沌理论及其在水声信号处理中的应用

李亚安 陈 哲 李惟嘉 著

科学出版社
龍門書局
北 京

内 容 简 介

混沌现象普遍存在于自然界，在水声工程领域，科研人员已经从海洋背景噪声、混响以及水下目标辐射噪声等水声信号中发现了混沌。开展水声信号的混沌研究，可为水下目标信号检测、目标特征提取分类提供新的理论和方法。本书在非线性动力学系统理论的基础上，介绍了非线性系统稳定性与混沌之间的关系，初步分析了非线性系统产生混沌的机理，分别从数学和物理两个方面给出了混沌的定义。以相空间重构理论为基础，介绍了李雅普诺夫指数、分形维数、熵等混沌特征参数的定义和计算方法，并给出了近年来国内同行在水声信号混沌研究领域取得的一些最新成果，包括基于混沌振子的复杂海洋环境低信噪比水下微弱目标信号检测方法和基于熵特征的舰船辐射噪声复杂度分析。

本书可供水声相关领域科研人员参考阅读，也可作为高等院校水声工程和相关专业高年级本科生及研究生的专业参考书。

图书在版编目（CIP）数据

混沌理论及其在水声信号处理中的应用 / 李亚安，陈哲，李惟嘉著. —北京：龙门书局，2023.5

（现代水声技术与应用丛书/杨德森主编）

国家出版基金项目

ISBN 978-7-5088-6316-0

Ⅰ. ①混… Ⅱ. ①李… ②陈… ③李… Ⅲ. ①混沌理论－应用－水声信号－信号处理 Ⅳ. ①TN929.3

中国国家版本馆 CIP 数据核字（2023）第 071253 号

责任编辑：王喜军 纪四稳 张 震 / 责任校对：崔向琳

责任印制：师艳茹 / 封面设计：无极书装

科学出版社
龍門書局 出版

北京东黄城根北街 16 号

邮政编码：100717

http://www.sciencep.com

三河市春园印刷有限公司 印刷

科学出版社发行 各地新华书店经销

*

2023 年 5 月第 一 版 开本：720 × 1000 1/16

2023 年 5 月第一次印刷 印张：12 插页：2

字数：242 000

定价：128.00 元

（如有印装质量问题，我社负责调换）

“现代水声技术与应用丛书”
编　委　会

丛 书 序

海洋面积约占地球表面积的三分之二，但人类已探索的海洋面积仅占海洋总面积的百分之五左右。由于缺乏水下获取信息的手段，海洋深处对我们来说几乎是黑暗、深邃和未知的。

新时代实施海洋强国战略、提高海洋资源开发能力、保护海洋生态环境、发展海洋科学技术、维护国家海洋权益，都离不开水声科学技术。同时，我国海岸线漫长，沿海大型城市和军事要地众多，这都对水声科学技术及其应用的快速发展提出了更高要求。

海洋强国，必兴水声。声波是迄今水下远程无线传递信息唯一有效的载体。水声技术利用声波实现水下探测、通信、定位等功能，相当于水下装备的眼睛、耳朵、嘴巴，是海洋资源勘探开发、海军舰船探测定位、水下兵器跟踪导引的必备技术，是关心海洋、认知海洋、经略海洋无可替代的手段，在各国海洋经济、军事发展中占有战略地位。

从 1953 年中国人民解放军军事工程学院（即“哈军工”）创建全国首个声呐专业开始，经过数十年的发展，我国已建成了由一大批高校、科研院所和企业构成的水声教学、科研和生产体系。然而，我国的水声基础研究、技术研发、水声装备等与海洋科技发达的国家相比还存在较大差距，需要国家持续投入更多的资源，需要更多的有志青年投入水声事业当中，实现水声技术从跟跑到并跑再到领跑，不断为海洋强国发展注入新动力。

水声之兴，关键在人。水声科学技术是融合了多学科的声机电信息一体化的高科技领域。目前，我国水声专业人才只有万余人，现有人员规模和培养规模远不能满足行业需求，水声专业人才严重短缺。

人才培养，著书为纲。书是人类进步的阶梯。推进水声领域高层次人才培养从而支撑学科的高质量发展是本丛书编撰的目的之一。本丛书由哈尔滨工程大学水声工程学院发起，与国内相关水声技术优势单位合作，汇聚教学科研方面的精英力量，共同撰写。丛书内容全面、叙述精准、深入浅出、图文并茂，基本涵盖了现代水声科学技术与应用的知识框架、技术体系、最新科研成果及未来发展方向，包括矢量声学、水声信号处理、目标识别、侦查、探测、通信、水下对抗、传感器及声系统、计量与测试技术、海洋水声环境、海洋噪声和混响、海洋生物声学、极地声学等。本丛书的出版可谓应运而生、恰逢其时，相信会对推动我国水声事业的发展发挥重要作用，为海洋强国战略的实施做出新的贡献。

在此，向 60 多年来为我国水声事业奋斗、耕耘的教育科研工作者表示深深的敬意！向参与本丛书编撰、出版的组织者和作者表示由衷的感谢！

中国工程院院士　杨德森

2018 年 11 月

自　　序

混沌是 20 世纪自然科学重要的发现之一，被誉为继相对论和量子力学之后物理学的第三次革命。混沌是一种类似于随机现象的运动，普遍存在于自然界。目前，研究人员已经从众多的物理和数学模型中发现了混沌运动。通过对这些模型的进一步分析，人们发现产生混沌的模型都是确定性的模型，也就是说，混沌是由确定性的模型产生的一种类似随机的结果。这个类似随机的结果与传统意义上的随机有着很大的不同，即混沌运动看似随机，实则有着非常丰富的内在结构。混沌不是简单的随机，它所体现的运动自相似以及相空间的奇怪吸引子是它区别于传统意义上随机运动的一个显著特点。这些特点用混沌运动的特征参数表述就是具有正的李雅普诺夫指数和非整数的分形维数，以及介于确定性信号和随机信号之间的熵值。目前对产生混沌的机理虽然还没有一个权威性的结论，但是人们普遍接受的一个事实就是：对初值的高度敏感性是确定性系统产生混沌的主要原因，也就是著名的"蝴蝶效应"。另一个被人们普遍接受的事实是：混沌运动是由系统的非线性引起的，非线性是产生混沌的必要条件之一。进一步的研究发现，产生混沌的这些非线性系统除了具有稳定的定点外，还存在不稳定的定点。这些同时存在的稳定和不稳定的定点是产生混沌的另一个重要条件。

混沌理论作为一门快速发展的科学，已经在数学、物理、化学、工程甚至经济领域有着广泛应用。近二十年来，作者一直从事混沌理论研究，特别是在水声信号的混沌方面开展了比较深入的理论和应用研究，先后三次获得国家自然科学基金面上项目的支持。本书内容为作者多年来在水声信号混沌理论研究方面取得的一些成果。

在内容安排方面，本书在介绍混沌基本概念、基本定义的基础上，首先从非线性动力学系统稳定性出发，分析混沌运动产生的机理，介绍混沌特征参数的表征方法；其次以水声信号为对象，介绍混沌理论在水声信号处理方面的应用；再次在相空间重构理论的基础上，介绍基于时间序列的混沌建模方法以及混沌特征参数计算方法，重点对海洋背景噪声、混响、不同类别舰船辐射噪声等水声信号的李雅普诺夫指数、分形维数、熵等混沌特征参数的提取方法进行较为详细的描述；最后介绍基于混沌振子的水下微弱目标信号检测方法。

本书比较注重对一些物理概念的阐述。在仿真计算的基础上，对大量实测水声信号进行了混沌特征参数的提取处理，得出了一些有参考价值的结果。

本书第 1～4 章由李亚安撰写，第 5 章由李惟嘉撰写，第 6、7 章由陈哲撰写；李惟嘉完成了第 2～5 章的仿真和计算，陈哲完成了第 6、7 章的仿真和计算；全书由李亚安统稿。作者在撰写过程中得到了 Shashidhar Siddagangaiah、陈志光、黄泽徽、李肇溪、林惠惠等研究生的支持和帮助，在此一并表示感谢。

本书相关内容的研究得到以下国家自然科学基金面上项目支持："基于混沌理论的弱水下目标信号检测新方法研究"（10474079）、"水声信号的复杂性建模与处理研究"（51179157）、"超低信噪比水下目标信号的混沌振子检测方法研究"（11574250）。

本书是作者在多年从事水声信号混沌研究和混沌理论教学的基础上完成的，在撰写过程中参考了大量的专著和论文，在此表示感谢。

由于作者水平有限，书中难免存在不足之处，恳请广大读者批评指正。

作　者

2022 年 12 月

目　　录

第1章 绪　　论

1.1 混 沌 概 述

混沌是20世纪自然科学重要的发现之一，被誉为继相对论和量子力学之后物理学的第三次革命。混沌理论打破了传统的确定性理论与随机理论之间不可逾越的界限，揭示了自然界及人类社会普遍存在的复杂性，是有序与无序、确定性与随机性的统一。

19世纪末，自然科学中的经典力学在欧洲大地蓬勃发展。随着人们对力学问题研究的不断深入，出现了一些使人无法解释的结果，最具代表性的是庞加莱（J. H. Poincaré）的三体问题。1890年，庞加莱在研究太阳系中的太阳、行星、月球之间的相互运动时，为了回答“太阳系是否永恒稳定”这个问题，他发明了一种几何方法。借助于这个方法，他得出了三体问题具有复杂结构的轨道动力学结论，并说：“这种图形的复杂性如此显著，以致我都不想画它。”[1]这个复杂结构便是自然科学中出现最早的混沌的雏形。1903年，他在《科学与方法》一书中把动力学系统与拓扑学两大领域结合，指出了混沌存在的可能性，从而成为世界上最先研究混沌的学者。他提出的庞加莱映射至今仍然是研究高阶非线性微分方程和混沌运动的一个强有力的工具。庞加莱对三体问题的研究为非线性动力学和混沌理论的发展奠定了基础，同时也开创了非线性动力学研究的一个全新方向，即非线性动力学定性理论。通过该定性理论，庞加莱对二阶非线性动力学系统的奇点进行了分类，引入了非线性系统振荡的极限环概念，并建立了极限环存在的判据，为非线性动力学系统稳定性研究奠定了基础。他所提出的“非线性动力学系统由于对初始条件的敏感依赖而导致的不可预测性”的论述，也可以看成有关非线性确定性系统混沌研究的最早文献记录。

20世纪以来，快速发展的非线性动力学系统研究使得人们对非线性系统与线性系统的本质差别有了进一步的了解。杜芬（G. Duffing）和范德波尔（B. van der Pol）通过对典型非线性振荡系统的深入研究，揭示了次谐振荡、自激振荡等非线性系统的一些固有特性。这些都为随后兴起的混沌研究奠定了基础。杜芬方程和范德波尔方程仍然是目前非线性系统稳定性研究和混沌研究的经典方程。

数字计算机的出现，加快了混沌研究的步伐。计算机使得人们求解高阶非线性微分方程组成为可能。1963年，美国气象学家洛伦茨（E. Lorenz）为了研究大气层中的二维对流问题，用一台数字计算机对二维对流数学模型进行了求解。由于当时计算机的运行速度很慢，他不得不采用分段计算的方法，即利用上次计算的结果作为本次计算的初值。一个小时之后，当他喝完咖啡回到计算机前时，奇迹出现了：原本应当准确重复的解，却变成了“杂乱无章”的结果。后来他在《大气科学》杂志上发表的《确定性的非周期流》一文中指出：在气候不能精确重演与长期天气预报者无能为力之间必然存在着某种联系，这就是非周期性与不可预见性之间的联系。他还指出：对于一个连续变化的状态，可能存在一个临界点；在这一点上，小的变化可能放大为大的变化。混沌的思想就是这些点无处不在。“对初始条件的敏感性和运动轨迹的不可预测性”这一混沌理论的本质由洛伦茨首先提了出来。为了形象地描述混沌运动的这种特性，人们将它比喻为“蝴蝶效应”：一只南美洲亚马孙河流域热带雨林中的蝴蝶，偶尔扇动几下翅膀，可以在两周以后引起美国得克萨斯州的一场龙卷风。

1971 年，吕埃勒（D. Ruelle）和塔肯斯（F. Takens）在研究流体的湍流问题时，首次从数学上给出了奇怪吸引子的定义，这是一个与混沌概念更为接近的定义[2, 3]。几年之后，美国生态学家梅（R. M. May）在研究动物种群的繁衍规律时，发现了混沌现象，即著名的逻辑斯谛映射。他在《自然》杂志发表的论文《具有复杂动力学过程的简单数学模型》向人们表达了混沌理论的一个惊人信息：简单确定论数学模型可以产生混沌[4-6]。1977 年，第一次国际混沌学术会议在意大利召开，标志着混沌科学的正式诞生。1978 年，美国物理学家费根鲍姆（M. J. Feigenbaum）在《统计物理学》杂志上发表了关于普适性的论文《一类非线性变换的定量普适性》[7]，指出：系统从规则运动向复杂运动转化具有普适性。普适性理论揭示了混沌运动和它的状态转移之间必然的联系。按照普适性理论，研究人员分别在他们各自的流体力学、机械系统、化学反应以及半导体电路等领域发现了混沌。

在混沌理论发展过程中，另一位举足轻重、对混沌理论做出过重大贡献的学者是美国数学家芒德布罗（B. B. Mandelbrot）[8, 9]。20 世纪 70 年代末，芒德布罗发现了存在于复杂运动和图形中的分形维数，并用分形维数从几何角度成功地描述了这些复杂现象。同时，一些学者利用分形维数研究生物振荡，首次从生理节奏信号和心脏跳动信号中求出了具有分数维的维数。分形维数和后来发展的芒德布罗集拓展了混沌研究的范围，成为今天人们研究混沌运动的经典方法。

1975 年，美国马里兰大学的美籍华人数学家李天岩（T. Y. Li）和数学家约克（J. A. Yorke）在美国《数学月刊》发表名为《周期 3 意味着混沌》的论文[10]，首次从数学上给出了混沌的定义。这就是混沌理论中著名的 Li-Yorke 定理。

1976 年，梅在《自然》杂志发表了名为《具有复杂动力学过程的简单数学模型》的论文[4]，以逻辑斯谛模型为基础，系统地分析了它的非线性动力学特征，考察了混沌区的精细结构，发现了周期倍分岔是通向混沌的一条必经之路。

1980年，费根鲍姆在梅的基础上发现了混沌运动倍周期分岔间距的几何收敛率，即周期缩小的倍数收敛于一个常数，这就是著名的费根鲍姆常数[11]。

从1980年开始，一场世界范围的非线性研究热潮在各地迅速兴起。混沌、分形、奇怪吸引子以及它们的应用一时成为非线性动力学领域人们广泛关注的热门话题。1984年，加拿大物理学家格拉斯（L. Glass）在《物理评论》（*Physics Review*）发表论文《周期驱动生物振荡的广义分岔》，开创了从实验观测数据，即利用时间序列计算分形维数的方法，促进了混沌应用的进一步发展。从此，混沌从单纯的理论研究开始向应用研究方向扩展。到了20世纪90年代，混沌理论已经与其他学科互相渗透。无论是在数学、物理学、化学、电子学、信息学、生物学、心理学，还是在天文学、气象学、经济学、人口学，甚至在音乐、艺术等领域，混沌理论都得到了一定的应用。正如混沌理论的倡导人之一，美国海军部官员施莱辛格（M. Shlesinger）所说，“20世纪科学将永远铭记的只有三件事，那就是相对论、量子力学与混沌”。相对论消除了关于绝对空间与时间的幻想，量子力学消除了关于可控测量过程的牛顿式的梦想，而混沌则消除了拉普拉斯关于决定论式可预测性的幻想。

1.2 非线性动力学系统概述

自然界及人类社会的一切规律和运动，均是非线性的。线性系统只是在某种条件下的近似。在非线性世界里，随机性和复杂性是它的主要特征。但同时，在这些极为复杂的现象背后，却存在着某种规律性。一个从外部观察好像随机变化的时间序列，通过相空间重构，在高维空间出现了奇怪吸引子。通过计算它的几何特征，得出了分数维的分形维数。通过计算它的非线性动力学特征，得出了正的李雅普诺夫指数。透过表面的无序、混乱状态，揭示了隐藏在复杂现象后面的规律性，以及局部和整体之间的本质联系。非线性系统中的混沌与分形理论从不同角度，以新的观念、新的方法研究了这些复杂现象的本质。

19世纪末20世纪初，以庞加莱、李雅普诺夫、伯克霍夫（G. D. Birkhoff）等为代表的科学家，以在动力学系统领域进行的有关非线性振荡研究为标志，建立了非线性系统理论。苏联的科学家在促进非线性系统理论研究和应用研究的结合方面做出了重要贡献，使得庞加莱、李雅普诺夫、伯克霍夫方法在非线性振荡理论，尤其是非线性动力学系统理论的分析方面形成了较为完整的理论体系。1960年以后，随着苏联非线性系统理论的论文在西方国家的大量引用，非线性系统理论的研究热潮在全世界迅速兴起。

庞加莱最早提出了常微分方程组的周期解理论，并在此基础上提出了庞加莱映射。利用庞加莱映射，将非线性微分方程组的周期解映射到某一截面（庞加莱截面），通过研究该截面上解的几何特征，在低维空间研究原方程组的运动特性。通过对连续方程和离散方程解的性质研究，他提出了结点（node）、鞍点（saddle）和焦点（focus），并定义了通过鞍点的稳定和不稳定的两个不变流形。在研究三体问题时，庞加莱将三体问题的解投影到一个固定截面上，对周期解附近的运动轨迹进行分析，得到了极其复杂的互相缠绕、不能解开的相轨迹图。它被认为是混沌现象的最早描述。

同庞加莱一样，李雅普诺夫在非线性系统理论的建立方面也做出了巨大贡献。1892 年，俄国数学家李雅普诺夫（A. M. Lyapunov）在他的著作《运动稳定性的一般问题》[12]中提出了非线性动力学稳定性分析，即线性化方法和直接法。线性化方法从非线性系统线性逼近的稳定性中得出了非线性系统在一个平衡点附近的局部稳定性。直接法不限于局部运动，它通过为系统构造一个“类能量”的标量函数，并检查该标量函数的时变性以确定非线性系统的稳定性。半个多世纪过去了，李雅普诺夫关于稳定性的开创性理论在俄国之外没有引起多大反响。直到 20 世纪 60 年代初，随着控制理论的发展，李雅普诺夫稳定性理论才引起了世界各国理论界的广泛关注。今天，李雅普诺夫的线性化方法已经成为线性控制系统的理论依据，而直接法已经成为非线性系统分析、设计的重要工具。在混沌理论中，常用李雅普诺夫指数度量非线性系统运动对初值的敏感性，它是确定混沌是否存在的一个重要特征参数。正的李雅普诺夫指数意味着混沌。利用李雅普诺夫指数还可以区分出混沌运动和随机运动。李雅普诺夫指数和分形维数已经成为混沌判据的两个重要特征参数。

在非线性系统理论的发展中，伯克霍夫也发挥了重要作用。在学术研究上，伯克霍夫是庞加莱的忠实“信徒”，他曾对庞加莱的三体问题给出了完整的证明。他提出的系统遍历性定理[13, 14]以及对庞加莱稳定性理论和微分方程几何理论的扩充，形成了非线性系统理论较为完整的体系。他在《动态系统》一书中写道：“动态系统理论的最终目的，是对所有可能的运动给出定性的结论，并求出这些运动之间的相互关系。”利用庞加莱思想，伯克霍夫于 1927 年给出了动态系统运动的分类。

从 1925 年开始，非线性系统理论研究出现了两种不同的方法：第一种属于经典方法，它针对物理学和工程中的特定问题采用特定的方法进行处理；第二种方法对具体问题不感兴趣，它针对不同领域不同系统抽象的数学模型，研究它们的共同规律。因此，非线性系统理论的研究出现了定性研究和定量研究。定性研究利用方程的奇异点描述系统的运动状态。定量研究采用庞加莱的小参数摄动法和渐近法，对复杂的非线性函数进行幂级数展开，采用线性化方法研究非线性系统的动态特性。

李雅普诺夫稳定性理论，庞加莱的微分方程组的定性理论、点映射理论，以及伯克霍夫对动态系统运动的分类，构成了非线性系统理论的基础。

1967 年，安德罗诺夫（A. A. Andronov）等发表的《动力学系统的分岔理论》标志着由庞加莱等建立的非线性系统理论已经由定性研究转向工程应用。通过对非线性振荡现象的研究，安德罗诺夫最早提出了“自由振荡（或自激振荡）对应相空间的极限环”，并提出了非线性系统运动的结构复杂性（structural complexity）概念，指出：一个非线性系统的结构复杂性与它的维数有关，维数越高，运动越复杂；当非线性系统的结构复杂性增加时，它的运动将从规则向不规则过渡，最终出现混沌。同时，他还完成了对自治非线性系统相平面的全局研究。

安德罗诺夫对非线性系统理论的又一重大贡献是建立了分岔（bifurcation）理论。1967 年，他研究了具有多样性复杂系统焦点在相平面产生的分岔现象[15, 16]，提出了非线性系统结构稳定性概念，即对于一个非线性动态系统，如果它的运动的拓扑结构不随系统参数的微小变化而改变，则称该系统是结构稳定的。他指出了实际物理系统必须满足的条件：解必须存在；解是唯一的；解在初始条件或边界条件上连续；系统必须是结构稳定的。

1967 年，斯梅尔（S. Smale）提出了高阶系统结构稳定性的充分条件[17]。高阶系统的奇怪吸引子是研究混沌现象的重要途径，具有鞍-焦点奇异值的同宿（homoclinic）映射与复杂的混沌运动有关。1994 年，斯尼科夫（L. P. Shilnikov）将奇怪吸引子分为三类：超吸引子（hyperbolic attractor）、洛伦茨吸引子（Lorenz attractor）和准吸引子（quasi attractor）[18]。超吸引子满足斯梅尔于 1963 年提出的同宿轨道周围存在复杂结构理论，即著名的斯梅尔马蹄，同时它也是结构稳定的。周期轨道和同宿轨道是稠密的并且具有相同的鞍点类型，对应于所有相同维数的轨迹，它具有稳定的或不稳定的流形。超吸引子是一个理论模型，很难将它应用于实际系统。对于洛伦茨吸引子，尽管它的同宿轨道和异宿轨道是稳定的，且处处稠密，但它并不要求结构稳定。当系统参数小范围变化时，没有稳定轨道出现。超吸引子和洛伦茨吸引子是随机的，因此可用随机理论对它进行研究。准吸引子不是随机的，它的特性比前两种要复杂得多。准吸引子包含不同拓扑结构的周期轨道和结构不稳定轨道。由蔡氏电路（Chua’s circuit）产生的吸引子属于这一类。对于三维系统，从理论上讲它应该包含无穷多个稳定的周期轨道，而实际由于数值计算精度的限制，只能获得有限个这样的轨道。准吸引子可由洛伦茨模型、哈农映射、蔡氏电路等产生。准吸引子的复杂性是由于系统存在不稳定的同宿轨道，它导致了吸引子结构与系统参数之间的高度敏感性。准吸引子是结构不稳定的。

从 1960 年开始，随着计算机技术的迅速发展，非线性系统的数值计算方法在非线性系统的定性分析和定量分析方面发挥了巨大作用，使非线性系统理论研究进入了一个新的阶段。

在非线性系统的应用研究中，时间序列分析具有重要作用。非线性系统时间序列通常由系统状态的某一观测值获得。对于一个有限长度的时间序列$\{x_n\}(n=0,1,\cdots,N-1)$，一般情况下，它与原非线性系统微分同胚。它的吸引子A是相空间的一个子集，在A的一个小邻域内，以任意初值出发的系统状态都收缩或渐近收缩到A。对于混沌情况，这种运动只发生在某些特定方向，这样就导致初值的微小变化引起吸引子的不规则变形。对于实验观测数据，首先必须区分混沌信号与随机噪声。这时，传统的功率谱分析遇到了很大的局限性。利用混沌理论中的李雅普诺夫指数和分形维数等非线性特征参数，可以有效地区分出频谱特性相似的混沌信号和随机噪声。对于混沌信号，它的李雅普诺夫指数大于零，或者它的分形维数为分数。混沌分析常用的维数主要包括 Kolgomorov 容量维数D_K、信息维数D_I、关联维数D_C等。关联维数的优点之一是计算方便，因此在混沌时间序列分析中，主要采用关联维数作为混沌特征的一个指标。

对时间序列进行混沌分析，首先采用相空间重构（phase space reconstruction）建立混沌分析的数学模型。格拉斯伯格（P. Grassberger）等给出了相空间重构的具体方法[19, 20]，这些方法为混沌系统的进一步分析奠定了基础。

1.3　混沌、分形相关问题

对于动力学系统的运动，不论是耗散系统还是保守系统，都可以用相空间中的轨迹表示。如果运动方程不含随机项，那么它描述的是一种确定性运动；如果运动方程包含随机项，那么它描述的是一种随机运动。混沌是确定性系统在有限维相空间中出现的高度不稳定运动，它表现为由确定性系统产生貌似随机的不规则运动。自然界中存在的大多数运动都具有混沌特性，规则运动只在局部和相对较短的时间内存在。保守系统分为可积系统与不可积系统，不可积意味着混沌。如果以非线性动力学方程的结构和参数为坐标轴构造一个空间，那么这个空间中绝大多数方程都是不可积的，它们都具有混沌特性。对于耗散系统，当非线性增强时，一般都会出现混沌。

对于混沌的定义，可分别从物理学和数学两方面给出。在物理学定义中，称具有正的李雅普诺夫指数的非线性动力学系统是混沌的。对于混沌的数学定义，数学家则从度量空间的连续自映射出发给出了较为严格的定义，即混沌运动具有以下特征：①动力学特性对初值的高度敏感性；②稠密轨道的拓扑特性；③周期点稠密；④具有奇怪吸引子，它能把系统的运动吸引并束缚在特定的范围内；⑤具有遍历性，它能在一定范围内，按其自身的规律不重复地遍历相空间的所有状态；⑥具有宽的傅里叶（Fourier）功率谱；⑦具有分数维的奇怪点集，对耗散系统具有奇怪吸引子。

目前，混沌研究主要包括以下方面。

1. 混沌产生的途径

非线性系统从规则运动通向混沌的途径主要有：倍周期分岔，规则运动经过周期不断倍化、分岔，最终进入混沌；准周期分岔，一种是经过平衡、周期运动、准周期运动到达混沌，另一种是经过准周期运动、周期运动到达混沌；阵发混沌；Hamilton 系统中 KAM（Kolmogorov-Arnold-Moser）环面破裂引起的混沌。

2. 混沌的判据

混沌判据主要包括以下方法：相空间分析法，它的理论依据是塔肯斯的嵌入维定理，相空间重构可以在一定的条件下保持系统的几何特性不变；庞加莱映射法，它把连续的高维动力学系统化为离散的低维动力学系统；李雅普诺夫指数法，李雅普诺夫指数用来度量运动对初值的敏感程度，当李雅普诺夫指数为正时表明系统存在混沌；分形维数法，对于耗散系统，具有分数维的吸引子维数是混沌存在的重要特征；测度熵或拓扑熵法，测度熵或拓扑熵是衡量系统的信息量在运动中变化的量，如果处在某个区间，就认为系统存在混沌。

3. 混沌的控制

混沌现象是由动力学系统的非线性及其参数变化引起的。因此，通过改变系统的非线性或调整系统的某些参数，可实现对混沌的控制。早在 1950 年，范德波尔就指出：预先计划好而且小心选择的大气层内的微小扰动可以在一段时间之后造成人们想要的巨大的天气变化。按照这种思想，Pettini[21]在 1990 年用计算机模拟，通过观察最大李雅普诺夫指数的方法，得到了通过适当的参数扰动可以达到消除杜芬方程的混沌现象的目的。随后，Farmer 等[22]和 Ott 等[23]提出了一种较为系统和严密的参数扰动方法，旨在通过逐次局部线性化配合小参数调整，实现控制混沌的目的。这种方法有两个突出的优点：一是它不要求知道严格的系统数学方程，二是通过微小的控制信号可以获得明显的控制效果。它的缺点是人为因素起主导作用，参数的调整没有固定的模式遵循。

混沌的控制具有许多与常规控制（确定性或随机性）不同的特点。常规控制一般不考虑系统输出对状态初值的敏感性，不会把系统的输出轨迹引向不稳定的极限环或不动点，不考虑通过改变系统状态稳定性的分支点去达到某种控制目的，更不会试图把一个稳定状态的系统引导到临界稳定或混沌状态（反控制）。但是，对于混沌控制，人们正是通过控制分支点或控制李雅普诺夫指数而达到混沌控制的目的[24, 25]。

混沌控制是近年来一个新的研究方向，它已经引起了工程、数学、物理、化学、生物、医学、经济甚至社会科学等多个领域学者的关注。在涉及混沌的系统中，有逻辑斯谛映射、洛伦茨方程、杜芬振子和蔡氏电路等混沌模型。值得指出的是，尽管目前已经存在大量的研究成果，但是混沌控制仍然是一个全新的研究领域。很多新的理论和方法有待进一步研究，特别是如何利用混沌系统特有的功能造福人类，是一个极其重大而又深远的研究课题。

4. 混沌的应用

从表面看，混沌是非线性动力学系统输出的一种“混乱无序”的状态，通常是人们不希望得到的。因此，早期的混沌研究，一方面侧重于混沌产生的机理和混沌的特征判据；另一方面侧重于对混沌的控制研究，主要目的是消除这种不需要的甚至是对系统有害的输出状态。然而，这仅仅是事物的一个方面。近代科学技术中的一些令人惊讶的发现表明：混沌在许多情况下是有益的，甚至是非常有用的。美国加利福尼亚大学伯克利分校从事了三十多年大脑神经科学研究（特别是大脑神经活动的混沌现象）的 Freeman 教授指出[26]：“大脑中被控制的混沌现象其实不仅仅是大脑复杂性的一种副产品”，控制混沌现象的这种能力“可能是大脑区别于任何一种人工智能机器的主要特征”。Shinbrot 等[27]在一篇综述中提到另一个例子：几年前，美国国家航空航天局（National Aeronautics and Space Administration，NASA）的科学家使用非常少量的残余氢液燃料，把一个飞行装置送到 5000 万 mi（1mi≈1.61km）之外，跨越了太阳系，从而实现了第一次科学彗星的对接。他们指出：这一功绩归咎于天体力学中的三体问题对微小扰动的极度敏感性，而这在非混沌系统中是不可能的，因为那种系统需要巨大的控制能量才能获得巨大的功效。在保密通信中，使用同步技术把复杂的混沌信号混合在有用信号之中，然后发射出去，可以造成对方破译时的极度困难[28-31]。在医学方面，人们已经开始了控制心脏跳动韵律的尝试：从混沌状态到规则的周期脉动，甚至控制人类大脑活动的行为[32-35]。在混沌信号处理方面，Haykin 等[36, 37]通过对海洋表面雷达波的反射研究，得出了雷达海杂波（sea clutter）具有混沌特性的结论，并利用雷达海杂波的混沌特性，成功地对海洋表面缓慢漂移的浮冰进行了探测。

1.4 混沌在水声信号处理中的应用

在水声信号的混沌研究方面，美国加利福尼亚大学圣地亚哥分校的 Abarbanel 教授等[38, 39]对水声信号的非线性混沌建模进行了研究，并将其成功地应用于水下目标信号的非线性检测。他们承担的美国海军“宽带被动声呐信号检测”研究项目，由于采用非线性混沌建模和混沌特征参数检测，在解决非高斯、非平稳、低信噪比水下目标信号的检测方面取得了一定成果。他们将这一成果应用于美国海军现役的宽带被动声呐系统，使声呐系统对微弱水下目标信号的探测能力在系统原有硬件性能指标不变的条件下有所提高。Abarbanel 教授等的研究成果在国际上开创了将混沌理论应用于水声信号处理的先例。

与此同时，利用混沌理论研究海洋背景噪声的非线性建模和预测也取得了一定进展。在海洋背景噪声预测方面，Frison 等[40-42]对特定海区、特定海况的海洋背景噪声特性进行分析、研究，结果表明：海洋背景噪声不仅具有非高斯、非平稳、非线性特性，而且具有明显的混沌特性。通过进一步的研究发现：海洋背景噪声的非线性特征与传统意义下的白噪声或色噪声的非线性特征具有明显的区别，在某些条件下海洋背景噪声具有一定的可预测性。这一成果为海洋背景噪声的局部预测打下了基础。海洋背景噪声的这种可预测性对于水声信号中的非平稳信号处理、微弱目标信号检测和复杂水声信号的非线性滤波等都是非常有用的。

国内从 20 世纪 90 年代开始了水声信号的混沌研究。章新华等[43]通过对舰船辐射噪声的非线性特性进行研究，得出了舰船辐射噪声具有混沌特性的结论，并利用舰船辐射噪声的混沌特性，对目标舰船进行了识别与分类。宋爱国等[44]利用非线性动力学系统方法研究了基于极限环的舰船辐射噪声非线性特征分析及提取，它是一种类似于相空间分析的特征提取方法。针对水声信号的分形特性，陈捷[45]开展了基于分形与混沌理论的水下目标特征提取研究，首次将分形理论引入水声信号的处理中，利用水声信号具有的分形特征对其进行了分类。蔡志明等[46, 47]通过对混响干扰的非线性分析，得出了海洋混响具有混沌属性的结论，为混响抑制提出了一种新的方法。陈志光等[48, 49]利用混沌振子对水下微弱目标信号进行了检测。2015 年，Siddagangaiah 等在国际著名刊物 *Chaos* 上发表了一篇题为“On the dynamics of ocean ambient noise：Two decades later”的综述性论文[50]，对 20 年来海洋背景噪声的非线性研究，特别是混沌研究进行了系统性的综述，并对 20 年来普遍承认的海洋背景噪声存在低维混沌现象的结论提出了疑问。作者分别采用分形维数、李雅普诺夫指数、非线性预测、熵等多种非线性分析方法，通过对大量海洋背景噪声数据进行分析，得出海洋背景噪声更趋向于具有“非线性随机动力成分”，而不是简单的“低维混沌成分”的结论，引起了水声信号处理界的关注。

从 20 世纪 90 年代开始，国内众多学者利用非线性动力学和混沌理论，开展了针对海洋背景噪声、混响干扰以及水下目标辐射噪声的非线性动力学建模、背景噪声和混响干扰的非线性降噪、目标辐射噪声的混沌特征参数提取、水下微弱目标信号的混沌振子检测等研究。这些研究一方面扩展了水声信号非线性动力学和混沌研究的内容，另一方面也为后续研究奠定了基础。

参 考 文 献

[1] Poincaré J H. New Methods of Celestial Mechanics[M]. Washington: National Aeronautics and Space Administration, 1967.

[2] Ruelle D, Takens F. On the nature of turbulence[J]. Les Rencontres Physiciens-Mathématiciens de Strasbourg-RCP25, 1971, 12: 1-44.

[3] Takens F. Detecting Strange Attractors in Turbulence[M]. Berlin: Springer, 1981.

[4] May R M. Simple mathematical models with very complicated dynamics[J]. Nature, 1976, 261(5560): 459-467.

[5] May R M. Deterministic models with chaotic dynamics[J]. Nature, 1975, 256(5514): 165-166.

[6] May R M, Oster G F. Bifurcations and dynamic complexity in simple ecological models[J]. The American Naturalist, 1976, 110(974): 573-599.

[7] Feigenbaum M J. Quantitative universality for a class of nonlinear transformations[J]. Journal of Statistical Physics, 1978, 19(1): 25-52.

[8] Mandelbrot B B. The Fractal Geometry of Nature[M]. New York: WH Freeman, 1982.

[9] Mandelbrot B B, van Ness J W. Fractional brownian motions, fractional noises and applications[J]. SIAM Review, 1968, 10(4): 422-437.

[10] Li T Y, Yorke J A. Period three implies chaos[J]. The American Mathematical Monthly, 1975, 82(10): 985-992.

[11] Feigenbaum M J. The transition to aperiodic behavior in turbulent systems[J]. Communications in Mathematical Physics, 1980, 77(1): 65-86.

[12] Lyapunov A M. The general problem of the stability of motion (1892, in Russian, reprinted in English)[J]. International Journal of Control, 1992, 55(3): 531-534.

[13] Birkhoff G D. Structure analysis of surface transformations[J]. Journal de Mathématiques Pures et Appliquées, 1928, 7: 345-380.

[14] Birkhoff G D. Dynamical Systems[M]. Washington: American Mathematical Society, 1927.

[15] Andronov A A, Witt A A, Khaikin S E. Theory of oscillators[J]. The Mathematical Gazette, 1967, 51(378): 377-378.

[16] Andronov A A, Leontovich E A, Gordon I E, et al. Bifurcation Theory of Dynamical Systems in the Plane[M]. Moscow: Editions Nauka, 1967.

[17] Smale S. Diffeomorphisms with many periodic points[J]. Matematika Topology, 1967, 11(4): 88-106.

[18] Shilnikov L P. Chua's circuit: Rigorous results and future problems[J]. International Journal of Bifurcation and Chaos, 1994, 4(3): 489-519.

[19] Grassberger P, Procaccia I. Measuring the strangeness of strange attractors[J]. Physica D, 1983, 9(1-2): 189-208.

[20] Benettin G, Galgani L, Strelcyn J M. Kolmogorov entropy and numerical experiments[J]. Physical Review A, 1976, 14(6): 2338.

[21] Pettini M. Controlling Chaos Through Parametric Excitations[M]. Berlin: Springer, 1990.

[22] Farmer J D, Sidorowich J J. Predicting chaotic time series[J]. Physical Review Letters, 1987, 59(8): 845.

[23] Ott E, Grebogi C, Yorke J A. Controlling chaos[J]. Physical Review Letters, 1990, 64(11): 1196.

[24] Kaplan J L, Yorke J A. Chaotic Behavior of Multidimensional Difference Equations[M]. Berlin: Springer, 1979.

[25] Jackson E A. Perspectives of Nonlinear Dynamics: Volume1[M]. Cambridge: Cambridge University Press, 1989.

[26] Freeman W J. The physiology of perception[J]. Scientific American, 1991, 264(2): 78-85.

[27] Shinbrot T, Grebogi C, Yorke J A, et al. Using small perturbations to control chaos[J]. Nature, 1993, 363(6428): 411-417.

[28] Pecora L M, Carroll T L. Synchronization in chaotic systems[J]. Physical Review Letters, 1990, 64(8): 821-824.

[29] Pecora L M, Carroll T L. Driving systems with chaotic signals[J]. Physical Review A, 1991, 44(4): 2374-2383.

[30] Cuomo K M, Oppenheim A V, Strogatz S H. Robustness and signal recovery in a synchronized chaotic system[J]. International Journal of Bifurcation and Chaos, 1993, 3(6): 1629-1638.

[31] Hasler M. Synchronization of chaotic systems and transmission of information[J]. International Journal of Bifurcation and Chaos, 1998, 8(4): 647-659.

[32] Garfinkel A, Spano M L, Ditto W L, et al. Controlling cardiac chaos[J]. Science, 1992, 257(5074): 1230-1235.

[33] Brandt M E, Chen G. Controlling the dynamical behavior of a circle map model of the human heart[J]. Biological Cybernetics, 1996, 74(1): 1-8.

[34] Brandt M E, Chen G. Feedback control of a quadratic map model of cardiac chaos[J]. International Journal of Bifurcation and Chaos, 1996, 6(4): 715-723.

[35] Schiff S J, Jerger K, Duong D H, et al. Controlling chaos in the brain[J]. Nature, 1994, 370(6491): 615-620.

[36] Haykin S, Lung H. Is there a radar clutter attractor[J]. Applied Physics Letters, 1990, 56(5-6): 592-595.

[37] Leung H, Lo T. Chaotic radar signal processing over the sea[J]. IEEE Journal of Oceanic Engineering, 1993, 18(3): 287-295.

[38] Abarbanel H D I, Katz R. Application of chaotic signal processing to a signal of interest[J]. U.S. Navy Journal of Underwater Acoustics, 1995, 44(2): 35-39.

[39] Abarbanel H D I, Frison T W, Tsimring L S. Time domain analysis of signals from nonlinear sources[J]. IEEE Signal Processing Magazine, 1998, 15(3): 49-65.

[40] Frison T W, Abarbanel H D I, Cembrola J, et al. Chaos in ocean ambient "noise"[J]. The Journal of the Acoustical Society of America, 1996, 99(3): 1527-1539.

[41] Frison T W, Abarbanel H D I, Cembrola J, et al. Nonlinear analysis of environmental distortions of continuous wave signals in the ocean[J]. The Journal of the Acoustical Society of America, 1996, 99(1): 139-146.

[42] Frison T W, Abarbanel H D I, Earle M D, et al. Chaos and predictability in ocean water levels[J]. Journal of Geophysical Research: Oceans, 1999, 104(C4): 7935-7951.

[43] 章新华, 张晓明, 林良骥. 舰船辐射噪声的混沌现象研究[J]. 声学学报, 1988, 23(2): 134-140.

[44] 宋爱国, 陆佶人. 基于极限环的舰船噪声信号非线性特征分析及提取[J]. 声学学报, 1999, 24(4): 407-415.

[45] 陈捷. 基于分形与混沌理论的水下目标特征提取研究[D]. 西安: 西北工业大学, 2000.

[46] 蔡志明, 郑兆宁, 杨士莪. 水中混响的混沌属性分析[J]. 声学学报, 2002, 27(6): 497-501.

[47] 姜可宇, 蔡志明. 主动声纳中混响干扰的一种非线性抑制方法[J]. 信号处理, 2007, 23(2): 235-238.

[48] 陈志光, 李亚安, 陈晓. 基于 Hilbert 变换及间歇混沌的水声微弱信号检测方法研究[J]. 物理学报, 2015, 64(20): 69-76.

[49] 黄泽徽, 李亚安, 陈哲, 等. 基于多尺度熵的 Duffing 混沌系统阈值确定方法[J]. 物理学报, 2020, 69(16): 17-25.

[50] Siddagangaiah S, Li Y, Guo X, et al. On the dynamics of ocean ambient noise: Two decades later[J]. Chaos: An Interdisciplinary Journal of Nonlinear Science, 2015, 25(10): 103117.

第 2 章　非线性动力学系统理论基础

2.1　概　　述

非线性动力学系统（nonlinear dynamical system）是指可以用非线性微分方程或非线性差分方程描述的一类动态系统，主要研究系统状态随时间的演化规律。同一般的线性动力学系统相比较，非线性动力学系统具有以下显著特点：①线性系统中常用的叠加原理对非线性动力学系统不再适用；②非线性动力学系统运动的周期不像线性系统那样仅由系统参数确定，一般还与初始条件有关；③非线性动力学系统可能出现多个平衡点和稳态运动，这些平衡点也称为定点，系统的动力学行为既取决于这些平衡点的位置和稳态运动的稳定性，也与初始条件有关；④实际工程中存在的非线性动力学系统，它的响应与外加扰动的频率存在复杂的依赖关系，而线性系统响应的频率与外加扰动的频率是相同的；⑤需要指出的是，线性系统仅存在周期运动或准周期运动，而非线性动力学系统则会出现混沌、分岔等复杂运动。

在非线性动力学系统中，状态变量的变化规律通常用非线性微分方程或差分方程表示，这些方程统称为非线性动力学方程（nonlinear dynamical equation）或状态方程（state equation）。通常情况下，非线性微分方程很难得到其解析解，一般用数值计算得到它的数值解。

2.2　非线性动力学系统方程

2.2.1　动力学方程的一般形式

通常情况下，一个动力学系统可以用如下微分方程组表示[1, 2]：

$$\dot{x}_i = f_i(x_j),\quad i, j = 1, 2, \cdots, n \tag{2.1}$$

也可以写成如下矢量形式：

$$\dot{\boldsymbol{x}} = \boldsymbol{f}(\boldsymbol{x}) \tag{2.2}$$

式中，$\boldsymbol{x}$ 为 n 维欧氏空间 $\mathbf{R}^n$ 中的矢量，称为状态变量，n 为独立状态变量的个数，也称为系统的自由度。$\dot{\boldsymbol{x}}=\dfrac{\mathrm{d}\boldsymbol{x}}{\mathrm{d}t}$ 是其一阶导数。上述方程也可以写成如下矩阵形式：

$$\begin{bmatrix}\dot{x}_1\\\dot{x}_2\\\vdots\\\dot{x}_n\end{bmatrix}=\begin{bmatrix}f_1(x_1,x_2,\cdots,x_n)\\f_2(x_1,x_2,\cdots,x_n)\\\vdots\\f_n(x_1,x_2,\cdots,x_n)\end{bmatrix} \tag{2.3}$$

$$\boldsymbol{x}=(x_1,x_2,\cdots,x_n)^{\mathrm{T}}\in\mathbf{R}^n$$

$$\boldsymbol{f}=(f_1,f_2,\cdots,f_n)^{\mathrm{T}}\in\mathbf{R}^n$$

式中，T 表示矩阵的转置。通常情况下，把由状态变量 $\boldsymbol{x}$ 张成的空间 $\mathbf{R}^n$ 称为状态空间（state space）或相空间（phase space）。

式（2.3）表示的微分方程为一般动力学方程的标准形式，它们代表了所要分析的动力学系统的状态变化规律，称为系统的动力学方程（dynamical equation）或状态方程。

若上述给出的代表动力学系统的微分方程组不显含时间 t，则称它为自治的（autonomous）动力学方程。若方程组中显含时间 t，则称其为非自治的（non-autonomous）动力学方程。一般情况下，所有常见的高阶非线性常微分方程都可以转化为自治的一阶常微分方程组。因为对于任意一个高阶自治方程，只要简单地把各阶导数赋予不同的新变量即可。例如，对于如下二阶常微分方程：

$$\ddot{\boldsymbol{x}}=\boldsymbol{f}(\boldsymbol{x},\dot{\boldsymbol{x}})$$

只要令 $\boldsymbol{y}=\dot{\boldsymbol{x}}$，则上式可以化为如下一阶常微分方程组：

$$\begin{cases}\dot{\boldsymbol{x}}=\boldsymbol{y}\\\dot{\boldsymbol{y}}=\boldsymbol{f}(\boldsymbol{x},\boldsymbol{y})\end{cases}$$

对于显含时间 t 的非自治方程，只要把方程中显含的时间 t 看成新的变量，即做变量代换 $z=t$，并引入一个新的方程 $\dot{z}=1$，这样原来的 n 阶非自治方程就变成了一个 $n+1$ 阶的自治微分方程组。

方程（2.1）或方程（2.2）的解代表了动力学系统中的每一个状态变量随时间的变化规律，这种变化规律只取决于方程本身和初始条件，而与时间起点的选择无关，即系统具有时间平移不变性。同时，方程的解也可以用状态随时间变化的曲线在相空间中加以描述。在相空间中，每一时刻的状态都可以用相空间的一点或矢量 $\boldsymbol{x}$ 表示，状态随时间的变化称为相空间中的轨线。所有从那些相互邻近的初始条件出发而形成的轨线的集合称为动力学系统的流[3, 4]（flow）。简单地说，流代表了动力学系统运动的一个趋势。

2.2.2　动力学系统的定点

在研究动力学系统状态随时间的变化规律时，有一类状态具有非常重要的意义，即定态[5]（steady state）。动力学系统的定态是研究动力学系统随时间变化的一类特殊状态。定态就是系统的所有状态变量对时间 t 的导数等于零时对应的状态，即

$$\frac{\mathrm{d}x_i}{\mathrm{d}t} = f_i(x_j) = 0, \quad i, j = 1, 2, \cdots, n \tag{2.4}$$

由于微分方程组中各状态变量对时间 t 的一阶导数等于零，定态就是一类不随时间变化的状态。定态在相空间中的点称为定点（fixed point），有时也称为不动点或平稳点（stationary point）。

由式（2.4）可以很容易地看出，对于相空间中的定点，其相轨迹在此定点上无确定的斜率，这是因为

$$\frac{\mathrm{d}x_i}{\mathrm{d}x} = \frac{\mathrm{d}x_i}{\mathrm{d}t}\Big/\frac{\mathrm{d}x}{\mathrm{d}t} = \frac{0}{0} \tag{2.5}$$

这种斜率不确定的点称为奇点（singular point），有时也称为临界点（critical point）。在相空间中，除了奇点以外的所有其他点都有确定的斜率，这样的点称为寻常点（ordinary point）或解析点（analytical point）。

方程（2.1）或方程（2.2）还有一个重要性质，就是在相空间中，除了奇点之外，所有的轨线均不相交。这是因为对于一个自治的微分方程组，有以下等式成立：

$$\frac{\mathrm{d}x_i}{\mathrm{d}x_k} = \frac{\mathrm{d}x_i}{\mathrm{d}t}\Big/\frac{\mathrm{d}x_k}{\mathrm{d}t} = \frac{f_i(x_j)}{f_k(x_j)}, \quad i, j, k = 1, 2, \cdots, n \tag{2.6}$$

由于方程组是自治的，式(2.6)中 f_i 和 f_k 在相空间中每一点的值都是唯一的，从而轨线在任一点的斜率也是确定的，并且是唯一的，这就表明相空间的轨线不能相交。

但是应当注意，在以下两种情况下相空间的轨线可以相交：①若方程组是非自治的，则 f_i 和 f_k 是时间 t 的显函数，这时对于相空间中的给定点，不同时刻 t，f_i 和 f_k 的值可以不同，即轨线在同一点可以有不同的斜率，也就是说，轨线可以相交。②如果将高维系统的轨线投影到低维空间，如将三维系统的轨线投影到二维平面，那么即使系统在三维空间的轨线不相交，但是若将它们投影到二维平面，轨线在二维平面也可以相交。利用这个性质可以通过相空间中的轨线是否相交来判断所研究的系统的维数是否正确。例如，当在一个二维平面研究动力学系

统的特性时，若遇到相空间轨线相交，则系统不是二维的，它的维数是高于二维的。

2.2.3　微分方程解的不同形式

由前面的介绍可知，一个代表动力学系统的微分方程组，它的解反映了这个动力学系统的运动特性。因此，通过求解这些代表动力学系统的微分方程组，就可以得到动力学系统的运动状态，也就是动力学系统随时间演变的一般规律。前面介绍的动力学系统的定态或定点就是一类最简单的运动状态。定态或定点有稳定和不稳定之分，一个动力学系统的微分方程往往不止具有一个定点。这些定点有些稳定，有些不稳定。对于稳定的定点，其附近的轨线随着时间的演变将趋于此定点，而对于那些不稳定的定点，其附近的轨线将远离此定点，这些都是相对简单的运动形式。

对于不稳定的定点，远离的形式主要包括以下三种[6]：一是轨线离开原来的定点而趋于另一个稳定的定点；二是轨线随着时间的变化无限地偏离原来的定点而趋于无穷，这时对应的解是发散的，也是不稳定的；三是轨线随着时间的变化在某一有限的范围内不断变化，即它的解既不趋于某一定点也不趋于无穷，这时对应的解是振荡的。

动力学系统的振荡解反映了系统运动的一种复杂形式。理论上讲，只有当描述动力学系统的微分方程的阶数大于等于 2 时，即式（2.1）满足 $n \geqslant 2$ 时才可能存在振荡解。对振荡解的分析是研究非线性系统运动复杂性的重要内容。通常情况下，振荡解具有以下三种形式[7]。

1. 周期振荡

顾名思义，周期振荡是指它的状态变化总是周而复始地重复进行，具有明确的周期。周期振荡在相空间的轨迹是围绕某一不稳定奇点的闭曲线。除少数情况之外，如无阻尼单摆的保守系统的线性振荡，多数非线性系统的周期振荡均与初始条件无关，而只与方程本身及其中的参数有关。

例如，对于以下范德波尔方程：

$$\ddot{x} + \alpha(x^2 - 1)\dot{x} + \omega^2 x = 0 \tag{2.7}$$

式中，α、ω 为与系统参数有关的常数，ω 为系统的固有频率。当 $\alpha = \omega = 1$ 时，系统对应不同初始条件的解 $x(t)$ 随时间的变化曲线 x-t 和在二维相平面 $\dot{x}$-x 中的相轨迹如图 2.1 所示。

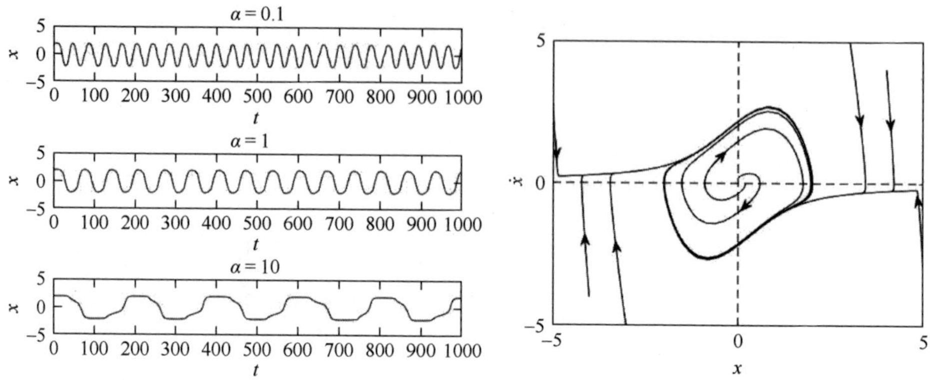

图 2.1　范德波尔方程的解和相轨迹图

由图 2.1 可以看出，虽然 $x=\dot{x}=0$ 是方程的一个定点，但是由于该定点不稳定，相平面上所有通过此定点的轨线都远离它。不同初始条件的解经过一段时间的暂态过程以后最终都落在一条包围此定点的闭曲线上。相平面上的这种闭曲线称为极限环。

2. 准周期振荡

式（2.7）表示的范德波尔方程，其等号右端等于零，因此它是一类未加外界扰动的非线性微分方程。对于这类未加扰动的范德波尔方程，它的解如图 2.1 所示，是一个周期振荡过程，具有一个与系统参数有关的固有振荡频率 ω。若对此系统外加一个频率为 Ω 且幅值为 F 的周期扰动，则方程变成如下形式：

$$\ddot{x}+\alpha(x^2-1)\dot{x}+\omega^2 x=F\cos(\Omega t) \tag{2.8}$$

显然，这时的非线性系统具有两个不同的振荡频率，即系统的固有频率 ω 和外加的扰动频率 Ω。这两个不同的频率将在系统中产生耦合，并相互作用，对系统的运动产生影响。需要说明的一点是，除了系统外加的扰动频率 Ω 对系统的运动产生影响，外加扰动幅值的大小 F 也会对系统的运动产生影响。通过改变系统外加的扰动频率 Ω 和扰动幅值 F 改变非线性系统的运动特性，进而使其在周期态和混沌态之间转换，可实现对微弱周期信号的检测，有关这方面的内容可参见第 6 章。

对于式（2.8）表示的具有外加扰动的范德波尔方程，当外加扰动的频率与系统的固有频率之比 $\Omega/\omega=r$ 为有理数时，运动仍然是周期的。这时的频率有两种可能性，即系统外加扰动的频率 Ω，或者 $r\Omega$，即外加扰动频率的有理数倍数，这就是锁频现象。

但是当 Ω/ω 为无理数时，情况就大不相同了。例如，将式（2.8）的外加扰动改为 $F\cos(\sqrt{2}t)$，使之变为如下形式：

$$\ddot{x}+\alpha(x^2-1)\dot{x}+\omega^2 x=F\cos(\sqrt{2}t) \tag{2.9}$$

为了便于仿真计算，在式（2.9）中令 $\alpha=\omega=F=1$，用计算机求解得到如图 2.2 所示的结果。

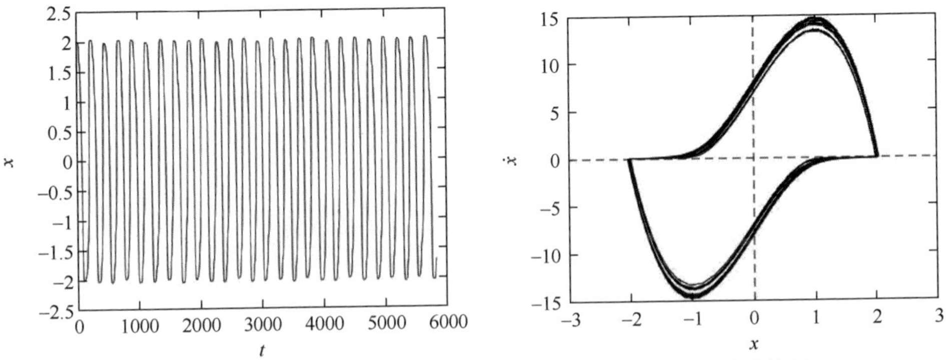

(a) x-t曲线　　(b) 相轨迹图

图 2.2　受迫范德波尔方程的准周期振荡

图 2.2（a）是受迫范德波尔方程的 x-t 曲线，图 2.2（b）是它在二维相平面 $\dot{x}$-x 上的相轨迹图。粗看起来，它的 x-t 曲线好像是周期的，但是仔细一看，它与周期振荡还是有一定的区别。而图 2.2（b）则清楚地显示出了它在二维相平面上的相轨迹图。和具有周期振荡的图 2.1（b）的相轨迹图比较，图 2.2（b）所示的准周期振荡的相轨迹是一条封闭带，而不是封闭线。这种由两个振荡频率耦合而成的系统，两个频率之比为无理数，从而导致系统出现貌似周期而实际却并不是周期的这种振荡，称为准周期振荡。

3. 混沌

除了以上介绍的两种常见的周期运动，自然界还存在另一种运动，即混沌运动。混沌运动是一种复杂的运动形式，它的最大特点就是随机性的周期变化[8, 9]。目前，已经发现有多个非线性微分方程，如洛伦茨方程、范德波尔方程、杜芬方程等在满足一定的条件下可产生混沌。有关混沌的详细介绍请参见后续章节。这里以杜芬方程为例，说明非线性动力学系统如何产生混沌这种复杂的运动。

$$\ddot{x}+0.3\dot{x}-x+x^3=0.4\cos(1.2t) \tag{2.10}$$

对于式（2.10）表示的杜芬方程，等号右边部分表示外加作用力或外加扰动。在没有外加扰动（即方程右端等于零）的条件下，可将其表示成以下形式的二元微分方程组：

$$\begin{cases} \dot{x}_1 = x_2 \\ \dot{x}_2 = -0.3x_2 + x_1 - x_1^3 \end{cases} \tag{2.11}$$

用计算机求解上述方程可得不同初值条件下的 x-t 曲线，如图 2.3 所示。

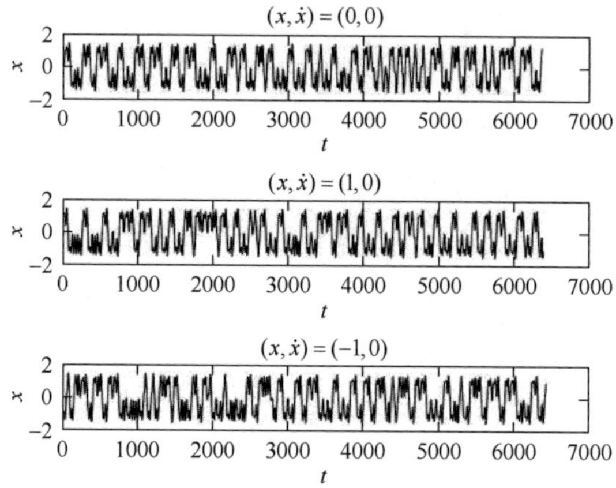

图 2.3　杜芬方程不同初值的解

令式（2.11）的导数等于零，可求得杜芬方程在相平面上的三个定点，它们分别是 $S(0,0)$、$F_1(0,-1)$、$F_2(0,1)$，如图 2.4 所示。由解的稳定性判据可以得出，除了 S 点是不稳定的定点外，其余两点 F_1 和 F_2 均为稳定的定点。

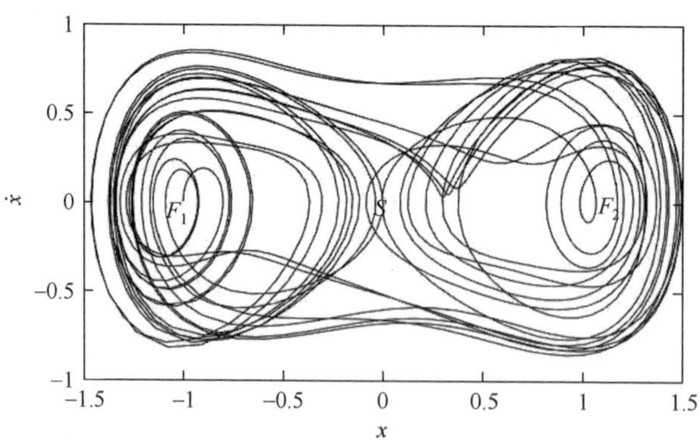

图 2.4　杜芬方程的定点

由图 2.4 杜芬方程的定点分布可以看出，不同初始条件的轨线在通过不稳定的定点 S 时被分隔为两个区域，即一些区域的轨线最终都趋于左侧的稳定定点 F_1，其余区域的轨线都趋于右侧的稳定定点 F_2。

通常情况下，非线性动力学系统方程往往具有多个定点，这多个定点将相空间划分为不同的区域或吸引域。不同区域的轨线将趋于不同的稳定定点或趋于无穷大。如果对这类系统加上随时间变化的外加扰动，系统便有可能越过不同区域的分界线，在不同区域之间来回变化，从而形成复杂的振荡。当方程中参数的取值不同或者外加扰动的幅值和频率不同时，系统既可能做周期运动，也可能做准周期运动，或做混沌运动。图 2.4 代表的杜芬系统的相轨迹图就是一个典型的混沌运动的相轨迹图。

2.3　非线性动力学系统的稳定性和李雅普诺夫直接法

动力学系统的稳定性是指系统的状态变量受到微小的扰动后，系统的运动规律是否稳定，即受扰系统的运动规律经过一段时间以后是否趋近于受扰之前系统的运动规律。对于稳定系统，其扰动之后的运动状态将自动返回扰动之前的运动状态，系统可以长期稳定地处于此状态。反之，对于不稳定系统，其扰动之后的运动状态将不能返回此前的状态。

判断动力学系统稳定性常用的方法是李雅普诺夫稳定性判别法。李雅普诺夫稳定性判别法分为两种：间接法和直接法。间接法首先将非方程在奇点附近线性化，然后利用线性方程判断定点的稳定性；直接法采用类似力学中用能量判断平衡态的方法，利用能量函数直接加以判断。

本节在动力学系统稳定性分析的基础上，给出非线性动力学系统稳定性的定义。有关李雅普诺夫稳定性的直接法和间接法将在后续的小节中给出。

2.3.1　李雅普诺夫稳定性定义

李雅普诺夫稳定性定义给出了动力学系统稳定和渐近稳定的定义。

李雅普诺夫稳定　对于由方程（2.1）～方程（2.3）所表示的微分方程组，当 $t=t_0$ 时，方程的解为 $\boldsymbol{x}_0(t_0)$，方程受到任一小的扰动以后的解为 $\boldsymbol{x}(t_0)$。若对于任意小的数 $\varepsilon>0$，总有一个小的数 $\eta(\varepsilon,t_0)>0$ 存在，使得当

$$\|\boldsymbol{x}(t_0)-\boldsymbol{x}_0(t_0)\|<\eta(\varepsilon,t_0)$$

时必有

$$\|\boldsymbol{x}(t)-\boldsymbol{x}_0(t)\|<\varepsilon,\quad t_0<t$$

则称解 $\boldsymbol{x}(t)$ 是李雅普诺夫意义下稳定的，简称李雅普诺夫稳定。$\|\boldsymbol{x}(t)\|$ 表示矢量 $\boldsymbol{x}(t)$ 的模，两个矢量 $\boldsymbol{x}(t)$ 和 $\boldsymbol{y}(t)$ 之差的模 $\|\boldsymbol{x}(t)-\boldsymbol{y}(t)\|$ 表示两矢量之间的距离。

李雅普诺夫渐近稳定　若 $\boldsymbol{x}_0(t)$ 是稳定的，并且满足：

$$\lim_{t\to\infty}\|\boldsymbol{x}(t)-\boldsymbol{x}_0(t)\|=0$$

则称此解是渐近稳定的。

不满足李雅普诺夫稳定或渐近稳定的解称为不稳定解。李雅普诺夫稳定性表示在外界扰动或初始条件发生微小变化，即 η 很小时，解不至于发生太大的偏离，即 ε 也很小。对于渐近稳定，即使系统受到外界扰动，它的解最终仍可以回到原来无扰动时的状态。对于不稳定的情形，系统的任何扰动或初始条件的微小变化就足以使系统的运动状态偏离原来的解而超出任意给定的范围。

2.3.2　李雅普诺夫稳定性定理

对于定点 x_0，为了判断它的稳定性，首先需要在相空间中以 x_0 为原点引入一个如下定义的李雅普诺夫函数 $\boldsymbol{V}(x)$。

李雅普诺夫函数　设 $\boldsymbol{V}(x)$ 是一个定义在相空间坐标原点的一个小的邻域 D 中的连续函数，并且 $\boldsymbol{V}(x)$ 是正定的，即除了 $\boldsymbol{V}(0)=0$ 外，对于 D 中所有其他点，均有 $\boldsymbol{V}(x)>0$。称这样的函数为李雅普诺夫函数。

李雅普诺夫函数对解的全导数　定义 $\boldsymbol{V}(x)$ 沿方程（2.1）解 $x(t)$ 的全导数为

$$\dot{\boldsymbol{V}}(x)=\frac{\mathrm{d}\boldsymbol{V}(x)}{\mathrm{d}t}=\sum_{i=1}^{n}\frac{\partial \boldsymbol{V}(x)}{\partial x_i}\frac{\partial x_i}{\partial t}=\sum_{i=1}^{n}\frac{\partial \boldsymbol{V}}{\partial x_i}f_i \tag{2.12}$$

利用李雅普诺夫直接法判断微分方程组（2.1）定点稳定性的三个定理分别如下。

定理 2.1　若对于微分方程组（2.1），存在一个李雅普诺夫函数 $\boldsymbol{V}(x)$，其全导数 $\dot{\boldsymbol{V}}(x)$ 是负半定的，即对于 D 中所有点均有 $\dot{\boldsymbol{V}}(x)\leqslant 0$，则方程的定点是稳定的。

定理 2.2　如果对于微分方程组（2.1），存在一个李雅普诺夫函数 $\boldsymbol{V}(x)$，其全导数 $\dot{\boldsymbol{V}}(x)$ 是负定的，即除了 $\dot{\boldsymbol{V}}(0)=0$，对于 D 中其他点均有 $\dot{\boldsymbol{V}}(x)<0$，也就是说，除了原点，在其他点处 $\boldsymbol{V}(x)\dot{\boldsymbol{V}}(x)<0$，则方程的定点是渐近稳定的。

定理 2.3　如果对于微分方程组（2.1），存在一个李雅普诺夫函数 $\boldsymbol{V}(x)$，其全导数 $\dot{\boldsymbol{V}}(x)$ 是正定的，即除了原点，在其他点处 $\boldsymbol{V}(x)\dot{\boldsymbol{V}}(x)>0$，则方程的定点是不稳定的。

李雅普诺夫稳定性定理的几何说明　为了说明李雅普诺夫稳定性定理的原理，假设微分方程组只有两个变量 x_1 和 x_2，在相平面 (x_1,x_2) 上取定点为原点，作垂直于此平面的 z 轴，定义李雅普诺夫函数：

$$z=\boldsymbol{V}(x_1,x_2)$$

则$V(x_1,x_2)$在三维空间(x_1,x_2,z)构成一个曲面。根据$V(x_1,x_2)$的定义，该曲面在原点$(0,0,0)$的一个邻域内具有一个类似开口朝上的杯子形状，且位于相平面的上方，而在原点处与相平面相切。对于方程的任一解$(x_1(t), x_2(t))$，它在相平面上的轨线其实就是$V(x_1,x_2)$曲面上相应曲线在相平面的投影。

当$\dot{V}(x_1,x_2)$为负半定，即$\dot{V}(x_1,x_2)\leqslant 0$时，$V(x_1,x_2)$曲面上的曲线只能向下或沿水平方向，而不能向上，从而它总是被限制在某一水平面以下。所以此曲线在相平面的投影也总是被限定在一个半径为ε的区域内，因此原点所表示的定点是李雅普诺夫稳定的，这就是定理 2.1 的说明。

当$\dot{V}(x_1,x_2)$为负定，即$\dot{V}(x_1,x_2)<0$时，$V(x_1,x_2)$曲面上的曲线始终向下，最后收敛于原点，因此定点是渐近稳定的，这就是定理 2.2 的说明。

当$\dot{V}(x_1,x_2)$为正定，即$\dot{V}(x_1,x_2)>0$时，$V(x_1,x_2)$曲面上的曲线随着时间t的增大而始终增大，其在相平面的投影将超出半径为ε的区域，从而原点所表示的定点是不稳定的。

2.4　李雅普诺夫间接法和奇点分类

李雅普诺夫间接法也称为第一方法，即在奇点的邻域内把非线性微分方程线性化，然后利用线性方程的解对奇点的稳定性做出判断。通常情况下，非线性微分方程很难得到其解析解，而线性方程则易于求解和分析。另外重要的一点是，通过对线性方程的分析，可以得到原非线性方程解的性质及其相应奇点的分类。

2.4.1　非线性微分方程的线性化和线性稳定性定理

设$x_{i0}(t)(i=1,2,\cdots,n)$为非线性微分方程（2.1）的一个解。为了研究此解的稳定性，令$x_i(t)$表示此解附近的另一解，即

$$x_i(t)=x_{i0}(t)+\xi_i(t) \tag{2.13}$$

解$x_{i0}(t)$称为参考解或参考点，相应的状态称为参考态；$\xi_i(t)$实际上就是状态$x_i(t)$对参考态的偏离。为了分析非线性微分方程（2.1）定点的稳定性，取定点作为参考点，将式（2.13）代入式（2.1）并对其进行泰勒级数展开得到

$$\begin{aligned}\dot{x}_{i0}(t)+\dot{\xi}_i(t)&=f_i(x_j)=f_i(x_{j0}+\xi_j)\\&=f_i(x_{j0})+\sum_{j=1}^{n}\left(\frac{\partial f_i}{\partial x_j}\right)_0\xi_j+0(\xi_j^2)\end{aligned} \tag{2.14}$$

式中，$0(\xi_j^2)$表示ξ_j的二次和二次以上无穷小项；下标 0 表示在参考点处取值。由此可以得到如下线性方程：

$$\dot{\xi}_i = \sum_{j=1}^{n}\left(\frac{\partial f_i}{\partial x_j}\right)_0 \xi_j = \sum_{j=1}^{n} a_{ij}\xi_j \tag{2.15}$$

式中

$$a_{ij} = \left(\frac{\partial f_i}{\partial x_j}\right)_0$$

式（2.15）也可以写成如下矩阵形式：

$$\dot{\boldsymbol{\xi}} = \boldsymbol{A}\boldsymbol{\xi} \tag{2.16}$$

式中，矩阵 $\boldsymbol{A}$ 称为系数矩阵或雅可比矩阵，具有以下形式：

$$\boldsymbol{A} = \begin{bmatrix} a_{11} & a_{12} & \cdots & a_{1n} \\ a_{21} & a_{22} & \cdots & a_{2n} \\ \vdots & \vdots & & \vdots \\ a_{n1} & a_{n2} & \cdots & a_{nn} \end{bmatrix} \tag{2.17}$$

方程（2.15）或方程（2.16）就是非线性方程（2.1）在参考点（定点）附近的线性化方程。需要注意的是，此线性化方程仅仅在参考点的一个小邻域内才有意义。如果原非线性方程有多个定点，则上述线性化必须对不同的定点分别进行，不同的定点在其邻域内具有不同的线性化方程。

显然，上述线性化方程的原点就是它的平凡解，此解代表了原非线性方程参考点。线性化方程是很容易求解并分析其稳定性的。由线性化方程原点的稳定性分析原来非线性方程参考点的稳定性基于如下线性稳定性定理。

定理 2.4（线性稳定性定理）　对于一个非线性方程，在参考点 $x_{i0}(t)$ 处利用泰勒级数展开对其进行线性化处理。若它的线性化方程的定点是渐近稳定的，则参考点 $x_{i0}(t)$ 是非线性方程的渐近稳定解；若线性化方程的定点是不稳定的，则参考点也是非线性方程的不稳定解。

有关定理的证明可参考相关文献。上述定理表明，对于非线性方程，可以根据其线性化方程的渐近稳定和不稳定分别判断它的稳定性。

下面就依据非线性微分方程的线性稳定性定理，介绍非线性微分方程的劳斯-赫尔维茨判据。

2.4.2　劳斯-赫尔维茨判据

由以上线性稳定性定理可以看出，通过对原非线性方程在定点附近进行线性化，利用线性化以后的线性方程对原非线性方程的稳定性进行分析将是一种行之有效的方法。

线性方程 $\dot{\xi} = A\xi$ 是通过对原非线性方程（2.1）在定点 $x_{i0}(t)$ 附近通过泰勒级数展开得到的，具有如下形式的基本解：

$$\xi_i = \xi_{i0}\mathrm{e}^{\lambda t}, \quad i = 1, 2, \cdots, n \tag{2.18}$$

ξ_i 为对应特征值为 λ 的特征矢量；ξ_{i0} 为 $t = 0$ 时的 ξ_i。将式（2.18）代入式（2.16）得

$$\lambda\xi_{i0} = A\xi_{i0} \tag{2.19}$$

式（2.19）表示式（2.18）中的 ξ_i 是方程（2.16）的解，其对应的特征值是 λ，它的平凡解是 $\xi_{i0} = \mathbf{0}$。此齐次代数方程具有非平凡解（nontrivial solution）的条件是其系数矩阵 A 的特征方程等于零，即

$$\begin{bmatrix} a_{11}-\lambda & a_{12} & \cdots & a_{1n} \\ a_{21} & a_{22}-\lambda & \cdots & a_{2n} \\ \vdots & \vdots & & \vdots \\ a_{n1} & a_{n2} & \cdots & a_{nn}-\lambda \end{bmatrix} = 0$$

也可以写成如下形式：

$$a_0\lambda^n + a_1\lambda^{n-1} + \cdots + a_{n-1}\lambda + a_n = 0 \tag{2.20}$$

它是一个关于 λ 的 n 次代数方程，设其解为 $\lambda_1, \lambda_2, \cdots, \lambda_n$，则方程（2.16）的每一个特解都具有式（2.18）的形式。由于方程（2.16）是线性的，由叠加原理可知它的通解应是这些特解之和，即

$$\xi = \sum_{i=1}^{n} c_i\xi_i \tag{2.21}$$

常数 c_i 由 $t = 0$ 时的初始条件决定。

由微分方程理论可知，只有当方程（2.20）的所有特征值 λ_i 的实部都为负值时，解式（2.21）的每一项才收敛，这时解才是渐近稳定的。反之，只要有一个特征值 λ_i 的实部为正，它的解就不稳定。

由以上分析可知，为了判断定点的稳定性，必须求解方程（2.20），得到 λ 的 n 个根，这在实际使用过程中是很难做到的。为此，劳斯（Routh）和赫尔维茨（Hurwitz）提出了一种不用求解方程就可以判断其根的实部是否为负的方法，即劳斯-赫尔维茨判据。为此，设方程（2.20）的 $a_0 > 0$，构造如下行列式：

$$
\begin{cases}
\Delta_1 = a_1 \\
\Delta_2 = \begin{vmatrix} a_1 & a_0 \\ a_3 & a_2 \end{vmatrix} \\
\Delta_3 = \begin{vmatrix} a_1 & a_0 & 0 \\ a_3 & a_2 & a_1 \\ a_5 & a_4 & a_3 \end{vmatrix} \\
\Delta_4 = \begin{vmatrix} a_1 & a_0 & 0 & 0 \\ a_3 & a_2 & a_1 & a_0 \\ a_5 & a_4 & a_3 & a_2 \\ a_7 & a_6 & a_5 & a_4 \end{vmatrix} \\
\quad\vdots \\
\Delta_n = \begin{vmatrix} a_1 & a_0 & 0 & 0 & \cdots & 0 \\ a_3 & a_2 & a_1 & a_0 & \cdots & 0 \\ a_5 & a_4 & a_3 & a_2 & \cdots & 0 \\ a_7 & a_6 & a_5 & a_4 & \cdots & 0 \\ \vdots & \vdots & \vdots & \vdots & & \vdots \\ a_{2n-1} & a_{2n-2} & a_{2n-3} & a_{2n-4} & \cdots & a_n \end{vmatrix}
\end{cases}
\tag{2.22}
$$

劳斯-赫尔维茨判据　方程（2.20）的所有特征值 λ_i 都有负的实部的充要条件是上述所有行列式都是正的，即

$$\Delta_i > 0, \quad i = 1, 2, \cdots, n$$

由此可见，为了判断定点的稳定性，只要利用式（2.20）或式（2.22）即可。

2.4.3　线性方程解及其稳定性

本节就 $n = 2$ 时线性方程的稳定性问题给出一般性的结论。

当 $n = 2$ 时，方程（2.15）变为

$$
\begin{cases}
\dot{\xi}_1 = a_{11}\xi_1 + a_{12}\xi_2 \\
\dot{\xi}_2 = a_{21}\xi_1 + a_{22}\xi_2
\end{cases}
\tag{2.23}
$$

其中

$$a_{ij} = \left(\frac{\partial f_i}{\partial x_j}\right)_0, \quad i, j = 1, 2$$

方程（2.23）具有如下形式的解：

$$\xi_1 = \xi_{10}\mathrm{e}^{\lambda t}, \quad \xi_2 = \xi_{20}\mathrm{e}^{\lambda t} \tag{2.24}$$

将式（2.24）代入式（2.23）得到关于ξ_{10}和ξ_{20}的齐次代数方程：

$$\lambda\begin{bmatrix}\xi_{10}\\ \xi_{20}\end{bmatrix}=\begin{bmatrix}a_{11} & a_{12}\\ a_{21} & a_{22}\end{bmatrix}\begin{bmatrix}\xi_{10}\\ \xi_{20}\end{bmatrix} \tag{2.25}$$

整理式（2.25），可得

$$\begin{bmatrix}a_{11}-\lambda & a_{12}\\ a_{21} & a_{22}-\lambda\end{bmatrix}\begin{bmatrix}\xi_{10}\\ \xi_{20}\end{bmatrix}=0 \tag{2.26}$$

式（2.26）具有非平凡解（平凡解是ξ_{10}、ξ_{20}均为零）的条件是λ为下述特征方程的解：

$$\begin{bmatrix}a_{11}-\lambda & a_{12}\\ a_{21} & a_{22}-\lambda\end{bmatrix}=0 \tag{2.27}$$

或

$$\lambda^2-T\lambda+\varDelta=0 \tag{2.28}$$

$\varDelta$和T分别是方程（2.23）系数矩阵（或雅可比矩阵）的行列式和迹（trace），即

$$\begin{cases}\varDelta=a_{11}a_{22}-a_{12}a_{21}\\ T=a_{11}+a_{22}\end{cases} \tag{2.29}$$

方程（2.28）有两个根，分别是

$$\lambda_1=\frac{T+\sqrt{T^2-4\varDelta}}{2},\quad \lambda_2=\frac{T-\sqrt{T^2-4\varDelta}}{2} \tag{2.30}$$

式中，λ_1、λ_2为方程（2.25）的特征值。由此可以得到线性方程组（2.23）的两组线性无关的解分别是

$$\begin{cases}\xi_1=A_1\mathrm{e}^{\lambda_1 t}\\ \xi_2=B_1\mathrm{e}^{\lambda_1 t}\end{cases},\quad \boldsymbol{u}=\begin{bmatrix}A_1\\ B_1\end{bmatrix} \tag{2.31}$$

和

$$\begin{cases}\xi_1=A_2\mathrm{e}^{\lambda_2 t}\\ \xi_2=B_2\mathrm{e}^{\lambda_2 t}\end{cases},\quad \boldsymbol{v}=\begin{bmatrix}A_2\\ B_2\end{bmatrix} \tag{2.32}$$

$\boldsymbol{u}$、$\boldsymbol{v}$分别是系数矩阵对应的特征值λ_1、λ_2的特征向量。因此，方程（2.23）的通解是上述两组解的叠加：

$$\begin{cases}\xi_1=c_1\mathrm{e}^{\lambda_1 t}+c_2\mathrm{e}^{\lambda_2 t}\\ \xi_2=c_3\mathrm{e}^{\lambda_1 t}+c_4\mathrm{e}^{\lambda_2 t}\end{cases} \tag{2.33}$$

式中，系数c_1、c_2、c_3、c_4由初始条件决定。

利用以上结果，可得非线性方程组在$n=2$时解的稳定性，分为以下三种情形：

（1）若 λ_1、λ_2 的实部都是负的，则由式（2.33）可得

$$\lim_{t\to\infty}\|\xi_i\|=0,\quad i=1,2$$

即解 ξ_i 和 x_{i0} 都是渐近稳定的，这里的 x_{i0} 为式（2.13）的另一个参考解。

（2）若 λ_1、λ_2 中至少有一个实部为正，则

$$\lim_{t\to\infty}\|\xi_i\|=\infty,\quad i=1,2$$

即 ξ_i 是不稳定的，从而非线性方程组的参考解 x_{i0} 也是不稳定的。

（3）若 λ_1、λ_2 中至少有一个实部等于零，另一个的实部为负，则 ξ_i 是稳定的，但不是渐近稳定的。这时非线性方程的参考解 x_{i0} 处于临界情形，必须做进一步的分析。

由以上讨论可知，对于二阶非线性微分方程，它的稳定性可以通过其线性化后的线性方程的解加以判断。线性方程解的稳定性可由它的系数矩阵的行列式 $\varDelta$ 和迹 T 决定，即

（1）当 $\varDelta>0$、$T<0$ 时，对应的非线性微分方程是渐近稳定的；

（2）当 $\varDelta>0$、$T>0$ 或 $\varDelta<0$ 时，对应的非线性微分方程是不稳定的；

（3）当 $\varDelta=0$、$T<0$ 或 $\varDelta>0$、$T=0$ 时，对应的非线性微分方程是临界稳定的，这时的稳定性需要做进一步的分析。

2.4.4　奇点（定点）的分类

对于以上给出的二阶非线性微分方程，可以根据线性方程系数矩阵的行列式 $\varDelta$ 和迹 T 取值不同从而导致特征根不同的事实，进而对线性方程的解和非线性方程的定点进行如下分类。

结点（node）：当 $\varDelta>0$ 且 $T^2-4\varDelta\geqslant 0$ 时，由式（2.33）得到的两个特征根 λ_1、λ_2 都是实的，而且符号相同。当 $T>0$ 时，解将按指数规律增大最终远离定点，称为不稳定结点；当 $T<0$ 时，解将按指数规律减小最终趋于定点，称为稳定结点。

焦点（focus）：当 $\varDelta>0$ 且 $T^2-4\varDelta<0$ 时，由式（2.33）得到的两个特征根 λ_1、λ_2 都是复数，可表示为 $\lambda=\lambda_{\mathrm{r}}\pm\mathrm{i}\lambda_{\mathrm{i}}$，其虚部 λ_{i} 代表振荡部分，实部 λ_{r} 代表振荡的包络。当 $T>0$ 时，$\lambda_{\mathrm{r}}>0$，振荡的振幅按指数规律增大，这时的解或定点是不稳定的；当 $T<0$ 时，$\lambda_{\mathrm{r}}<0$，振荡的振幅按指数规律衰减，这时的解或定点是稳定的，这样的定点称为焦点。从以上分析可以看出，焦点也有稳定与不稳定之分，$T>0$ 对应不稳定焦点，$T<0$ 对应稳定焦点。

中心（center）：当 $T=0$ 且 $\varDelta>0$ 时，两个特征根都是虚的，对应的解是一个等幅振荡，在相平面上的轨迹是一条封闭的曲线，这时的定点称为中心。对于中

心，由于其邻域的轨线也是闭曲线，定义中心为李雅普诺夫稳定，而不是渐近稳定，对应前述的第三种情形，即临界稳定。

鞍点（saddle）：当$\varDelta<0$时，两个特征值都是实的，其中一个为正，另一个为负。对应相平面上的两个定点，一个是稳定的，另一个是不稳定的。由于其相平面的轨迹类似于马鞍的形状，故称其为鞍点。

2.4.5　全局稳定性和捕捉区

李雅普诺夫稳定性的间接分析方法在奇点的一个小的邻域内把原非线性方程利用泰勒级数进行线性化，然后利用线性方程的解对奇点的稳定性做出判断。这样得到的稳定性是一个局部稳定的概念，即这种稳定性是相对于定点的一个邻域的。通常情况下，这种局部稳定性分析的结果不能推广到整个相空间。

同李雅普诺夫稳定性的间接法相比，直接法是稳定性分析的一个全局分析方法。这里首先给出非线性系统全局稳定性的定义。

非线性系统的全局稳定性　若一个非线性系统在$t\to\infty$时，系统收敛于相空间$\mathbf{R}^n$的某一有限子集合上，则称系统具有全局稳定性。

由以上全局稳定性的定义可以看出，尽管非线性系统的稳定性分析有局部分析和全局分析两种方法，但是这两种方法的适用范围不同，得到的结果也不同。由局部分析得到某定点稳定并不意味着此定点也全局稳定。同样，某定点局部不稳定也不意味着此定点全局不稳定。只有对非线性系统进行全局分析，才能得到全局稳定性的结论。

有了非线性系统全局稳定性的定义，下面介绍与全局稳定性有关的一个非常重要的概念，即捕捉区的定义。

非线性系统的捕捉区　当非线性系统全局稳定时，其轨线所收敛的单连通闭区域称为系统的捕捉区。

从以上非线性系统全局稳定性和捕捉区的定义可以看出，实际上这两个概念是密切相关的。对于一个非线性系统，只要能证明它存在捕捉区，就可以说系统具有全局稳定性。另外，只要系统的初始条件在捕捉区，系统也具有全局稳定性。利用全局稳定性和捕捉区的概念，可以进一步给出吸引子的定义。

2.5　极　限　环

在非线性系统的分析过程中，极限环是一种最典型和最具实际意义的周期振荡[10]。本节将讨论有关极限环的一些基本知识。简单起见，本节讨论的极限环仅限于二维相平面。

2.5.1 极限环和轨道稳定性

前面已经提到，范德波尔方程在 $a=\omega=1$ 时的周期解是极限环。实际上，只要 $a>0$，奇点 $(0,0)$ 不稳定，那么在奇点的周围就可以形成极限环。反之，当 $a<0$ 时，奇点 $(0,0)$ 是稳定的焦点，其附近的轨线都要趋于此奇点，因此不可能形成极限环。称 $a>0$ 时范德波尔方程形成的极限环为稳定极限环。

还有一种不稳定极限环，即在稳定的奇点附近，非线性方程也有封闭曲线形式的解。但是，当系统出现振荡时，这个解最终要离开此振荡状态而落在此奇点所表示的稳定定态上，或者远离振荡状态，这种闭曲线也称为极限环，但是它是不稳定的，称为不稳定极限环。

为了更好地理解极限环的概念，下面引出轨道稳定性的定义。

轨道稳定性（orbital stability）　对于一个轨道 $\boldsymbol{x}(t)$，任意给定一小量 ε，若存在另一小量 $\eta(\varepsilon)$，使得 $\boldsymbol{x}(t)$ 与其邻近另一轨道 $\boldsymbol{X}(t)$ 之间的距离满足：

$$\left\|\boldsymbol{X}(t_0)-\boldsymbol{x}(t_0)\right\|<\eta(\varepsilon)$$

则对任一时刻 $t>t_0$，总有

$$\left\|\boldsymbol{X}(t)-\boldsymbol{x}(t)\right\|<\varepsilon$$

则称轨道 $\boldsymbol{x}(t)$ 是稳定的。若满足：

$$\lim_{t\to\infty}\left\|\boldsymbol{X}(t)-\boldsymbol{x}(t)\right\|=0$$

则轨道 $\boldsymbol{x}(t)$ 是渐近稳定的。

上述轨道稳定性的定义表明，随着时间 t 的增加，轨道 $\boldsymbol{x}(t)$ 邻近的所有其他轨道始终都限制在一个距离小于 ε 的范围内，则称轨道 $\boldsymbol{x}(t)$ 是稳定的。若 $\boldsymbol{x}(t)$ 邻近的所有轨道最终都趋近于它，则称轨道 $\boldsymbol{x}(t)$ 是渐近稳定的。若 $\boldsymbol{x}(t)$ 邻近的所有轨道最终都远离它，则称轨道 $\boldsymbol{x}(t)$ 是不稳定的。

从上述分析可以得到以下极限环的性质：

（1）在一个稳定极限环的邻域内不可能有另外一个极限环存在，因为一个稳定极限环的邻域内的所有轨道都要趋近于它。这也说明相平面上的极限环都是孤立的闭曲线。

（2）极限环的大小、形状、周期等特征除了与系统的运动方程有关，还与方程中的参数大小有关，与初始状态和扰动无关。

（3）包围不稳定奇点的极限环一定是稳定的，而包围稳定奇点的极限环一定是不稳定的。

2.5.2　极限环存在与否的判据

大量的非线性振荡都是以极限环的形式出现的，因此分析非线性方程是否存在极限环往往就是判断振荡是否存在的关键。目前还没有一个统一的方法判断极限环的存在与否，下面给出几条判断极限环存在的条件。

（1）若方程只有一个奇点，则存在极限环时该奇点一定不是鞍点，也就是说，极限环至少要求非线性方程经过线性化后，其线性方程系数矩阵的行列式大于零，即 $\varDelta>0$ 。这一点也可以从鞍点附近轨线的变化加以说明。

（2）本迪克松（A. Bendixson）负判据。考虑一个二维自治系统，如果在某一区域 D 中的散度 $\nabla\cdot f=\dfrac{\partial f_1}{\partial x_1}+\dfrac{\partial f_2}{\partial x_2}$ 不改变符号，则区域 D 中不可能存在极限环。

从以上的本迪克松负判据可以看出，线性方程不可能存在极限环。因为对于线性方程组，散度 $\nabla\cdot f=T=a_{11}+a_{22}$ 是一个常数，它在整个相平面上符号都是确定的。由此可见，极限环只能由非线性方程产生。

（3）庞加莱-本迪克松定理。若二维自治系统在 $t\geqslant0$ 的轨道趋于并总是限于相平面上不包含任何奇点的有界区域 D 内，则此轨道必是一个极限环。

以上有关极限环存在与否的判据，可由以下列娜方程加以说明：

$$\ddot{x}+f(x,\dot{x})\dot{x}+g(x)=0$$

显然，杜芬方程和范德波尔方程都属于列娜方程。把列娜方程写成一阶微分方程组的形式：

$$\begin{cases}\dot{x}=y\\ \dot{y}=-g(x)-f(x,y)y\end{cases}$$

下面不加证明地给出列娜方程存在极限环的定理。

定理 2.5　列娜方程中，若 $f(x,\dot{x})$ 和 $g(x)$ 都是连续可微函数，且满足以下条件，则方程存在极限环。

（1）存在一个常数 $a>0$ ，当 $(x^2+y^2)^{1/2}>a$ 时， $f(x,y)>0$ ；

（2） $f(0,0)<0$ ，从而原点 $(0,0)$ 的邻域也有 $f(x,y)<0$ ；

（3）对所有 $x>0$ ， $g(x)$ 是 x 的奇函数，且 $g(x)>0$；

（4）当 x 趋于无穷时， $U(x)=\int_0^x g(u)\mathrm{d}u\to\infty$ 。

2.6　一些常见的非线性微分方程

本节介绍在非线性系统理论和混沌理论中常见的几类非线性微分方程，这些微分方程在它们的参数取不同值时，可产生不同形式的运动状态，有的甚至可以产生混沌。

1. 洛伦茨方程

洛伦茨方程（Lorenz equations）是美国气象学家洛伦茨在研究区域气候变化时提出的一个三阶非线性微分方程组，具有以下形式：

$$\begin{cases}\dot{x} = -\sigma(x-y)\\ \dot{y} = -xz + rx - y\\ \dot{z} = xy - bz\end{cases}$$

式中，σ、r、b 均为正的常数。该方程在求解过程中，参数 σ、r、b 取不同值时，结果具有很大的差别，特别是当 $\sigma = 10$、$b = 8/3$、$r > 24.74$ 时，方程的解变得杂乱无章，出现了类似随机的结果。对于这种确定性的微分方程，参数改变从而导致方程的解出现类似随机的现象称为混沌。

2. 范德波尔方程

范德波尔方程（van der Pol equation）是 20 世纪 20 年代由范德波尔在研究一类由电子管构成的振荡电路时提出的。受迫范德波尔方程具有以下形式：

$$\ddot{x} + a(x^2 - 1)\dot{x} + \omega^2 x = F\cos(\Omega t)$$

式中，$F\cos(\Omega t)$ 为振荡电路的输入信号，也称为周期外力，F 和 Ω 分别为输入信号的幅值和频率；a、ω 为两个与电路参数有关的常数，ω 为电路的固有频率。当参数满足一定条件时，范德波尔方程可产生周期振荡和准周期振荡，也就是相平面上的极限环。

3. 杜芬方程

周期外力作用下的杜芬方程（Duffing's equation）为

$$\ddot{x} + a\dot{x} + kx + \mu x^3 = F\cos(\Omega t)$$

式中，$F\cos(\Omega t)$ 为周期外力，F 和 Ω 分别为周期外力的幅值和频率；a、k、μ 为一组与系统参数有关的常数。在没有外加周期扰动时，可以求得对应的杜芬方程有三个定点。其中有一个定点是不稳定的，其余两个是稳定的。不同初始条件的轨线在通过这些定点时，将产生复杂的运动，这就是杜芬方程产生混沌的主要原因。

4. 勒斯勒方程

勒斯勒方程（Rossler equation）具有以下形式：

$$\begin{cases} \dot{x} = -x - z \\ \dot{y} = x + ay \\ \dot{z} = b + (x - c)z \end{cases}$$

该方程只含有一个非线性项，其余都是线性项。虽然它的方程比较简单，但是当参数取值为$a = 0.38$、$b = 0.3$、$c = 4.5$时，方程的解将出现混沌。

5. 陈氏方程

对于以下陈氏方程（Chen equation）：

$$\begin{cases} \dot{x} = a(y - x) \\ \dot{y} = (c - a)x + cy - xz \\ \dot{z} = -bz + xy \end{cases}$$

当参数取值为$a = 35$、$b = 3$、$c = 28$时，方程的解将出现混沌。

6. 哈农方程

对于如下哈农方程（Henon equation）：

$$\begin{cases} \dot{x} = a + by - x^2 \\ \dot{y} = x \end{cases}$$

当参数取值为$a = 1.4$、$b = 0.3$时，方程的解将出现混沌。

7. 逻辑斯谛方程

逻辑斯谛方程（logistic equation）很好地描述了动物种群的繁衍变化规律，具有如下形式：

$$\dot{x} = x(\mu - \nu x)$$

式中，μ、ν为一组与繁衍速度有关的常数。

离散形式的逻辑斯谛方程为

$$x_{n+1} = \mu x_n (1 - x)$$

和连续形式的逻辑斯谛方程相比，离散形式的逻辑斯谛方程具有更加复杂的运动形式，同时它也是研究分岔和倍周期分岔通向混沌的典型模型。

参 考 文 献

[1] 刘秉正, 彭建华. 非线性动力学[M]. 北京: 高等教育出版社, 2004.

[2] 高普云. 非线性动力学[M]. 北京: 科学出版社, 2020.

[3] Steven H S. Nonlinear Dynamics and Chaos[M]. 2nd ed. Boulder: Westview Press, 2015.

[4] Arrowsmith D K, Place C M, Place C H. An Introduction to Dynamical Systems[M]. Cambridge: Cambridge

University Press, 1990.

[5] Drazin P G, Drazin P D. Nonlinear Systems[M]. Cambridge: Cambridge University Press, 1992.

[6] 刘秉正. 生命科学中的混沌[M]. 长春: 东北师范大学出版社, 1999.

[7] 张芷芬, 丁同仁, 黄文灶, 等. 微分方程的定性理论[M]. 北京: 科学出版社, 1985.

[8] Kim J H, Stringer J. Applied Chaos[M]. New York: John Wiley & Sons, 1992.

[9] Rasband S N. Chaotic Dynamics[M]. New York: John Wiley & Sons, 1990.

[10] Schuster A N. Deterministic Chaos[M]. New York: VCH, 1988.

第 3 章　混沌理论基础

3.1　概　　述

混沌（chaos）是指一类由确定性的非线性动力学系统因对初值敏感而产生的不可预测的、类似随机性的输出。这里的确定性是指描述非线性动力学系统的非线性微分方程或差分方程是确定性的。由非线性系统理论可知，当初始条件已知或给定输入时，确定性微分方程或差分方程的解便由这些初始条件和输入唯一决定，并且这些解也是确定性的。这就是确定性动力学系统的可预测性。但是，一旦出现混沌，非线性动力学系统的解便由确定解变为随机解。也就是说，混沌产生的原因是当确定性的微分方程或差分方程中的某些参数达到一定值时，它的解出现了随机现象。这种随机运动打破了系统原有的运动规律，因而它也失去了确定性系统的可预测性[1, 2]，这正是混沌运动最显著的特点。

混沌可由确定性的非线性微分方程或差分方程产生，也就是通常所指的连续时间微分动力学系统中的混沌和离散时间微分动力学系统中的混沌。本章首先由确定性的非线性微分方程-洛伦茨方程出发，利用非线性系统解的稳定性理论分析洛伦茨方程产生混沌的机理；然后分别从数学、物理和工程方面给出混沌的几种定义；最后以离散时间微分动力学系统中的逻辑斯谛映射为基础，分析离散时间微分动力学系统产生混沌的机理，并给出倍周期分岔与费根鲍姆常数。

混沌运动具有以下特点[3, 4]：

（1）对初值的高度敏感依赖性。对初始条件的高度敏感依赖性是混沌运动的一个显著特点。通常情况下，系统在运动过程中不可避免地受到各种外界噪声和干扰的影响。对于稳定系统，随着时间的推移，这些受扰动的系统状态会逐渐恢复到原来的稳定状态。然而，对于混沌系统，即使这些噪声和干扰的幅值非常小，也会对系统产生很大的影响。初始条件微小的差别往往导致相邻轨道按指数规律分开。人们把混沌运动对初始条件的这种高度敏感依赖性形象地比喻为“蝴蝶效应”，即在南美洲亚马孙河流域热带雨林中的一只蝴蝶扇动了一下翅膀，就可能在美国的得克萨斯州引起一场龙卷风。

（2）只有非线性系统才可能产生混沌。混沌运动是由非线性系统产生的，线性系统不可能产生混沌。非线性系统产生混沌的机理是非线性系统一般具有多个定点，并且这多个定点中既包含稳定的定点，也包含不稳定的定点。系统在运动过程中，其运动状态会在这些不同的定点中来回跳动，从而形成混沌。需要指出的是，非线性只是出现混沌的一个必要条件，而不是充要条件。也就是说，非线性系统不一定都产生混沌，一个非线性系统产生混沌还需要满足一定的条件。另外，只有 3 个或 3 个以上变量的自治非线性系统，即 3 阶或 3 阶以上的自治非线性系统，才有可能产生混沌。对于只有两个变量的非线性系统，即二阶非线性系统，如杜芬方程、范德波尔方程等，只有给它们施加一个周期外力，使原来的二阶自治系统变成三阶自治系统以后才可能出现混沌。

（3）混沌运动是确定性和随机性的对立统一。如前所述，混沌运动是由确定性的非线性微分方程满足一定的条件以后产生的。由非线性动力学理论可知，确定性的非线性微分方程的解一定是确定性的，这符合动力学系统的一般规律。但是，对于混沌系统，确定性的非线性微分方程产生了随机的解。这个随机解与传统意义下的随机运动有着本质的区别：首先，混沌运动服从确定的非线性动力学规律，混沌运动由确定性的非线性动力学方程产生；其次，混沌运动虽然具有随机性，但是不同于传统的随机运动，它不是完全杂乱无章的，仍然具有某些变化规律，如混沌运动具有奇怪吸引子；最后，由于混沌运动的随机性，虽然长时间的预测变得不可能，但是它仍然具有短时间的局部可预测性。混沌运动的局部可预测性是区别混沌运动和随机运动的一个重要特征。

3.2　连续时间微分动力学系统中的混沌

为了分析混沌运动的上述性质，下面以洛伦茨方程为例，通过对洛伦茨方程定点的稳定性分析，研究确定性的洛伦茨方程产生混沌的机理，并从非线性微分方程稳定性的角度得到其产生混沌的一些条件[5]。

由第 2 章非线性微分方程的稳定性分析可知，洛伦茨方程定点的稳定性可以采用李雅普诺夫第一方法（又称线性稳定性分析或李雅普诺夫间接法），或采用李雅普诺夫第二方法（又称全局稳定性分析或李雅普诺夫直接法）。李雅普诺夫第一方法是在定点的一个小的邻域内将非线性的洛伦茨方程线性化，因此该方法又称局部稳定性分析方法。虽然局部稳定性的结果不能代表洛伦茨系统在整个相空间的运动状态，但是它提供了一个简单有效的分析方法，在一定的条件下可近似反映系统的稳定性。本节首先采用李雅普诺夫第一方法分析洛伦茨方程在其定点邻域的稳定性，然后采用李雅普诺夫第二方法，通过构造李雅普诺夫函数，在整个相空间分析洛伦茨方程的稳定性，也就是它的全局稳定性分析。

3.2.1　洛伦茨方程的线性稳定性分析

洛伦茨方程如下所示：

$$\begin{cases}\dot{x}=-\sigma(x-y)\\ \dot{y}=-xz+rx-y\\ \dot{z}=xy-bz\end{cases} \tag{3.1}$$

式中，σ、r、b 为无量纲的正实数。上述洛伦茨方程在 $\sigma=10$、$b=8/3$ 时，只要 $r>24.74$，方程（3.1）的解便出现随机，即出现混沌，并且这个随机的解与方程的初始条件密切相关。

为了研究洛伦茨方程解出现的这种随机性，下面利用第 2 章非线性微分方程解的线性稳定性分析理论加以分析。

在方程（3.1）中，令 $\dot{x}=\dot{y}=\dot{z}=0$，得到它的定点 (x_0,y_0,z_0) 满足如下条件：

$$x=y \tag{3.2a}$$

$$x(r-1-z)=0 \tag{3.2b}$$

$$x=\pm\sqrt{bz}=\pm\sqrt{b(r-1)} \tag{3.2c}$$

由式（3.2）可以看出，由于 $z=r-1$，定点的数目、位置与 r 的取值有关，分以下两种情况。

（1）当 $r<1$ 时，式（3.2c）无实数解，因此定点只有一个，即 $O(0,0,0)$，且当 $r<1$ 时方程的解最终都趋于这个点，显然它是一个稳定的结点。

（2）当 $r>1$ 时，由式（3.2c）可以得到以下三个定点：

$$O(0,0,0)$$

$$P^{+}(x_0,y_0,z_0)$$

$$P^{-}(-x_0,-y_0,-z_0)$$

其中

$$z_0=r-1$$

$$x_0=y_0=\pm\sqrt{bz_0}=\pm\sqrt{b(r-1)}$$

下面采用第 2 章介绍的非线性方程的线性稳定性分析方法，分别对这三个定点 $O(0,0,0)$、$P^{+}(x_0,y_0,z_0)$、$P^{-}(-x_0,-y_0,-z_0)$ 的稳定性进行分析。

由于当 $r>1$ 时，方程（3.1）具有两个大小相等、符号相反的解 $P^{+}(x_0,y_0,z_0)$ 和 $P^{-}(-x_0,-y_0,-z_0)$，并且这两个解的性质相同，因此对于它们的稳定性问题，只需要分析其中之一便可。

1. 定点 $O(0,0,0)$ 的稳定性分析

由第 2 章的非线性方程的线性稳定性分析可以得到方程（3.1）在 $O(0,0,0)$ 点附近的线性化方程为

$$\begin{cases}\dot{\xi}_1 = -\sigma\xi_1 + \sigma\xi_2 \\ \dot{\xi}_2 = r\xi_1 - \xi_2 \\ \dot{\xi}_3 = -b\xi_3\end{cases}$$

对应的系数矩阵为

$$\boldsymbol{A} = \begin{bmatrix} -\sigma & \sigma & 0 \\ r & -1 & 0 \\ 0 & 0 & -b \end{bmatrix}$$

定点 $O(0,0,0)$ 对应的特征方程为

$$(\lambda + b)[\lambda^2 + (\sigma+1)\lambda + \sigma(1-r)] = 0$$

相应的特征值为

$$\lambda_1 = -b$$

$$\lambda_{2,3} = \left[-(\sigma+1) \pm \sqrt{(\sigma+1)^2 - 4\sigma(1-r)}\right]\Big/2$$

由上式的特征值可以看出，当$r<1$时，根号的值总是小于$\sigma+1$，因此λ_2、λ_3总是小于$-(\sigma+1)/2$。由第 2 章的稳定性分析可以得出定点$O(0,0,0)$是渐近稳定的。

当$r>1$时，根号的值总是大于$\sigma+1$，因此特征值λ_2、λ_3一个小于零，一个大于零，定点$O(0,0,0)$在两个方向上稳定，在另一个方向上不稳定，这时的定点O是一个鞍点。

2. 定点 $P^+(x_0, y_0, z_0)$ 的稳定性分析

由于定点$P^+(x_0,y_0,z_0)$和$P^-(-x_0,-y_0,-z_0)$的特性相同，只需要分析其中之一便可。非线性洛伦茨方程（3.1）在定点$P^+(x_0,y_0,z_0)$附近的线性化方程为

$$\begin{cases}\dot{\xi}_1 = -\sigma\xi_1 + \sigma\xi_2 \\ \dot{\xi}_2 = \xi_1 - \xi_2 - \sqrt{b(r-1)}\xi_3 \\ \dot{\xi}_3 = \sqrt{b(r-1)}\xi_1 + \sqrt{b(r-1)}\xi_2 - b\xi_3\end{cases}$$

对应的系数矩阵为

$$\boldsymbol{A} = \begin{bmatrix} -\sigma & \sigma & 0 \\ 1 & -1 & -\sqrt{b(r-1)} \\ \sqrt{b(r-1)} & \sqrt{b(r-1)} & -b \end{bmatrix}$$

特征方程为

$$\lambda^3+(\sigma+b+1)\lambda^2+b(r+\sigma)\lambda+2b\sigma(r-1)=0$$

相应的劳斯-赫尔维茨行列式为

$$\varDelta_1=\sigma+b+1>0$$

$$\varDelta_2=\begin{vmatrix}\sigma+b+1 & 1\\ 2b\sigma(r-1) & b(r+\sigma)\end{vmatrix}=b(r+\sigma)(\sigma+b+1)-2b\sigma(r-1)$$

$$\varDelta_3=\begin{vmatrix}\sigma+b+1 & 1 & 0\\ 2b\sigma(r-1) & b(r+\sigma) & \sigma(b+1)\\ 0 & 0 & 2b\sigma(r-1)\end{vmatrix}=2b\sigma(r-1)\varDelta_2$$

如果令上式中的 $\varDelta_2=0$，即 $(r+\sigma)(\sigma+b+1)-2\sigma(r-1)=0$，可以得到如下参数 r 与 σ 、b 之间的关系式，并记这时的 r 为 r_{h} ，有

$$r_{\mathrm{h}}=\frac{\sigma(\sigma+b+3)}{\sigma-b-1}$$

式中，当分母 $\sigma-b-1<0$ ，即 $\sigma<b+1$ 时，$r_{\mathrm{h}}<0$ ，与洛伦茨方程中的 $r>0$ 不符。因此，这里只考虑 $\sigma-b-1>0$ ，即 $\sigma>b+1$ 的情况。当 σ 和 b 分别取值为 $\sigma=10$ 和 $b=8/3$ 时，对应的 r_{h} 为

$$r_{\mathrm{h}}=24.74$$

由上述劳斯-赫尔维茨行列式可知：

（1）当 $r<r_{\mathrm{h}}$ 时，$\varDelta_1>0$ ，$\varDelta_2>0$ ，$\varDelta_3>0$ ，这时 $P^+(x_0,y_0,z_0)$ 和 $P^-(-x_0,-y_0,-z_0)$ 都是稳定的。

（2）当 $r>r_{\mathrm{h}}$ 时，$\varDelta_1>0$ ，$\varDelta_2<0$ ，$\varDelta_3<0$ ，这时 $P^+(x_0,y_0,z_0)$ 和 $P^-(-x_0,-y_0,-z_0)$ 都是不稳定的。

总结以上分析，可以得出洛伦茨方程在参数 $\sigma=10$ 和 $b=8/3$ 时三个定点 $O(0,0,0)$ 、$P^+(x_0,y_0,z_0)$ 、$P^-(-x_0,-y_0,-z_0)$ 的稳定性如下：

（1）当 $0<r<1$ 时，三个定点中，只有一个稳定的定点 O ，其余两个定点 P^+ 和 P^- 不存在。故方程所有的轨线最终都趋于此稳定的定点，这时的定点 O 是一个稳定的结点，对应的状态曲线和相轨迹图如图 3.1 所示。

（2）当 $1<r<1.3456$ 时，三个定点中，定点 $O(0,0,0)$ 对应的三个特征值有一个大于零，其余两个小于零，特征值对应的解在一个方向上是不稳定的，另两个方向稳定，即对应不稳定的鞍结点。另外两个定点 $P^+(x_0,y_0,z_0)$ 和 $P^-(-x_0,-y_0,-z_0)$

对应的特征根都是负的，对应稳定的结点，方程所有的轨线最终都趋于 P^{+} 或 P^{-} 。对应的状态曲线和相轨迹图如图 3.2 所示。

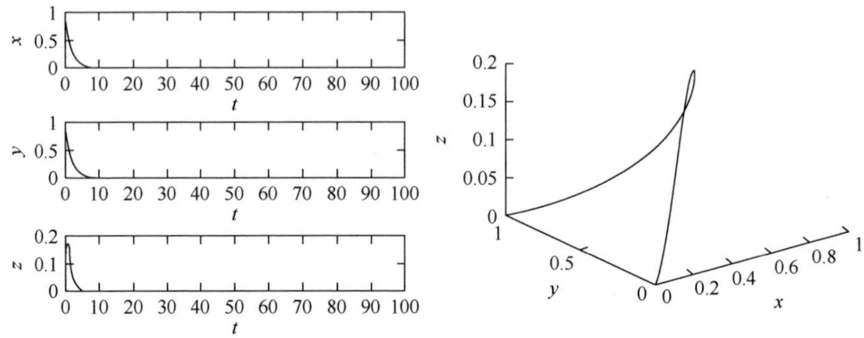

(a) 状态曲线　　(b) 相轨迹图

图 3.1　洛伦茨方程在 $0 < r < 1$ 时的状态曲线和相轨迹图

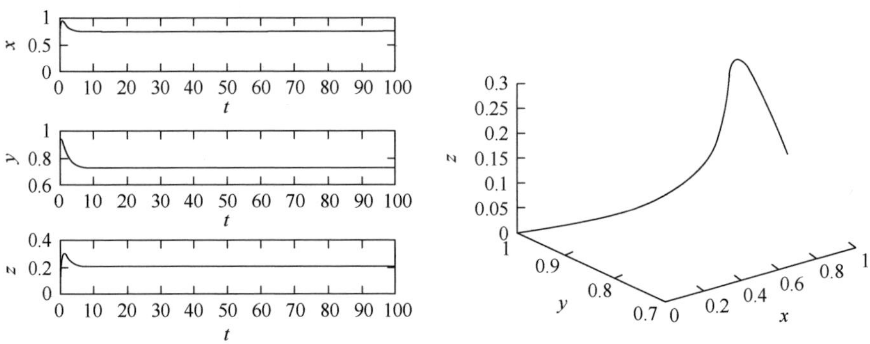

(a) 状态曲线　　(b) 相轨迹图

图 3.2　洛伦茨方程在 $1 < r < 1.3456$ 时的状态曲线和相轨迹图

（3）当 $1.3456 < r < r_{\mathrm{h}}$ 时，特征方程有一个负的实根和两个实部均为负的共轭复根，表明 $P^{+}(x_0, y_0, z_0)$ 和 $P^{-}(-x_0, -y_0, -z_0)$ 在一个方向是稳定的，而在另外一个方向是渐近稳定的，分别对应于稳定的焦点和渐近稳定的结点。这时，对应的状态曲线和相轨迹图如图 3.3 所示。

（4）当 $24.06 < r < r_{\mathrm{h}}$ 时，系统进入亚临界霍普夫分岔区。对于洛伦茨方程，当 $r < r_{\mathrm{h}}$ 时，定点 $P^{+}(x_0, y_0, z_0)$ 和 $P^{-}(-x_0, -y_0, -z_0)$ 处的特征值具有负的实部，而当 $r > r_{\mathrm{h}}$ 时，特征值的实部由负变正，故 $r = r_{\mathrm{h}} = 24.74$ 是它的霍普夫分岔点。通常情况下，系统在分岔点附近会产生不稳定现象，也就是系统的轨道在外界微弱扰动的情况下很容易出现不稳定的周期状态，形成复杂的运动，这就是混沌的初期状态，对应的状态曲线和相轨迹图如图 3.4 所示。

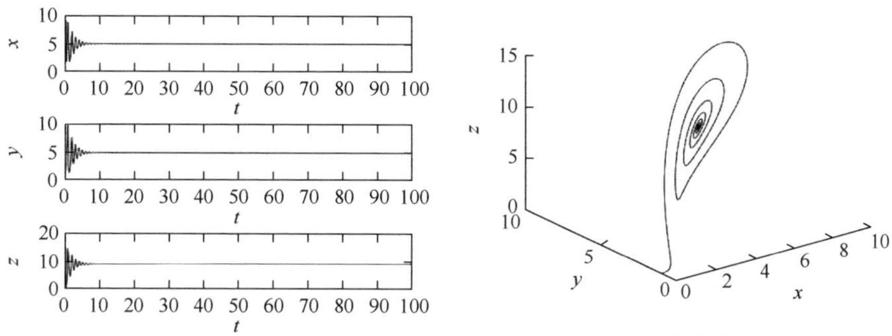

(a) 状态曲线　　(b) 相轨迹图

图 3.3　洛伦茨方程在 $1.3456 < r < r_h$ 时的状态曲线和相轨迹图

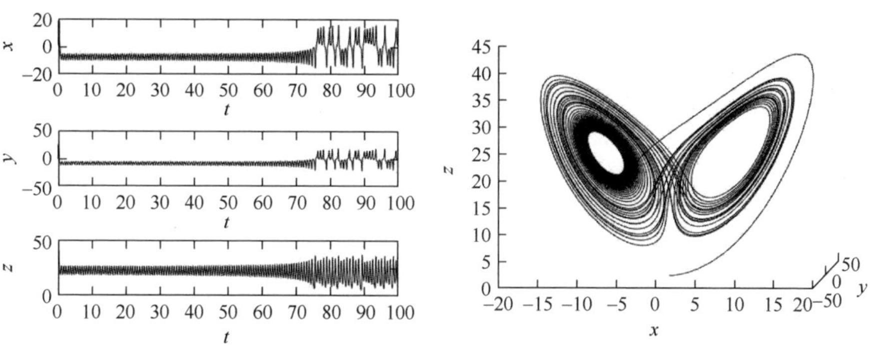

(a) 状态曲线　　(b) 相轨迹图

图 3.4　洛伦茨方程在 $24.06 < r < r_h$ 时的状态曲线和相轨迹图

（5）当 $r > r_h = 24.74$ 时，特征方程仍有一个负的实根，但是另外两个互为共轭复数的复根的实部由负变为正，表明一个定点是稳定的，而另外两个定点 $P^+(x_0, y_0, z_0)$ 和 $P^-(-x_0, -y_0, -z_0)$ 是不稳定的。这时系统的状态在两个不稳定的定点之间来回变化，这样就形成了复杂的非周期运动，也就是出现了混沌。出现混沌以后对应的状态曲线和相轨迹图如图 3.5 所示。

总结以上分析可以看出，洛伦茨方程出现混沌运动的主要原因是洛伦茨方程具有多个定点。当满足一定条件时，有些定点变成了不稳定的定点，而系统的运动状态由于受到外界扰动在这些不稳定的定点之间来回变化，从而形成复杂的运动，这就是洛伦茨方程产生混沌的机理。

3.2.2　洛伦茨方程的全局稳定性分析

对洛伦茨方程在整个相空间的稳定性分析称为全局分析。对于洛伦茨方程，

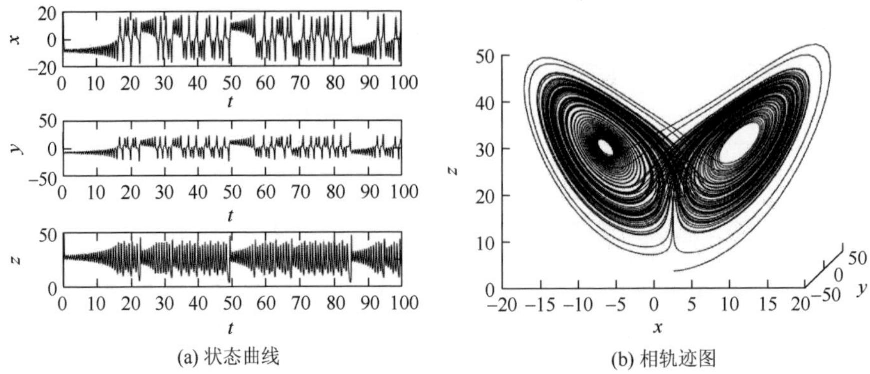

图 3.5 洛伦茨方程在 $r > r_h = 24.74$ 时的状态曲线和相轨迹图

当时间 $t \to \infty$ 时，它的所有状态均局限于相空间的某个有限区域，或者说收敛于相空间的某一个有限子集合，则称洛伦茨系统是全局稳定的。当系统全局稳定时，它的所有状态的轨线都集中在一个包含稳定或不稳定定点的单连通闭区域，通常称这个闭区域为捕捉区。因此，对于洛伦茨系统，只要能证明捕捉区存在，不管其中的定点是否稳定，系统也是全局稳定的。下面利用李雅普诺夫第二方法，通过构造李雅普诺夫函数的方法分析洛伦茨系统的全局稳定性。

对于洛伦茨方程，它的李雅普诺夫函数具有以下形式：

$$V(x,y,z) = 13x^2 + 5y^2 + 5(z-56)^2 = K$$

式中，K 为一个大于零的常数。显然，当 K 取不同值时上式代表不同的椭球面，K 越大，椭球面越大。记该椭球面所包围的单连通闭区域为 E，对上式求导并取洛伦茨方程中的参数 $\sigma = 10$、$b = 8/3$、$r = 30$，可得

$$\begin{aligned}\frac{\mathrm{d}V}{\mathrm{d}t} &= 26x\frac{\mathrm{d}x}{\mathrm{d}t} + 10y\frac{\mathrm{d}y}{\mathrm{d}t} + 10(z-56)\frac{\mathrm{d}z}{\mathrm{d}t} \\ &= -10 \times \left[26x^2 + y^2 + \frac{8}{3}(z-28)^2 - \frac{6272}{3}\right]\end{aligned}$$

显然，上式中的

$$26x^2 + y^2 + \frac{8}{3}(z-28)^2 = \frac{6272}{3}$$

也表示一个椭球面，记此椭球面为 C。由上面的式子可得以下结论：

（1）当 $\frac{\mathrm{d}V}{\mathrm{d}t} < 0$ 时，表示 E 在椭球面 C 以外的区域；

（2）当 $\frac{dV}{dt}=0$ 时，表示 E 在椭球面 C 上；

（3）当 $\frac{dV}{dt}>0$ 时，表示 E 在椭球面 C 以内的区域。

若 K 取得很大，则该椭球面所包围的单连通闭区域 E 就会包围 C。由于在 C 以外的区域 $\frac{dV}{dt}<0$，由李雅普诺夫稳定性定理可知，单连通闭区域 E 以外的轨线都将进入 E 内，这时 E 就是一个捕捉区。这时，尽管洛伦茨系统的三个定点 O、P^+、P^- 不稳定，但是轨线最终都要收缩到捕捉区，在捕捉区内来回振荡，形成一个不变集合，这就是吸引子。具有吸引子的系统仍具有全局稳定性。周期运动的吸引子由一些闭曲线组成，准周期运动的吸引子则由一些封闭的带或环组成。这些由周期运动和准周期运动形成的吸引子称为简单吸引子。当系统出现混沌时，它的相空间轨线就变得非常复杂，这时的吸引子称为奇怪吸引子。

3.3　混沌的定义

目前，人们普遍把混沌看成一种貌似随机且具有一定自相似结构的运动。混沌运动包括以下特征：

（1）内在随机性。虽然混沌运动貌似噪声，但它又不同于噪声。混沌运动是由完全确定的非线性微分方程或差分方程产生的。虽然这些方程没有附加任何随机参数，但系统仍会出现类似随机的行为。

（2）敏感依赖性。只要系统的初始条件稍有偏差或微小的扰动，系统的状态就会出现较大的差异。因此，混沌系统的长期演化行为是不可预测的。

（3）分形特性。分形特性描述的是混沌运动具有一定的结构自相似，其数学特征就是它的维数不是整数而是分数，即混沌运动的维数是分数维。如前面提到的范德波尔方程、洛伦茨方程等，它们出现混沌时的解都具有分形的结构，维数均为分数维。

（4）标度不变性。标度不变性代表一种无周期的有序。

3.3.1　狄万尼定义

目前还没有一个公认的有关混沌的权威性的定义。而狄万尼（Devaney）给出的混沌定义是目前采用较多的一种。狄万尼对混沌的定义[1, 2]如下。

定义 3.1（狄万尼定义法） 设(X,ρ)是一紧致的度量空间，$f:X\to X$是连续映射，若：① f 具有对初值的敏感依赖性；② f 在 X 上拓扑传递；③ f 的周期点在 X 中稠密。则称 f 在 X 上是混沌的。

对于定义 3.1 给出以下解释：

（1）对初值的敏感依赖性，从系统稳定性角度来看，混沌轨道是局部不稳定的，“对初值的敏感依赖性”就是对混沌轨道的这种不稳定性的体现。同时，对初值的敏感依赖性也意味着无论 x、y 离得多么近，在 f 的作用下，经过一定的时间演化，两者的轨道将可能分开较大的距离，并且在 x 的任一邻域内存在一点，该点在 f 的作用下最终与点 y 具有较大的距离。

（2）拓扑传递性意味着任一点的邻域在 f 的作用下将“遍历”整个度量空间(X,ρ)。

（3）周期点稠密表明系统具有很强的确定性和规律性，这也说明混沌运动不是完全随机的，它是形似随机实则有序的一种运动。

狄万尼给出的混沌的定义主要是从数学的角度出发，下面的特征参数定义法则是从工程应用的角度出发给出混沌运动的定义。

3.3.2 特征参数定义

由非线性系统的一些特征参数也可以对混沌运动进行定义，常用的特征参数包括李雅普诺夫指数、分形维数等。李雅普诺夫指数描述的是非线性系统的稳定性，而分形维数则从几何角度描述非线性系统运动的自相似性。因此，同时利用李雅普诺夫指数和分形维数这两个系统特征参数也可以对混沌运动进行定义[6, 7]，有关李雅普诺夫指数和分形维数的定义和计算将在后续章节介绍。

定义 3.2（特征参数定义法） 对于一个给定的非线性系统，若它同时满足条件：①它的李雅普诺夫指数至少有一个大于零；②它的分形维数为非整数。则称这个非线性系统具有混沌特性。

混沌的特征参数定义法更适合于那些非线性系统方程无法用解析形式表达的场合。例如，在许多实际应用场合中，人们可以通过测量或观测系统得到一系列有关非线性系统状态的测量值或观测值，但是对于产生这些测量值或观测值的系统方程人们并不清楚。这时通过这些测量值或观测值计算它们的李雅普诺夫指数和分形维数，如果这些特征参数满足上述介绍的特征参数定义法，则可以断定产生这些测量值或观测值的非线性系统具有混沌特性，这些测量值或观测值是混沌的。

定义 3.3（功率谱定义法） 对于一个给定的非线性系统，如果它的某一状态的测量值或观测值的功率谱满足：①它的功率谱是一个宽带谱；②具有多个不同频率的基频和相应这些基频的倍频。则称这个非线性系统具有混沌特性。

混沌的功率谱定义法利用了混沌运动的倍周期分岔特性，它是非线性系统通向混沌的一条重要途径。倍周期分岔是指非线性系统的周期由 T 变为 $2T$，继而变为 $2^2T,\cdots,2^nT$，直到出现混沌。这种周期按照 2^nT 不断增大，当 $n\to\infty$ 时系统就由原来的周期运动变成非周期运动，这时就出现了混沌。人们将这种周期加倍的分岔称为倍周期分岔。

显然定义 3.3 是按照混沌运动的倍周期分岔特性定义的。这种由倍周期分岔引起的混沌运动，它的功率谱除了是宽带谱之外，还具有很多幅值大小不同的线谱成分，这些线谱成分反映的正是混沌运动的倍周期分岔。

3.3.3　Li-Yorke 定理

早在 1975 年旅美华人学者李天岩和他的导师约克在美国的《数学月刊》上发表了一篇题为《周期 3 意味着混沌》的论文[8]，第一次从数学上以定理的形式给出了混沌产生的条件。同时，Li-Yorke 定理也给出了差分系统混沌的数学定义。

定理 3.1（Li-Yorke 定理）　设 $f:I\to I$ 连续，若 f 有 3 周期点，或等价地存在 $a\in I$ 使 $f^3(a)\leqslant a< f(a)< f^2(a)$ 或 $f^3(a)\geqslant a> f(a)> f^2(a)$，则有如下结论。

（1）f 有一切周期点，即 $\{p\mid p\text{为} f \text{的周期}\}=Z^+$。

（2）存在不可数集合 $S\subset I-P(f)$，满足：① $\limsup\limits_{n\to\infty}\left|f^n(x)-f^n(y)\right|>0$，$\forall x,y\in S,x\neq y$；② $\liminf\limits_{n\to\infty}\left|f^n(x)-f^n(y)\right|=0$，$\forall x,y\in S$；③ $\limsup\limits_{n\to\infty}| f^n(x)-f^n(p)|>0$，$\forall x\in S,\forall p\in P(f)$。其中，$P(f)\overset{\text{def}}{=}\{x\mid x\text{为} f \text{的周期点}\}$。

定理 3.1 中①表示 $\{f^n(x),f^n(y)\}$ 很分散，②又表示 $\{f^n(x),f^n(y)\}$ 相当集中，因此，集合 S 就构成了一个 Cantor 集，也就是构成了混沌集。

上述 Li-Yorke 定理是以一维离散系统的单峰自映射出现的倍周期分岔为基础的，它与区间动力学系统的周期点集有关。

对区间自映射 $f:I\to I$，考虑差分递归模型：

$$x_{n+1}=f(x_n),\quad n=0,1,2,\cdots$$

式中，x_0 为它的初值，给定初值 x_0，利用上述迭代方程就可以得到此差分方程表示的动力学行为。称 (I,f) 为区间动力学系统。

若有 x_k 使 $x_{k+1}=x_k$，即 $f(x_k)=x_k$，则称 x_k 为区间动力学系统 (I,f) 的 1 周期

点，或称为 f 的 1 周期点。一般地，若有 x_k 及正整数 r，使 $x_{k+r}=x_k$，即 $x_k=f^r(x_k)$，则称 x_k 为区间动力学系统 (I,f) 的 r 周期点，或称为 f 的 r 周期点。

显然，若 $x_k=f^r(x_k)$ 为 r 周期点，则 $f(x_k),f^2(x_k),\cdots,f^{r-1}(x_k)$ 也为 f 的 r 周期点，也称 $x_k,f(x_k),\cdots,f^{r-1}(x_k)$ 为动力学系统或 f 的一个 r 周期解。

利用 Li-Yorke 定理，也可以给出一维离散系统混沌的定义。

定义 3.4（Li-Yorke 定理法）　对于闭区间 I 上的连续自映射 $f(x)$，若满足条件：① f 的周期点的周期无上界；② f 存在混沌集 S。则称这个闭区间 I 上的连续自映射 $f(x)$ 具有混沌特性。

Li-Yorke 定理深刻地揭示出了一维离散系统从有序到混沌的一种演化过程，并以数学的严密性分析了一维离散系统周期轨道与混沌运动的密切联系。同时它也给出了混沌存在的一种判据：在任何一维动力学系统中，只要出现周期 3，那么这一系统必定存在其他任意周期以及混沌行为。

实际上在 Li-Yorke 定理出现之前，一位苏联学者沙可夫斯基（A. N. Sarkovskii）就发表过一篇与一维自映射的周期点有关的定理，即沙可夫斯基定理。在该定理中，沙可夫斯基把自然数重新进行排序，称为 S 序。如果按照 S 序，m 在 n 之前，便记作 $m\triangleleft n$，称 m 按 S 序小于 n。按照 S 序把所有自然数由小到大进行排列就得到如下结果：

$$
\begin{array}{ccccccc}
3 & 5 & 7 & \cdots & 2n+1 & 2n+3 & \cdots \\
2\times 3 & 2\times 5 & 2\times 7 & \cdots & 2\times(2n+1) & 2\times(2n+3) & \cdots \\
2^2\times 3 & 2^2\times 5 & 2^2\times 7 & \cdots & 2^2\times(2n+1) & 2^2\times(2n+3) & \cdots \\
\vdots & \vdots & \vdots & & \vdots & \vdots & \\
2^m\times 3 & 2^m\times 5 & 2^m\times 7 & \cdots & 2^m\times(2n+1) & 2^m\times(2n+3) & \cdots \\
\vdots & \vdots & \vdots & & \vdots & \vdots & \\
\cdots & 2^i & 2^{i-1} & \cdots & 2^2 & 2^1 & 1
\end{array}
$$

定理 3.2（沙可夫斯基定理）　设一维自映射 $f:I\to I$ 连续，若 f 有 m 周期轨道，则当 $m\triangleleft n$ 时，f 必有 n 周期轨道。

有关此定理的证明可参考相关文献。从上述的排序结果可以看出，首先从左到右按照奇数的升序排列，其次按照这些奇数的 2^m 倍排列（$m=1,2,\cdots$），最后按照 2^i 排列，i 按降序排列。

如果在沙可夫斯基定理中取 $m=3$，由上述的 S 序排列规则可知，3 是最小的，因此若 f 有 3 周期轨道，则 f 有任意的周期轨道。

考虑一维自映射 $f:I\to I$，若 f 有某个非 2 次幂的周期 $2^m(2k+1)$，则因为 $2^m(2k+1)\triangleleft 2^{m+1}\times 3$，所以 f 有 $2^{m+1}\times 3$ 周期点，从而 $f^{2^{m+1}}$ 有 3 周期点。由 Li-Yorke 定理可知，$f^{2^{m+1}}$ 有混沌集，而这个混沌集显然也是原映射 f 的混沌集。

3.4　倍周期分岔与费根鲍姆常数

3.4.1　分岔简介

对于非线性动力学系统，系统方程中的某些参数发生变化从而导致方程解发生突变的现象，称为分岔。分岔现象是非线性系统的一个固有特性，它是影响非线性系统结构稳定性的一个重要因素，也是通向混沌的一条重要道路[9]。

为了分析分岔现象，将非线性方程写成如下形式：

$$\dot{x} = f(x,\mu), \quad x \in \mathbf{R}^n \tag{3.3}$$

式中，μ 为方程中的参数。当参数 μ 在某一临界点 μ_c 附近有一个微小的扰动时，方程的解将发生突变，称这种现象为分岔。

分岔有静态分岔和动态分岔之分。在动态分岔中霍普夫分岔是一类最常见的分岔。霍普夫分岔具有一个显著特点，就是当出现分岔时它的定点的稳定性发生变化，进而在相空间出现极限环。同时，极限环的大小和形状与方程中的参数 μ 密切相关。

通常情况下，一个非线性系统的分岔可以出现多次，也就是逐次分岔。另一种常见的分岔就是级联分岔。级联分岔是在逐次分岔的基础上，每个分岔又出现新的次级分岔。

非线性系统除了以上介绍的逐次分岔和级联分岔之外，还有一类非常重要的分岔，即倍周期分岔。倍周期分岔是指当非线性系统中某个参数发生变化时，系统的振荡周期按照 $T, 2T, 2^2T, \cdots, 2^nT$ 规律变化。其中，T 为系统的基本周期，2^nT 表示基本周期的 2^n 倍。倍周期分岔的一个显著特点就是随着系统参数的变化，它的周期总是按照 2 的倍数变化。图 3.6 就是一个典型的倍周期分岔。图中当参数 μ 的取值由小逐渐变大时，可以看出它的纵坐标值将由单值变为两个值，当 μ 继续增大、它的纵坐标由两个值变为四个值时，纵坐标值的数目总是以 2 的倍数变化。图 3.6 是采用公式 $x_{n+1} = 1 - \mu x^2 + 0.03x^3$ 迭代得到的。倍周期分岔是非线性系统出现混沌的一个重要条件，当倍周期分岔中的 n 趋向于无穷大时，系统就由周期态转变为混沌态。

3.4.2　逻辑斯谛映射及稳定性分析

利用逻辑斯谛映射可以很好地解释非线性系统中的倍周期分岔。逻辑斯谛映射是一个反映离散动力学系统运动特性的离散映射，它的表达式为

$$x_{n+1} = f(x_n) = \mu x_n(1 - x_n) \tag{3.4}$$

式（3.4）是一个典型的二次映射，当参数 μ 在区间 $(0,2)$ 内取值时，在 x_{n+1}-x_n 平面曲线有一个极大值，它是一个单峰映射。

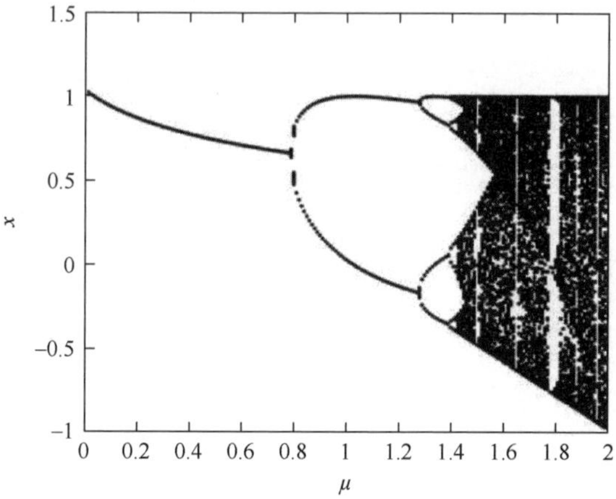

图 3.6　非线性系统的分岔

为了分析逻辑斯谛映射的稳定性，首先需要求出它的定点，也就是映射的不动点。定点满足以下条件：

$$x_{n+1} = f(x_n) = x_n \tag{3.5}$$

显然，逻辑斯谛映射是映射在迭代过程中那些保持不变的点。

与微分方程定点的稳定性类似，逻辑斯谛映射的定点也存在稳定性问题。为了研究逻辑斯谛映射的稳定性，令 x_f 表示定点 f 的坐标。由定点的定义式（3.5）可得

$$x_f = f(x_f) = \mu x_f(1 - x_f) \tag{3.6}$$

当 x 存在一个小的扰动 ε 时，定点 x_f 将偏离原来的位置，变为

$$x = x_f + \varepsilon$$

将上式代入式（3.5）则有

$$x_{n+1} = f(x_f + \varepsilon_n) = x_f + \varepsilon_{n+1} = f(x_n) \tag{3.7}$$

利用泰勒级数将式（3.7）展开可得

$$x_{n+1} = f(x_f) + f'(x_f)\varepsilon_n + O(\varepsilon_n^2) \tag{3.8}$$

式中，$O(\varepsilon_n^2)$ 为泰勒级数的高阶项。比较式（3.7）和式（3.8），考虑到式（3.6）并忽略高阶项的影响，只保留 ε 的一次项，可得

$$\varepsilon_{n+1} = f'(x_f)\varepsilon_n \tag{3.9}$$

利用式（3.9）就可以判断逻辑斯谛映射的稳定性。稳定，就是要求经过多次迭代以后式（3.9）中的$|\varepsilon|$越来越小。因此，由式（3.9）可知，要保证逻辑斯谛映射的稳定性，必须满足以下条件：

$$\left|f'(x_f)\right| = \left|\frac{\varepsilon_{n+1}}{\varepsilon_n}\right| < 1 \tag{3.10}$$

也就是说，为了保证逻辑斯谛映射定点的稳定性，曲线在定点x_f处斜率的绝对值$\left|f'(x_f)\right|$必须小于1。若曲线在定点处斜率的绝对值大于1，则定点x_f是不稳定的，这时，微小的扰动ε就会使逻辑斯谛映射在经过几次迭代以后越来越偏离定点x_f。

对于临界稳定，曲线在定点处的斜率满足以下条件：

$$\left|f'(x_f)\right| = 1 \tag{3.11}$$

下面计算逻辑斯谛映射定点稳定性满足的条件。

由式（3.6）可以求出逻辑斯谛映射有两个定点，一个是$x_f = 0$，另一个定点可由式（3.12）给出：

$$x_f = \frac{\mu - 1}{\mu} \tag{3.12}$$

首先分析定点$x_f = (\mu - 1)/\mu$的稳定性。

由临界稳定的条件式（3.11）可以得到逻辑斯谛映射满足如下临界稳定条件：

$$\mu - 2\mu x_f = \pm 1 \tag{3.13}$$

利用式（3.12）和式（3.13）可以求出逻辑斯谛映射临界稳定的条件是$\mu = 1$和$\mu = 3$，即定点$x_f = (\mu - 1)/\mu$稳定的条件是

$$1 < \mu < 3$$

当参数μ超出以上范围时，定点将变得不稳定。

对于另一个定点$x_f = 0$，当μ的取值满足以上条件，即$1 < \mu < 3$时，由于$f'(0) = \mu > 1$，因此该定点总是不稳定的。

由以上的分析可以得出，当$1 < \mu < 3$时，定点$x_f = (\mu - 1)/\mu$稳定，定点$x_f = 0$不稳定。

利用类似的分析方法，可以得出：当$\mu < 1$时，逻辑斯谛映射只有一个稳定的定点$x_f = 0$；当$3 < \mu < 3.449489$时，将会出现两个稳定的定点；进一步增大μ，当$\mu = 3.5$时，将会出现四个稳定的定点。

下面通过作图法进一步判断当μ取值为 0.5、2.5、3.2 和 3.9 时对应定点的稳定性，其中$\mu = 3.9$为不稳定的定点，其余为稳定的定点。图中的定点就是曲线x_{n+1}-x_n与分界线$x_n = x_{n+1}$的交点。开始在曲线的定义域内任取一点作为初值x_0，以该初值为起点经过第一次迭代变为x_1，也就是通过x_0的竖线与$f(x_n)$曲线交点的纵坐标值。接着将x_1作为横坐标进行第二次迭代，得到一个新的迭代结果，即通过x_1的竖线与$f(x_n)$曲线交点的纵坐标值x_2。如此重复下去，最终得到稳定的定点和不稳定的定点，如图 3.7～图 3.10 所示。图 3.7～图 3.9 的初值$x_0 = 0.9$，图 3.10 的初值$x_0 = 0.6$。

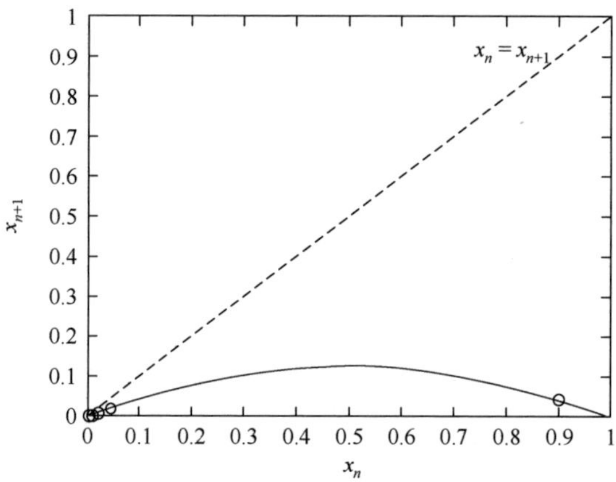

图 3.7　$\mu = 0.5$时逻辑斯谛映射

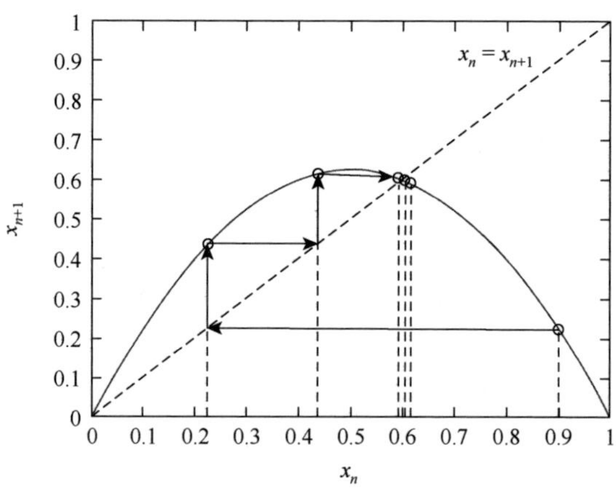

图 3.8　$\mu = 2.5$时逻辑斯谛映射

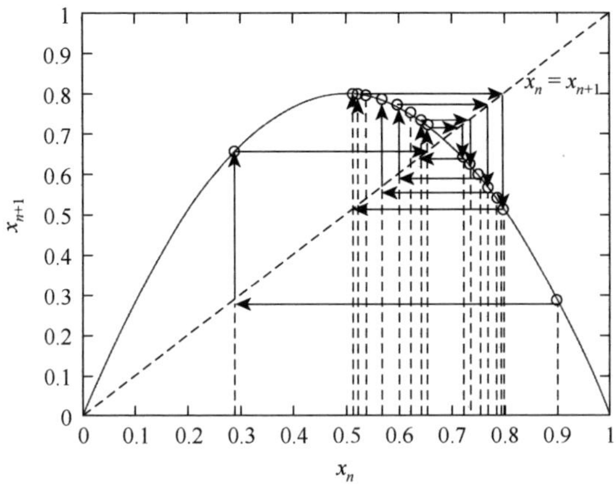

图 3.9　$\mu = 3.2$ 时逻辑斯谛映射

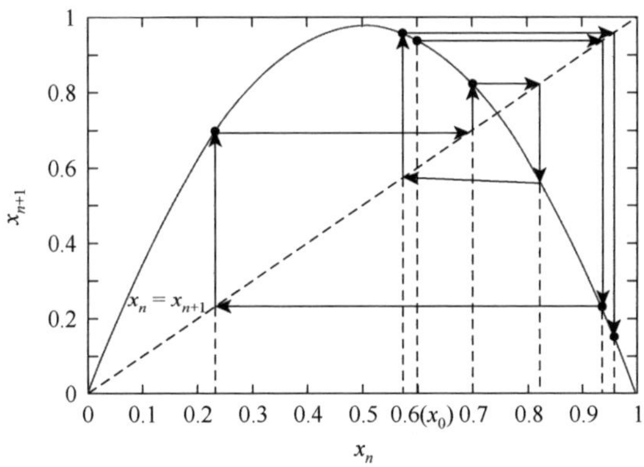

图 3.10　$\mu = 3.9$ 时逻辑斯谛映射（不稳定）

3.4.3　混沌运动的倍周期分岔和费根鲍姆常数

由 3.4.2 节的分析可知，当逻辑斯谛映射的参数满足$1 < \mu < 3$时，有一个稳定的定点。但是，随着μ的增大，如当$3 < \mu < 3.449489$时，将会出现两个稳定的定点，也就是 2 周期状态。进一步增大μ，如当$\mu > 3.449489$时，将会出现四个稳定的定点，也就是 4 周期状态。继续增大μ，将会相继出现2^n个稳定的定点$(n = 3, 4, \cdots)$，对应2^n周期状态。这就是逻辑斯谛映射的倍周期分岔。进一步增大μ，当倍周期分岔的参数满足$\mu > \mu_\infty$时，逻辑斯谛映射将由倍周期分岔进入混沌。

下面将从非线性系统稳定性的角度出发，分析逻辑斯谛映射出现 2 周期和 4 周期的原因。

1. 逻辑斯谛映射的 2 周期运动

当逻辑斯谛映射出现 2 周期运动时，满足以下方程：

$$x_{n+2}=f(x_{n+1})=f[f(x_n)]=f\odot f(x_n)=f^2(x_n)=x_n \tag{3.14}$$

式中，$\odot$ 表示复合迭代；$f^2(\cdot)$ 表示迭代了 2 次。

下面分析逻辑斯谛映射出现两个定点的原因。将式（3.4）代入式（3.14）可以得到逻辑斯谛映射二次迭代的表达式：

$$\begin{aligned}x_{n+2}&=\mu x_{n+1}(1-x_{n+1})\\&=\mu[\mu x_n(1-x_n)][1-\mu x_n(1-x_n)]\\&=\mu^2x_n[1-(1+\mu)x_n+2\mu x_n^2-\mu x_n^3]\end{aligned} \tag{3.15}$$

将式（3.15）代入式（3.14），并令 $x_n=x$，这时可以得到逻辑斯谛映射出现两个周期状态的定点方程为

$$\mu^2x[1-(1+\mu)x+2\mu x^2-\mu x^3]=x \tag{3.16}$$

式（3.16）是一个一元四次方程，它有四个解，也就是曲线 $f^2(x_n)=x_{n+2}$ 与分界线 $x_{n+2}=x_n$ 的交点，这四个交点也是逻辑斯谛映射的四个定点，即除了周期 1 具有的两个定点 $x_f=0$ 和 $x_f=\dfrac{\mu-1}{\mu}$ 之外，它还有另外两个定点 $x_{\mathrm{d}+}$ 和 $x_{\mathrm{d}-}$。由于此时的 $\mu>3$，故前两个定点是不稳定的。

对于其余两个定点 $x_{\mathrm{d}+}$ 和 $x_{\mathrm{d}-}$，由于它们是逻辑斯谛映射的两个解，显然式(3.17)成立：

$$x_{\mathrm{d}+}=\mu x_{\mathrm{d}-}(1-x_{\mathrm{d}-}) \tag{3.17a}$$

$$x_{\mathrm{d}-}=\mu x_{\mathrm{d}+}(1-x_{\mathrm{d}+}) \tag{3.17b}$$

求解以上方程组可得

$$x_{\mathrm{d}+},x_{\mathrm{d}-}=\left[\mu+1\pm\sqrt{(\mu+1)(\mu-3)}\right]\Big/(2\mu) \tag{3.18}$$

下面判断这两个定点的稳定性。由前述的讨论可知，定点稳定性的条件是

$$\left|x'_{n+2}\right|=\left|[f^2(x)]'\right|<1 \tag{3.19}$$

临界稳定的条件是

$$\left|x'_{n+2}\right|=\left|[f^2(x)]'\right|=1 \tag{3.20}$$

利用复合函数的求导规则，可以得到

$$\begin{aligned}\left(\frac{\partial f^2(x)}{\partial x}\right)_{x=x_n}&=\left(\frac{\partial x_{n+2}}{\partial x}\right)_{x=x_n}=\left(\frac{\partial x_{n+2}}{\partial x_{n+1}}\right)_{x=x_{n+1}}\left(\frac{\partial x_{n+1}}{\partial x}\right)_{x=x_n}\\&=\left(\frac{\partial f}{\partial x}\right)_{x=x_{n+1}}\left(\frac{\partial f}{\partial x}\right)_{x=x_n}=\left(\frac{\partial f^2(x)}{\partial x}\right)_{x=x_{n+1}}\end{aligned} \tag{3.21}$$

于是可以得到

$$\left(\frac{\partial f^2(x)}{\partial x}\right)_{x=x_{d+}}=\left(\frac{\partial f}{\partial x}\right)_{x=x_{d-}}\left(\frac{\partial f}{\partial x}\right)_{x=x_{d+}}=\left(\frac{\partial f^2(x)}{\partial x}\right)_{x=x_{d-}} \tag{3.22}$$

式（3.22）表明，映射 $f^2(x_n)=x_n$ 在两个定点 x_{d+} 和 x_{d-} 的导数相等，因此这两点的稳定性相同。因此，由式（3.15）和式（3.22）可以得到

$$\left(\frac{\mathrm{d}f^2(x)}{\mathrm{d}x}\right)_{x_{d+},x_{d-}}=\mu^2(1-2x_{d+})(1-2x_{d-})=-\mu^2+2\mu+4 \tag{3.23}$$

结合式（3.23）和临界稳定条件（3.20），可以得到 2 周期点时参数 μ 的临界值为 $\mu_1=3$ 和 $\mu_2=1+\sqrt{6}=3.449489$。也就是说，当参数 μ 的取值在 $3<\mu<3.449489$ 时，2 周期点是稳定的。图 3.11 给出了逻辑斯谛映射的 2 周期状态图。

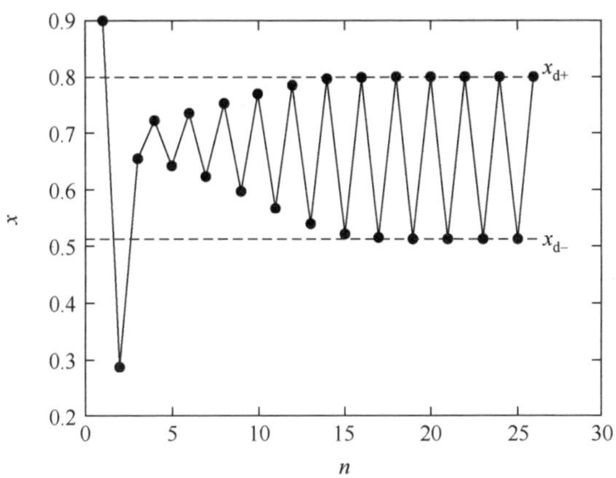

图 3.11　逻辑斯谛映射的 2 周期状态图

2. 逻辑斯谛映射的 4 周期运动

进一步增大 μ，当 $\mu=3.5$ 时，逻辑斯谛映射将出现如图 3.12 所示的 4 周期状态。对于 4 周期，这时的定点方程变为

$$x_{n+4}=f(x_{n+3})=f\left[f\left[f\left[f\left(x_n\right)\right]\right]\right]=f^4(x_n)=x_n \tag{3.24}$$

类似地，4 周期逻辑斯谛映射的稳定和临界稳定条件分别如下：

$$\left|x'_{n+4}\right|=\left|[f^4(x)]'\right|<1 \tag{3.25}$$

$$\left|x'_{n+4}\right|=\left|[f^4(x)]'\right|=1 \tag{3.26}$$

利用以上三式可以求出 4 周期情况下的定点及其相应的稳定性。

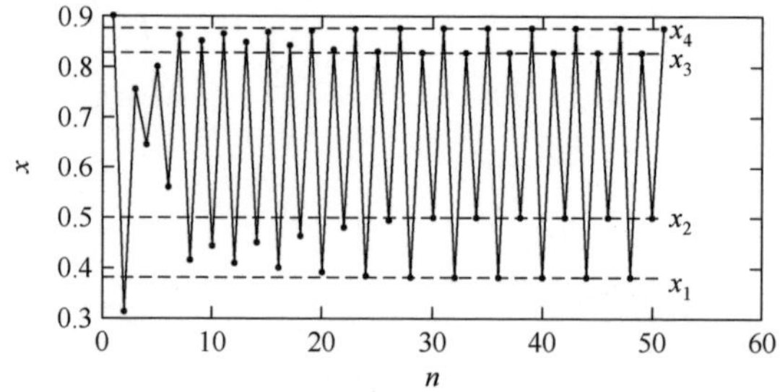

图 3.12　逻辑斯谛映射的 4 周期状态图

依此类推，可以得到逻辑斯谛映射的 2^n 点周期的运动。这一通过参数 μ 的变化而引起逻辑斯谛映射周期倍增的现象称为倍周期分岔，它是通向混沌的一条重要途径。

通过进一步的数值计算，可以得到一系列的分岔点 $\mu_1,\mu_2,\cdots,\mu_n$，并且当 $n\to\infty$ 时，逻辑斯谛映射迭代的结果出现混沌。图 3.13 给出了逻辑斯谛映射随参数 μ 的变化规律。

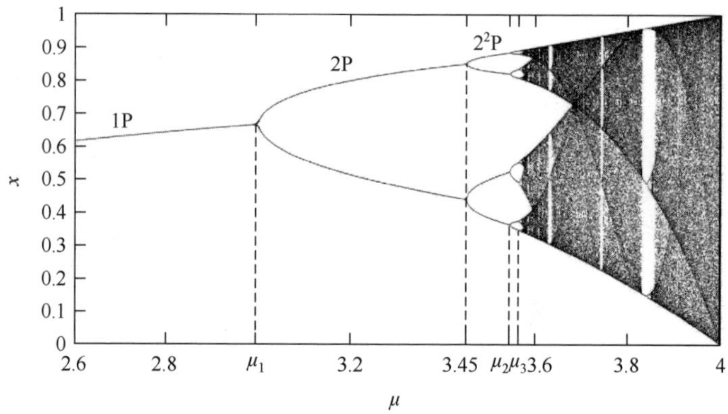

图 3.13　逻辑斯谛映射随 μ 的变化曲线

从图 3.13 中可以看出，当 $\mu<\mu_1=3$ 时，系统有一个稳定定点，对应图中的 1P 状态。随着 μ 的增大，即当 $3<\mu<3.449489$（图 3.13 中为 3.45）时，出现两个稳定的定点，对应图中的 2P 状态，也就是 2 周期状态。进一步增大 μ，当 $\mu>3.449489$ 时，出现四个稳定的定点，也就是 4 周期状态。继续增大 μ，将相继出现 2^n 个稳定的定点 $(n=3,4,\cdots)$，对应 2^n 周期状态。进一步增大 μ，当倍周期分岔的参数满足 $\mu>\mu_\infty$ 时，逻辑斯谛映射将由倍周期分岔进入混沌状态。

同时，当 $n\to\infty$ 时，逻辑斯谛映射的系统参数 μ 存在如下一个极限：

$$\mu_\infty=3.569945672$$

并且这个极限在收敛过程中，序列 $\{\mu_n\}$ 的间隔比

$$\delta = \frac{\mu_n - \mu_{n-1}}{\mu_{n+1} - \mu_n}$$

趋近于一个常数，这个常数就是费根鲍姆常数，它的大小如下所示：

$$\delta = 4.669201$$

利用逻辑斯谛映射，通过计算可以得到倍周期分岔的相关参数，如表 3.1 所示。

表 3.1　逻辑斯谛映射倍周期分岔的参数变化

n	μ_n	δ_n
1	3	4
2	3.449489743	4.751446
3	3.544090359	4.656251
4	3.564407266	4.668242
5	3.568759420	4.668740
6	3.569691610	4.669100
⋮	⋮	⋮
∞	3.569945672	4.669201

除了以上介绍的 δ 外，还存在另一个费根鲍姆常数 α，它的近似值为

$$\alpha = 2.502907875095$$

有关 α 的计算过程，可参考相关文献。

费根鲍姆常数的发现具有重要的理论意义：一方面，它说明一类系统在趋向混沌的过程中其周期倍增具有共同的速度；另一方面，说明混沌状态的整体与局部具有相似的结构。同时，利用费根鲍姆常数可以根据少数几个分岔预测下一步的分岔，即可以利用它预测混沌出现的时间。

费根鲍姆常数也适合于相当广泛的一类区间自映射。

设一维自映射 $f: I \to I$，如果 f 在区间 I 上有一个最大值 $x_{\max} = f(x_c)$，在最大值附近有如下展开式：

$$f(x_c) = x_{\max} - \alpha(x - x_c)^z + \cdots$$

在很多情况下区间动力学系统 (I, f) 的性质不依赖于 f 的具体形式，而仅取决于 $f(x)$ 是否存在“单峰”，这一性质称为区间动力学系统的“结构普适性”。同时它的另一些性质则取决于上面展开式中幂次 z 的取值，这一性质称为“测度普适性”。其中 $z = 2$ 是最重要的一类，也是研究最多的一类，它所对应的测度普适常数就是前述的 $\delta = 4.669201$。

当 z 分别为 4、6、8 时，对应的测度普适常数分别为 7.284、9.296、10.048。

由以上分析可以看出，当逻辑斯谛映射的参数 μ 在区间 (3,3.449489) 取值时，将会出现 2 个稳定的定点，也就是 2 周期状态；当参数 $\mu=3.5$ 时，将会出现 4 个稳定的定点，也就是 4 周期状态；依此类推，通过不断地增大参数 μ，可以得到一系列的分岔点 $\mu_1,\mu_2,\mu_3,\cdots,\mu_n$。在每个分岔点上，逻辑斯谛映射的周期加倍，即出现倍周期分岔。

3.5 奇怪吸引子

在非线性动力学系统的研究中，吸引子是一个重要的概念，它对于分析非线性动力学系统的局部和全局动力学性质具有重要的理论意义。那么什么是吸引子呢？吸引子是一个数学概念，实际上，它是相空间中的一些点或曲线的集合，它在相空间中描述了非线性动力学系统的运动状态。当时间趋于无穷大时，以任意值为初始条件的运动状态都趋于它。吸引子分为平庸吸引子和奇怪吸引子。平庸吸引子具有不动点、极限环和整数维的环面三种模式，分别对应于非线性动力学系统中的平衡、周期运动和准周期运动三种规则的稳态运动形态。例如，一个稳定的定点的吸引子就是一个点，周期运动的吸引子是一条闭曲线，准周期运动的吸引子则是一条封闭的带或环。

奇怪吸引子是耗散系统混沌现象的一个重要特征，它是混沌运动在相空间的一种几何表示，是混沌系统所具有的一种独特的运动形态。奇怪吸引子仅仅是一个抽象的数学概念或几何概念，目前还没有发展出一个完善的理论模型用来对它进行描述。对奇怪吸引子的研究有助于人们深入了解混沌系统中存在的不同形态的运动规律。

奇怪吸引子有两个重要特征：

（1）对初始条件的敏感依赖性。在初始时刻从这个奇怪吸引子上任何两个非常接近的点出发的两条运动轨道，最终必然会以指数的形式互相分离。由于混沌对初值极为敏感，它表现为局部不稳定。但对耗散系统而言，则又具有相空间体积收缩的特性，因而造成轨道无穷多次折叠，混沌轨道在相空间中填满有限的区域，形成奇怪吸引子。实际上，它有内外两种趋向：一切吸引子之外的运动都向它靠拢，这是稳定的方向；而一切到达吸引子内的轨道都又以指数规律相互排斥，对应为不稳定方向。

（2）具有非常丰富的拓扑结构和几何形状。这是由奇怪吸引子的整体趋向稳定而局部又极为不稳定的矛盾引起的。奇怪吸引子是一个具有无穷多层次自相似结构的、几何维数为非整数的集合体。因此，通常采用分形维数对它加以描述。

为了研究奇怪吸引子的变化规律，首先分析平庸吸引子在相空间是如何随时间变化的。

对于如下非线性系统：

$$\dot{\boldsymbol{x}} = f(\boldsymbol{x}), \quad \boldsymbol{x} \in \mathbf{R}^n \tag{3.27}$$

设方程的初始状态矢量为 $\boldsymbol{x}_0$，则围绕 $\boldsymbol{x}_0$ 的一个小体积元为

$$\Delta \boldsymbol{V}_0 = \prod \Delta \boldsymbol{x}_{i0} \tag{3.28}$$

由于 $\Delta \boldsymbol{V}_0$ 随时间 t 的变化为

$$\Delta \boldsymbol{V}(\boldsymbol{x}_0, t) = \prod_{i=1}^{n} \Delta x_i(\boldsymbol{x}_0, t) \tag{3.29}$$

其中

$$\Delta x_i(\boldsymbol{x}_0, t) = \left[\frac{\partial x_i(\boldsymbol{x}_0, t)}{\partial x_i}\right]_{\boldsymbol{x}_0} \Delta x_{i0}$$

又由于

$$\frac{\partial(\Delta x_i)}{\partial t} = \left[\frac{\partial}{\partial x_i}\left(\frac{\partial x_i(\boldsymbol{x}_0, t)}{\partial t}\right)\right]_{\boldsymbol{x}_0} \Delta x_{i0} \tag{3.30}$$

则由以上各式可以得到单位体积元随时间的变化率为

$$\begin{aligned} \Lambda(\boldsymbol{x}) &= \frac{1}{\Delta \boldsymbol{V}} \frac{\partial \Delta \boldsymbol{V}}{\partial t} = \sum_i \prod_{j \neq i}^{n} \Delta x_j \frac{\partial \Delta x_i}{\partial t} \Big/ \prod \Delta x_i \\ &= \sum_i \frac{1}{\Delta x_i} \frac{\partial \Delta x_i}{\partial t} \end{aligned}$$

将式（3.30）代入上式并考虑到式（3.27），可得单位体积元随时间的变化率为

$$\Lambda(\boldsymbol{x}) = \sum_{i=1}^{n} \frac{\partial f_i}{\partial x_i} = \nabla \cdot \boldsymbol{f} \tag{3.31}$$

式中，$\nabla \cdot \boldsymbol{f}$ 表示 $\boldsymbol{f}$ 的散度。因此，任意相空间体积随时间的变化率为

$$\frac{\mathrm{d}\boldsymbol{V}}{\mathrm{d}t} = \int \Lambda \mathrm{d}x_i = \int \nabla \cdot \boldsymbol{f} \mathrm{d}x_i \tag{3.32}$$

对于保守系统，由于哈密顿方程成立，可以得到

$$\nabla \cdot \boldsymbol{f} = 0 \tag{3.33}$$

式（3.33）说明，对于保守系统，其相体积在运动过程中保持不变。这就是刘维尔定理。

对于耗散系统，由于式（3.33）不满足，且一般情况下$\nabla \cdot \boldsymbol{f} < 0$，也就是相体积总是收缩的。在$n$维相空间中由不同初始条件出发的轨道最终都要收缩到相空间中的一个有限的特定区域，形成一个不变集合，此不变集合的维数与系统的性质有关。这个不变集合就是吸引子。即吸引子是由所有不同初始条件出发的轨道所构成的不随时间变化的集合。

对于奇怪吸引子，已经知道它与非线性系统的混沌运动有关，下面分析奇怪吸引子形成的原因。

由上面介绍的耗散系统的吸引子的特性可知，耗散的作用是使系统运动的轨道收缩形成一个吸引子。从全局出发观察，这个吸引子对于系统而言是稳定的，即全局稳定。但是，当系统出现混沌时，相空间就会存在多个定点，并且这些定点有些是不稳定的。在这些不稳定定点的附近就会存在正的李雅普诺夫指数。因此，从局部观察，那些相互邻近的轨道就会互相排斥，从而远离原来的定点。下面通过对式（3.27）所表示的非线性微分方程解的稳定性的分析进一步说明它的局部不稳定产生的原因。

设方程（3.27）所表示的非线性微分方程的一个解为$\boldsymbol{x}_0$，其邻域内的另一个解为

$$x_i = x_{i0} + \delta x_i, \quad i = 1, 2, \cdots, n \tag{3.34}$$

式中，δx_i为邻域内的一个小量。将式（3.34）代入式（3.27）可得

$$\frac{\mathrm{d}\delta x_i}{\mathrm{d}t} = \sum_{j=1}^{n} L_{ij}(\boldsymbol{x}_0)\delta x_j \tag{3.35}$$

矩阵

$$L_{ij}(\boldsymbol{x}_0) = \left(\frac{\partial f_i}{\partial x_j}\right)_{\boldsymbol{x}_0} \tag{3.36}$$

称为李雅普诺夫矩阵或线性化演化算子。由第2章非线性系统稳定性的讨论可知，只要$L_{ij}(\boldsymbol{x}_0)$有一个特征值的实部为正，系统就不稳定，它的解就会出现指数式的发散。

总结以上分析，可以得出混沌运动的奇怪吸引子具有以下特点：

（1）奇怪吸引子从整体看是稳定的，但是它的局部是不稳定的。

（2）整体稳定和局部不稳定使得它的相轨迹出现随机性的分离和折叠，从而产生复杂的几何结构，即奇怪吸引子具有无穷层次的自相似性。

（3）奇怪吸引子的维数是非整数，即它具有分数维数。

（4）奇怪吸引子具有遍历性，即随着时间的增加，它的轨道遍及整个吸引子。

参 考 文 献

[1] Devaney R L. An Introduction to Chaotic Dynamical Systems[M]. Redwood: Addison-Wesley, 1986.

[2] Banks J, Brooks J, Cairns G, et al. On Devaney's definition of chaos[J]. American Mathematical Monthly, 1992, 99(4): 332-334.

[3] 刘秉正, 彭建华. 非线性动力学[M]. 北京: 高等教育出版社, 2004.

[4] 高普云. 非线性动力学: 分叉、混沌与孤立子[M]. 长沙: 国防科技大学出版社, 2005.

[5] 郝柏林. 从抛物线谈起: 混沌动力学引论[J]. 2 版. 北京: 北京大学出版社, 2011.

[6] Yorke J A, Alligood K, Sauer T. Chaos: An Introduction to Dynamical Systems[M]. Berlin: Springer, 1996.

[7] Ott E. Chaos in Dynamical Systems[M]. Cambridge: Cambridge University Press, 2002.

[8] Li T Y, Yorke J A. Period three implies chaos[J]. The American Mathematical Monthly, 1975, 82(10): 985-992.

[9] Hilborn R C. Chaos and Nonlinear Dynamics: An Introduction for Scientists and Engineers[M]. Oxford: Oxford University Press, 2000.

第 4 章　水声信号的相空间重构

4.1　概　　述

混沌运动是存在于自然界的一种物理现象，它的产生主要由系统中的非线性引起。对于一个非线性动力学系统，如何判断它的混沌现象是混沌研究的一个重要内容。一般情况下，通过测量装置可以得到一组反映非线性系统某一状态的时间序列数据。由于该时间序列含有原非线性系统局部或全部的状态信息，因此通过相空间重构，可以建立原非线性系统的动态模型。相空间重构首先由帕卡德（Packard）等提出[1]，后由塔肯斯（Takens）进一步发展并给出数学证明[2]，成为相空间重构定理，也称为塔肯斯定理。相空间重构定理的基本思想是：一般情况下，非线性系统中某一状态变量的演化是和系统中其他状态变量的演化密切相关的。也就是说，非线性动力学系统某一状态变量的演化可能包含了其他状态的动态信息。因此，通过选择适当的重构参数，采用相空间重构就可以得到与原系统近似的动力学模型。重构后的动力学特性与原动力学系统的特性具有几何不变性，如吸引子的维数、轨迹的李雅普诺夫指数等不变。

现有的相空间重构方法主要有延迟坐标（delay coordinate）法、主成分分析（principal component analysis，PCA）法和微分坐标（derivative coordinate）法。由于实际观测的时间序列不可避免地存在噪声干扰，在有噪声情况下，三种重构方法得到的结果存在一定的差异。对于微分坐标法，只要嵌入维数足够大，它便能够获得一个重构。然而，由于它对噪声敏感，在观测数据存在噪声的情况下重构结果受到较大影响，一般较少使用。延迟坐标法是目前广泛应用的重构方法，它的优点是在每个分量上信噪比能够保持一致，缺点是重构质量依赖于重构窗口的选择，并且坐标间存在线性依赖及人为的对称性。主成分分析法将信号分解到线性独立的坐标系，消除了坐标间的线性依赖及人为的对称性。另外，采用主成分分析法可以区分信号成分和噪声平台，从而确定最小嵌入维数。

本章在相空间重构的基础上，介绍主成分分析法。通过主成分分析对水声信号中的有效成分和噪声加以区分，实现对水声信号的降噪处理，为后续的混沌特征参数计算奠定基础。同时，分析不同重构参数对重构结果的影响，并利用洛伦茨模型给予验证。最后，分析不同类别舰船水声信号的相空间重构。

4.2　相空间重构基础

在很多实际工程应用中，所研究的对象是通过一组由测量系统得到的时间序列表示的，如机械振动信号、舰船辐射噪声、生理信号等。由于产生这些时间序列的系统非常复杂，即使利用传统的时域或频域分析方法，也很难准确地表征原系统的动力学特征。基于塔肯斯定理的相空间重构技术为解决这一问题提供了新的思路和方法。相空间可以通俗地理解为是一个可以描述对应系统所有可能状态演化的空间。系统的每一种可能的状态在相空间中都能找到对应的点。下面通过一个简单的例子说明相空间的概念。为了描述相空间中的一个点，除了需要 xyz 三个坐标来描述点的位置，还需要其相应方向上的速度。因此，如果将相空间中的一个点看成系统的一个状态，那么该系统的相空间就是一个分别包含三个速度分量与三个位置分量的六维空间。这个点在相空间中的所有运动状态都可以在这个六维相空间中找到对应的点。因此，相空间可以更直观地反映出系统的动力学特性。

理论上只要重构出一个系统的相空间，就可以反映出这个系统所有可能的运动状态。但是在实际应用中相空间重构会遇到以下问题：首先，如何重构出一个“合适”的相空间，在仅已知系统的一段一维时间序列的条件下，如何对数据进行处理进而重构出所需的相空间是一个亟待解决的问题。其次，假设相空间重构的方法是已知的，如何确定重构过程中需要用到的参数也是一个不可回避的问题。系统本身的很多信息是预先未知的，如相空间的维数等就需要额外的方法去选取，这些问题的出现给非线性动力学系统的研究带来很大的困难。20 世纪 80 年代，塔肯斯提出了相空间重构定理，证明了当延迟坐标的维数（即后文中提到的嵌入维数）大于等于 $2d+1$（d 是所研究系统的维数）时，就可以在重构出的相空间中恢复系统的吸引子。塔肯斯提出的相空间重构定理为人们利用一维时间序列重构对应的相空间提供了具体思路。

为了更好地理解塔肯斯相空间重构定理，先给出下述两个定义。

定义 4.1　设 (N,ρ)、(N_1,ρ_1) 是两个度量空间，如果存在从 N 到 N_1 的映射 $\varphi: N \to N_1$，满足：① φ 满射；② $\rho(x,y)=\rho_1(\varphi(x),\varphi(y))$，$\forall x,y\in N$。则称度量空间 (N,ρ) 与 (N_1,ρ_1) 等距同构。

定义 4.2　若 (N_1,ρ_1) 与另一度量空间 (N_2,ρ_2) 的子空间 (N_0,ρ_2) 是等距同构的，则称 (N_1,ρ_1) 可以嵌入 (N_2,ρ_2)。

一维时间序列的相空间重构定理如下[3]。

定理 4.1　设 M 是 m 维紧流形，$\varphi: M\to M$，φ 是微分同胚映射，$y: M\to \mathbf{R}$，

是一个光滑函数。那么映射 $\Phi_{(\varphi,y)}: M \to \mathbf{R}^{2m+1}$ 是一个 M 到 $\mathbf{R}^{2m+1}$ 的嵌入。其中：

$$\Phi_{(\varphi,y)}(x) = (y(x), y(\varphi(x)), \cdots, y(\varphi^{2m}(x))) \tag{4.1}$$

定理 4.1 的具体证明可以参考塔肯斯的文献[2]。有了相空间重构定理，接下来的工作就是在一维时间序列中对定理进行应用。

对于一个一维时间序列 $\{x(t_0 + i\Delta t), i = 0,1,\cdots,N-1\}$，$t_0$ 为初始采样时刻，Δt 为采样时间间隔。选取合适的时间延迟 J 与嵌入维数 m，构造出 m 维相空间。在相空间中，坐标为 $\{x(t_0), x(t_0 + J\Delta t), x(t_0 + 2J\Delta t), \cdots, x(t_0 + (m-1)J\Delta t)\}$，具体相空间如下所示：

$$\boldsymbol{X} = \begin{bmatrix} \boldsymbol{x}_0 \\ \boldsymbol{x}_1 \\ \vdots \\ \boldsymbol{x}_{m-1} \end{bmatrix} = \begin{bmatrix} x(t_0) & x(t_0+\Delta t) & \cdots & x(t_0+(K-1)\Delta t) \\ x(t_0+J\Delta t) & x(t_0+(J+1)\Delta t) & \cdots & x(t_0+(K-1+J)\Delta t) \\ \vdots & \vdots & & \vdots \\ x(t_0+(m-1)J\Delta t) & x(t_0+(1+(m-1)J)\Delta t) & \cdots & x(t_0+(N-1)\Delta t) \end{bmatrix} \tag{4.2}$$

矩阵中的行向量 $\{\boldsymbol{x}_0, \boldsymbol{x}_1, \cdots, \boldsymbol{x}_{m-1}\}$ 为嵌入空间的状态矢量，$K = N-(m-1)J$。在实际应用中，时间延迟通常用 τ 表示，即 $\tau = J\Delta t$。可以看出，在重构的过程中，涉及两个重要的参数，分别是时间延迟与嵌入维数。本节仅介绍相空间重构的几种具体方法，涉及的重构参数都是预先给定的。对于复杂的实际系统，则需要利用新的方法选取合适的重构参数以达到较好的重构效果。利用特定的方法选取对应的重构参数主要有以下原因：首先，塔肯斯并未给出具体重构参数的选择方法。在理想情况下，数据中没有噪声成分且长度无限，这样对任意的时间延迟 τ 都可以满足定理的条件。在实际应用中，获取的时间序列不仅是信号与噪声的叠加，其长度也是有限的。这就使得时间延迟 τ 的选择变得十分重要。如果时间延迟过小，重构在相空间中的轨迹被压缩在嵌入空间的主斜线附近，使得序列中包含的有用信息丢失，造成冗余问题；若时间延迟过大，则重构的相空间中的坐标之间变得不相关，无法获得有用的动态信息，造成不相干问题。其次，由于对所要分析的复杂系统通常没有足够的先验知识，无法知晓其拓扑维数 d，进而无法根据公式 $m \geqslant 2d+1$ 选取合适的嵌入维数 m。在后续章节中，将对嵌入维数与时间延迟的选取方法进行详细的介绍。

利用式（4.2）重构出相空间后，相空间中坐标点轨迹的分布或是结构就可以在一定程度上反映原有系统的特性。若相空间中的轨线最终趋于一个点，则该系统处于稳定状态；若相空间中的轨线呈封闭曲线，则表明系统服从周期运动；若轨线混乱无规律地分布在一定的范围内，则说明该系统在做随机运动；特别地，若相空间中的轨线具有一些特殊的结构（如出现奇异吸引子），则该系统很有可能处在混沌状态。

为了更好地理解相空间重构的基本概念，这里介绍一种简单的相空间重构方法，即返回映射。具体来说，就是选取嵌入维数 $m=2$ 。使用 $x(t_i)$ 做横坐标，$x(t_i+\tau)$ 做纵坐标重构出一个二维相空间，并在平面上观察相空间中的吸引子图形。利用返回映射重构出的相空间，系统的吸引子一般会比实际的吸引子简单，因此返回映射在处理实际的工程问题时具有直观简单的特点。下面的例子就是使用返回映射在进行相空间重构时，通过灵活选取不同的坐标轴使得映射结果表现出不同的特性。

在嵌入维数等于 2 的情况下，选取相邻的极大值（极小值）点作为相空间中的坐标轴。这时，虽然重构出的相空间会丢失系统的一些有用信息，但是依旧可以通过相空间中的轨线对系统进行一定程度的表征。对于周期运动的系统，这样的重构结果在相空间中是有限个点。对于完全随机的系统，利用该方法重构出的轨线也必定是一些杂乱无章的点集。对于混沌系统，相空间中的轨线将呈现出一些特定的形状。

当嵌入维数小于 3 时，可以在一个便于理解的维数下对系统进行分析。但是在实际应用中，仅简单地使用返回映射确定重构参数是不够的，原因主要有以下几点：①实际获取到的数据往往包含噪声，甚至在一些特定情况下（如水声信号），目标数据是淹没在背景噪声中的，直接利用获取到的数据进行相空间重构并不能取得很好的效果；②由塔肯斯定理可以看出，事实上重构相空间所选取的嵌入维数需要大于等于 $2d+1$，其中 d 是动力学系统的维数。因此，仅为了理解方便将嵌入维数简单地选取为 2 或者 3 不能满足人们对复杂动力学系统研究的需求。复杂系统的状态变量较多，如果使用返回映射将嵌入维数设置为 2，那么在低维相空间中重构出的轨线必定会相交重叠，使得对系统的分析受到限制。只有当相空间的维数充分大时，相空间中轨线的分布结构才可以被充分地展开，这样才可以较为准确地对复杂动力学系统进行分析。

为了有效地减小相空间重构中噪声对重构结果的影响，首先需要借助一些非线性滤波方法对一维时间序列中的噪声加以滤除。基于奇异值分解的主成分分析法是非线性系统滤波的基本方法，以下将对该方法加以介绍。

4.3　主成分分析法

如何有效区分噪声和目标信号以及如何对观测数据中的噪声进行抑制，一直是水声信号处理领域重要的研究课题。主成分分析是一种将观测数据分解到一个线性独立坐标系的方法，它的理论基础是奇异值分解（singular value decomposition，SVD）。Broomhead 等[4]最早将主成分分析用于延迟重构，以消除坐标间的线性依赖和人为的对称性。在相空间重构中，由观测数据构造延迟矩阵是分析的第一步，而主成分分析可以看成对延迟矩阵的线性变换。本节对基于奇异值分解的主成分分析法进行详细的介绍。

4.3.1 时间序列的奇异值分解

奇异值分解是现代数值分析较基本与较重要的方法之一，在统计分析、图形处理、系统理论与控制理论中都有广泛的应用。下面给出奇异值分解的具体描述。

定理 4.2 令 $\boldsymbol{A} \in \mathbf{R}^{m\times n}$（或 $\mathbf{C}^{m\times n}$），则存在正交（或酉）矩阵 $\boldsymbol{U} \in \mathbf{R}^{m\times n}$（或 $\mathbf{C}^{m\times n}$）和 $\boldsymbol{V} \in \mathbf{R}^{m\times n}$（或 $\mathbf{C}^{m\times n}$），使得

$$\boldsymbol{A} = \boldsymbol{U}\boldsymbol{\Sigma}\boldsymbol{V}^{\mathrm{T}} \quad （或 \boldsymbol{U}\boldsymbol{\Sigma}\boldsymbol{V}^{\mathrm{H}}） \tag{4.3}$$

其中

$$\boldsymbol{\Sigma} = \begin{bmatrix} \boldsymbol{S} & 0 \\ 0 & 0 \end{bmatrix} \tag{4.4}$$

且 $\boldsymbol{S} = \mathrm{diag}(\delta_1, \delta_2, \cdots, \delta_r)$ 为矩阵 $\boldsymbol{A}$ 的奇异值矩阵，将其对角线元素按从大到小的顺序排列，则有

$$\delta_1 \geqslant \delta_2 \geqslant \cdots \geqslant \delta_r > 0, \quad r = \mathrm{rank}(\boldsymbol{A}) \tag{4.5}$$

证明 因为 $\boldsymbol{A}^{\mathrm{T}}\boldsymbol{A} \geqslant 0$，所以 $\delta(\boldsymbol{A}^{\mathrm{T}}\boldsymbol{A}) \subseteq [0, +\infty)$。记 $\delta(\boldsymbol{A}^{\mathrm{T}}\boldsymbol{A}) = \{\delta_1^2, \delta_2^2, \cdots, \delta_n^2\}$，并将其按从大到小的顺序排列为 $\delta_1 \geqslant \delta_2 \geqslant \cdots \geqslant \delta_r > 0 = \delta_{r+1} = \cdots = \delta_n$。令 $\boldsymbol{v}_1, \boldsymbol{v}_2, \cdots, \boldsymbol{v}_n$ 是对应的正交特征向量组，且

$$\begin{cases} \boldsymbol{V}_1 = [\boldsymbol{v}_1, \boldsymbol{v}_2, \cdots, \boldsymbol{v}_r] \\ \boldsymbol{V}_2 = [\boldsymbol{v}_{r+1}, \boldsymbol{v}_{r+2}, \cdots, \boldsymbol{v}_n] \end{cases} \tag{4.6}$$

若 $\boldsymbol{S} = \mathrm{diag}(\delta_1, \delta_2, \cdots, \delta_r)$，则有 $\boldsymbol{A}^{\mathrm{T}}\boldsymbol{A}\boldsymbol{V}_1 = \boldsymbol{V}_1\boldsymbol{S}^2$，由此得到

$$\boldsymbol{S}^{-1}\boldsymbol{V}_1^{\mathrm{T}}\boldsymbol{A}^{\mathrm{T}}\boldsymbol{A}\boldsymbol{V}_1\boldsymbol{S}^{-1} = \boldsymbol{I} \tag{4.7}$$

另有 $\boldsymbol{A}^{\mathrm{T}}\boldsymbol{A}\boldsymbol{V}_2 = \boldsymbol{V}_2 \times 0$ 使得 $\boldsymbol{V}_2^{\mathrm{T}}\boldsymbol{A}^{\mathrm{T}}\boldsymbol{A}\boldsymbol{V}_2 = 0$，因此 $\boldsymbol{A}\boldsymbol{V}_2 = 0$。令 $\boldsymbol{U}_1 = \boldsymbol{A}\boldsymbol{V}_1\boldsymbol{S}^{-1}$，则由式（4.7）可得 $\boldsymbol{U}_1^{\mathrm{T}}\boldsymbol{U}_1 = \boldsymbol{I}$。选择任意一个 $\boldsymbol{U}_2$，使得 $\boldsymbol{U} = [\boldsymbol{U}_1 \quad \boldsymbol{U}_2]$ 正交。于是就有

$$\boldsymbol{U}^{\mathrm{T}}\boldsymbol{A}\boldsymbol{V} = \begin{bmatrix} \boldsymbol{U}_1^{\mathrm{T}}\boldsymbol{A}\boldsymbol{V}_1 & \boldsymbol{U}_1^{\mathrm{T}}\boldsymbol{A}\boldsymbol{V}_2 \\ \boldsymbol{U}_2^{\mathrm{T}}\boldsymbol{A}\boldsymbol{V}_1 & \boldsymbol{U}_2^{\mathrm{T}}\boldsymbol{A}\boldsymbol{V}_2 \end{bmatrix} = \begin{bmatrix} \boldsymbol{S} & 0 \\ \boldsymbol{U}_2^{\mathrm{T}}\boldsymbol{U}_1\boldsymbol{S} & 0 \end{bmatrix} = \begin{bmatrix} \boldsymbol{S} & 0 \\ 0 & 0 \end{bmatrix} = \boldsymbol{\Sigma} \tag{4.8}$$

从而得到

$$\boldsymbol{A}=\boldsymbol{U}\boldsymbol{\Sigma}\boldsymbol{V}^{\mathrm{T}} \tag{4.9}$$

数值 $\delta_1,\delta_2,\cdots,\delta_r$ 与 $\delta_{r+1}=\delta_{r+2}=\cdots=\delta_n=0$ 统称为矩阵 $\boldsymbol{A}$ 的奇异值，它们是 $\boldsymbol{A}^{\mathrm{T}}\boldsymbol{A}$ 的特征值的平方根。其中，$\boldsymbol{U}$ 的列向量也称为 $\boldsymbol{A}$ 的左奇异向量，相对应的 $\boldsymbol{V}$ 的列向量称为 $\boldsymbol{A}$ 的右奇异向量。矩阵 $\boldsymbol{A}^{\mathrm{T}}$ 有 m 个奇异值，它们是 $\boldsymbol{A}\boldsymbol{A}^{\mathrm{T}}$ 的特征值的平方根。需要注意的是，$\boldsymbol{A}^{\mathrm{T}}\boldsymbol{A}$ 与 $\boldsymbol{A}\boldsymbol{A}^{\mathrm{T}}$ 的 $r(=\mathrm{rank}(\boldsymbol{A}))$ 个非零奇异值是相同的，区别在于零奇异值的个数。

对于奇异值分解，有以下结论：

（1）非零奇异值的数目 r 与其对应的值 $\delta_1,\delta_2,\cdots,\delta_r$ 对于给定矩阵 $\boldsymbol{A}$ 是唯一确定的。

（2）若 $\mathrm{rank}(\boldsymbol{A})=r$，则满足 $\boldsymbol{A}\boldsymbol{x}=0$ 的 $\boldsymbol{x}(\in\boldsymbol{X}_n)$ 的集合，即 $\boldsymbol{A}$ 的零空间 $\mathrm{nul}(\boldsymbol{A})$ 是 $n-r$ 维的。因此，可以选择正交基 $\{\boldsymbol{v}_{r+1},\boldsymbol{v}_{r+2},\cdots,\boldsymbol{v}_n\}$ 作为 $\boldsymbol{A}$ 在 $\boldsymbol{X}_n$ 内的零空间。因此，$\boldsymbol{V}$ 的列向量张成的 $\boldsymbol{X}_n$ 的子空间 $\mathrm{nul}(\boldsymbol{A})$ 是唯一的。

（3）若 $\mathrm{rank}(\boldsymbol{A})=r$，则满足 $\boldsymbol{y}=\boldsymbol{A}\boldsymbol{x}$ 的 $\boldsymbol{y}(\in\boldsymbol{Y}_m)$ 的集合组成 $\boldsymbol{A}$ 的像空间 $\mathrm{Im}(\boldsymbol{A})$，它是 r 维的。$\mathrm{Im}(\boldsymbol{A})$ 的正交补空间 $\mathrm{Im}(\boldsymbol{A})^{\perp}$ 是 $m-r$ 维的，因此可以选择正交基 $\{\boldsymbol{u}_{r+1},\boldsymbol{u}_{r+2},\cdots,\boldsymbol{u}_m\}$ 作为 $\mathrm{Im}(\boldsymbol{A})$ 在 $\boldsymbol{Y}_m$ 内的正交补空间。由 $\boldsymbol{U}$ 的列向量 $\boldsymbol{u}_{r+1},\boldsymbol{u}_{r+2},\cdots,\boldsymbol{u}_m$ 张成的 $\boldsymbol{Y}_m$ 的子空间 $\mathrm{Im}(\boldsymbol{A})^{\perp}$ 是唯一确定的。

（4）若奇异值 δ_i 是唯一的，即当 $i\neq j$ 时 $\delta_i\neq\delta_j$，则 $\boldsymbol{v}_i$ 和 $\boldsymbol{u}_i$ 除相差一偏角外是唯一确定的。

（5）当 δ_i 是 k 重奇异值，即 $\delta_{i-1}>\delta_i=\delta_{i+1}=\cdots=\delta_{i+k-1}>\delta_{i+k}$，并约定 $\delta_0=+\infty$，$\delta_{r+1}=0$ 时，$\{\boldsymbol{v}_i,\boldsymbol{v}_{i+1},\cdots,\boldsymbol{v}_{i+k-1}\}$ 张成的 $\boldsymbol{X}_n$ 的子空间和由 $\{\boldsymbol{u}_i,\boldsymbol{u}_{i+1},\cdots,\boldsymbol{u}_{i+k-1}\}$ 张成的 $\boldsymbol{Y}_m$ 的子空间是唯一的。

4.3.2　时间序列的主成分分析法

主成分分析法又称主分量分析法，可以有效地区分原始数据中的信号成分和噪声成分。塔肯斯定理从理论上证明了利用延迟坐标在满足一定条件（大于等于 $2d+1$）的情况下可以有效地重构相空间中的吸引子，这为人们研究复杂非线性动力学系统提供了有力的理论依据。

为了减弱噪声对重构结果产生的影响，这里采用主成分分析法来有效区分时间序列中包含的噪声成分和信号成分。由于延迟坐标并不相互正交，重构的相空间中各坐标分量之间存在线性相关性。主成分分析法通过计算时间序列协方差矩阵的奇异值来对时间序列中的不同成分进行区分。将信号成分对应的特征值单独提取出来并构造相应的子空间。提取出来的特征值对应的特征向量作为信号子空间的基，保证了重构后各坐标分量之间相互正交，达到改善重构效果的目的。

下面介绍主成分分析法的具体步骤。

对于一个一维时间序列 $\{x(t_0+i\Delta t), i=0,1,\cdots,N-1\}$，$t_0$ 为初始采样时刻，Δt 为采样时间间隔。选取合适的时间延迟 J 与嵌入维数 m，构造出 m 维相空间。在相空间中，坐标为 $\{x(t_0), x(t_0+J\Delta t), x(t_0+2J\Delta t),\cdots, x(t_0+(m-1)J\Delta t)\}$，将相空间改写成如下形式：

$$\boldsymbol{X}=K^{-1/2}[x(t_0)\quad x(t_0+\Delta t)\quad \cdots\quad x(t_0+(K-1)\Delta t)] \tag{4.10}$$

其中，$K=N-(m-1)J$，$\boldsymbol{X}\in\mathbf{R}^{K\times m}$。

由式（4.10）可以定义协方差矩阵为

$$\boldsymbol{A}_X=\boldsymbol{X}\boldsymbol{X}^{\mathrm{T}} \tag{4.11}$$

$\boldsymbol{A}_X\in\mathbf{R}^{m\times m}$。由式（4.11）可得

$$(\boldsymbol{A}_X)_{ij}=\left\langle x_i(t)x_j(t)\right\rangle_t \tag{4.12}$$

$x_i(t)$ 是 $\boldsymbol{x}(t)$ 的第 i 个坐标，$\langle\cdot\rangle$ 表示从 t_0 到 $t_0+(K-1)\Delta t$ 的时间平均。当 $K\Delta t$ 趋于无穷大时，$\boldsymbol{A}_X$ 的元素为自相关函数，则

$$(\boldsymbol{A}_X)_{ij}=R((i-j)\tau) \tag{4.13}$$

式中

$$R(\tau)=\lim_{T\to\infty}\frac{1}{2T}\int_{-T}^{T}x(t)x(t-\tau)\mathrm{d}t \tag{4.14}$$

协方差矩阵 $\boldsymbol{A}_X$ 是实对称的，其可以分解为

$$\boldsymbol{A}_X=\boldsymbol{S}\boldsymbol{\Sigma}^2\boldsymbol{S}^{\mathrm{T}} \tag{4.15}$$

式中，$\boldsymbol{S}$ 是 $m\times m$ 的正交矩阵；$\boldsymbol{\Sigma}^2$ 是 $m\times m$ 的对角矩阵。矩阵 $\boldsymbol{S}$ 表示对矢量 $\boldsymbol{x}(t)$ 的坐标变换，即

$$\boldsymbol{y}(t)=\boldsymbol{S}^{\mathrm{T}}\boldsymbol{x}(t) \tag{4.16}$$

坐标变换后得到的矢量 $\boldsymbol{y}(t)$ 的元素 $y_j(t)$ 称为主成分。

定义矩阵 $\boldsymbol{Y}=\boldsymbol{S}^{\mathrm{T}}\boldsymbol{X}$ 和 $\boldsymbol{A}_y=\boldsymbol{Y}\boldsymbol{Y}^{\mathrm{T}}$，则 $\boldsymbol{A}_y$ 是主成分的协方差矩阵。其中的元素如下所示：

$$(\boldsymbol{A}_y)_{ij}=\left\langle y_i(t)y_j(t)\right\rangle_t \tag{4.17}$$

由于矩阵 $\boldsymbol{A}_X=\boldsymbol{S}\boldsymbol{\Sigma}^2\boldsymbol{S}^{\mathrm{T}}$，结合 $\boldsymbol{Y}$ 和 $\boldsymbol{A}_y$ 的定义，可得

$$\boldsymbol{A}_y=\boldsymbol{S}^{\mathrm{T}}\boldsymbol{A}_X\boldsymbol{S}=\boldsymbol{\Sigma}^2 \tag{4.18}$$

即主成分的协方差矩阵为对角矩阵，且各主成分之间线性独立。

设 $\boldsymbol{s}_j$ 是 $\boldsymbol{S}$ 的第 j 列，且 $\delta_j^2=(\boldsymbol{\Sigma}^2)_{jj}$，则 $\boldsymbol{s}_j$ 是 $\boldsymbol{A}_X$ 的特征向量，δ_j^2 是对应的特征值。m 个特征值 $\{\delta_j^2, j\in[1,m]\}$ 即奇异谱。特征值具有如下关系：

$$\delta_1^2 \geqslant \delta_2^2 \geqslant \cdots \geqslant \delta_m^2 \tag{4.19}$$

在文献[5]中，Sauer 等将塔肯斯定理扩展，证明了 $2d+1$ 个主成分可以构成一个嵌入。在实际中通常选取 $q(<m)$ 个主成分。这就是局部主成分分析。

前面提到，利用主成分分析法可以有效地对时间序列中的信号成分与噪声成分进行区分。那么进一步地，利用主成分分析法也可以降低噪声。假设时间序列 $x(t)$ 由信号成分 $\tilde{x}(t)$ 和一各向同性高斯噪声 $\eta(t)$ 组成：

$$x(t) = \tilde{x}(t) + \eta(t) \tag{4.20}$$

这里假设噪声的方差为 $\langle \eta^2 \rangle$，则由其各向同性的特性可以推出它在各个方向上的投影也是 $\langle \eta^2 \rangle$。因此，在不同旋转坐标上的信噪比是 $\langle y_j^2 \rangle / \langle \eta^2 \rangle$。由于主成分子基具有最大的方差，也就是说具有最大的信噪比，因此可以说主成分分析是最优的线性变换，下面将进行详细说明。

对所有正交坐标变换 $\boldsymbol{S}': \mathbf{R}^m \to \mathbf{R}^m$ 以及 $\boldsymbol{y}' = \boldsymbol{S}'^{\mathrm{T}} \boldsymbol{x}'$，针对固定的重构 $\boldsymbol{X}$，对所有 $q \in [1, m]$ 有

$$\sum_{j=1}^{q} \delta_j^2 = \sum_{j=1}^{q} \langle y_j^2 \rangle \geqslant \sum_{j=1}^{q} \langle y_j'^2 \rangle \tag{4.21}$$

由于方差最大，前 q 个主成分在固定延迟的 q 维投影上具有最大的信噪比。从这个意义上讲，主成分分析是最优的线性坐标变换。

但是依然存在两个需要注意的问题：首先，最优是 q 个主成分子集在给定某一固定延迟下求出的。若重构参数，即时间延迟和嵌入维数改变，则对应的奇异谱与信噪比也会改变。其次，主成分的方差受到时间序列方差的限制，这是由于相似变换下矩阵的秩是不变的，即

$$\sum_{j=0}^{m-1} \delta_j^2 = m \langle \boldsymbol{x}^2 \rangle \tag{4.22}$$

式（4.22）表明，m 个主成分方差之和等于 m 个延迟坐标方差之和。最小方差的主成分与延迟坐标相比具有更低的信噪比。可以利用对任一给定主成分的信噪比和延迟坐标的信噪比以及主成分方差 δ_j^2 和延迟矢量的方差 $\langle \boldsymbol{x}^2 \rangle$ 比较进行验证。

4.4　低信噪比下的相空间重构

4.4.1　洛伦茨系统的相空间重构

在水声信号的处理过程中，噪声是一个无法回避且必须解决的问题[6]。在 4.3 节

中，主成分分析法将延迟矢量变换到了一个正交坐标系中，通过选取较大特征值对应的特征向量作为重构的主成分有效地改善了信噪比问题。另外，基于多通道时间序列主成分分析的奇异谱分析将延迟向量变换到正交坐标系，消除了坐标之间的线性依赖以及人为的对称性。同时，利用奇异谱分析也可以有效地区分时间序列中的信号成分与噪声成分。通过确定最小的嵌入维数使得相空间的重构获得最大的信噪比增益。

利用洛伦茨系统，首先由时间序列产生延迟重构，它是一种基于重构窗口来确定重构参数的重构方法。对于没有先验信息的未知系统，在重构时先将时间延迟固定为 1，将嵌入维数 m 逐渐增大。利用不断增加的嵌入维数对重构参数进行粗略估计。若嵌入维数选取得不合适，则会使得信噪比降低。因此，首先确定 m，然后通过主成分分析得到最大特征值谱，这样能够保证最大方差的主成分子集具有较高的信噪比。

洛伦茨模型如下：

$$\begin{cases}\dot{x}=\sigma(y-x)\\ \dot{y}=x(R-z)-y\\ \dot{z}=xy-bz\end{cases} \tag{4.23}$$

式中，$\sigma=16$；$b=4$；$R=45.92$。利用四阶龙格-库塔法求解方程，采样间隔 $\Delta t=0.01\text{s}$，总时长 $T=50\text{s}$，对应的时域波形如图 4.1 所示。图 4.2 给出了其三维相轨迹图，以及 xy 平面、yz 平面、xz 平面的相轨迹图。图 4.3 给出了其对应分量的奇异谱结果。为了对比，图 4.3 中还给出了高斯白噪声的奇异谱。

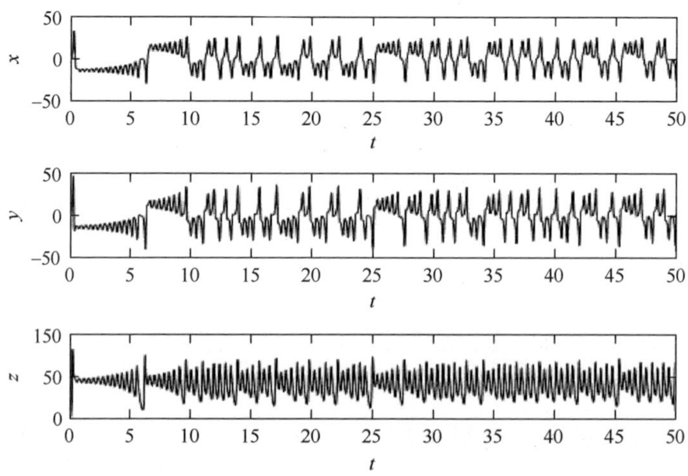

图 4.1　洛伦茨系统的时域波形

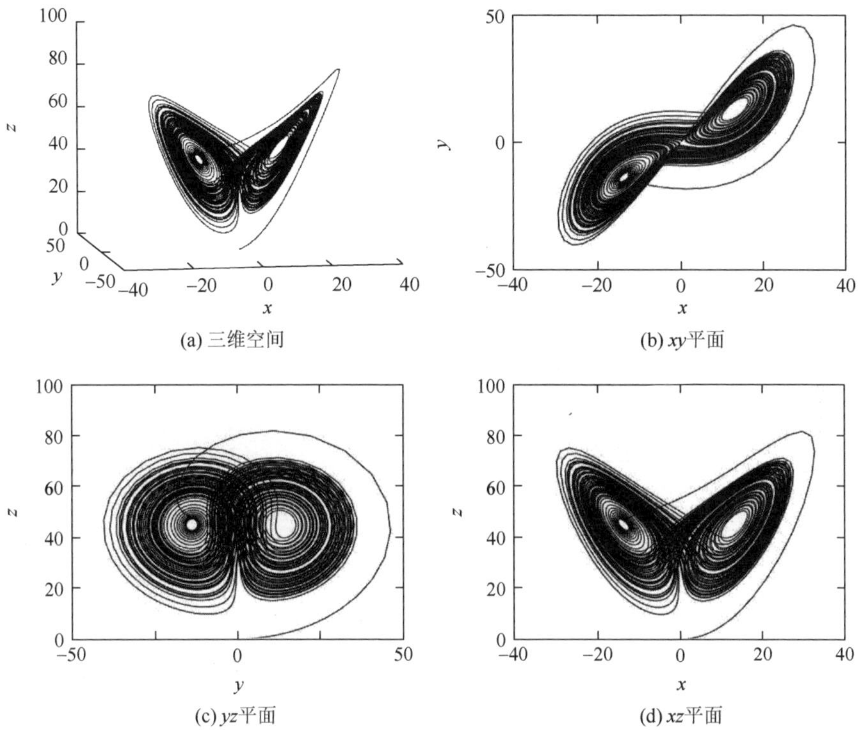

(a) 三维空间　(b) xy平面　(c) yz平面　(d) xz平面

图 4.2　洛伦茨系统相轨迹图

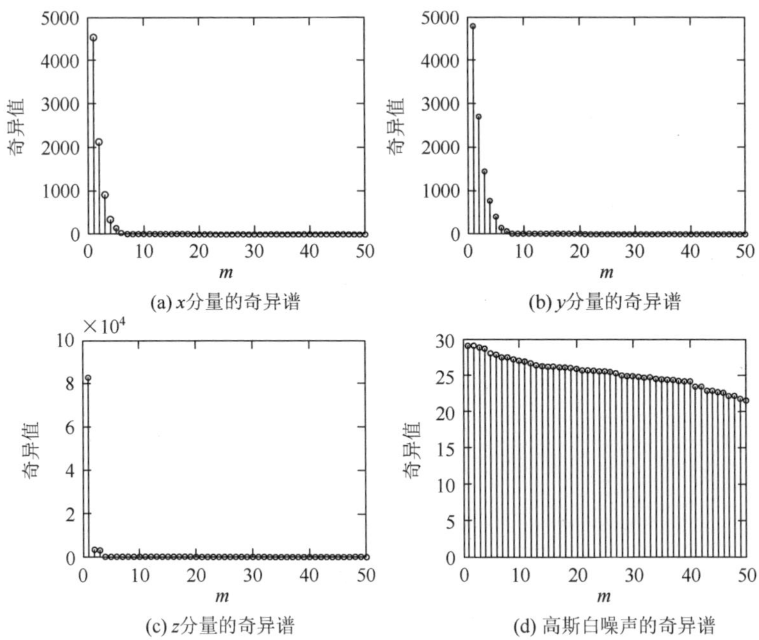

(a) x分量的奇异谱　(b) y分量的奇异谱　(c) z分量的奇异谱　(d) 高斯白噪声的奇异谱

图 4.3　洛伦茨混沌信号和高斯白噪声的奇异谱

由图 4.3 可以看出，对于不含噪声的洛伦茨系统，其各分量的奇异谱很快衰减到零。而对于高斯白噪声，它的奇异谱很难衰减到零。

进一步，对洛伦茨系统叠加高斯白噪声，图 4.4 为叠加高斯白噪声后的相轨迹图，叠加高斯白噪声后的信噪比为 0dB，图 4.5 为叠加不同信噪比的高斯白噪声以后 x 分量的奇异谱结果。

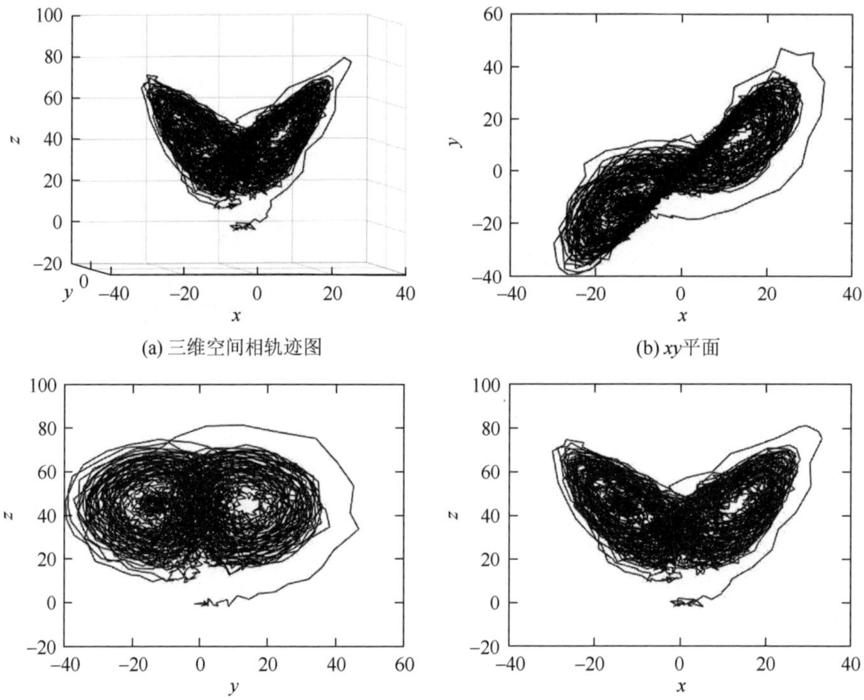

(a) 三维空间相轨迹图　　(b) xy平面

(c) yz平面　　(d) xz平面

图 4.4　洛伦茨系统叠加高斯白噪声后的相轨迹图（信噪比为 0dB）

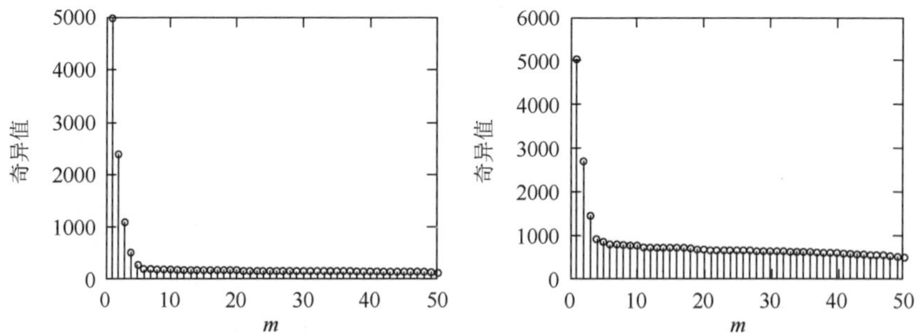

(a) 0dB　　(b) –6dB

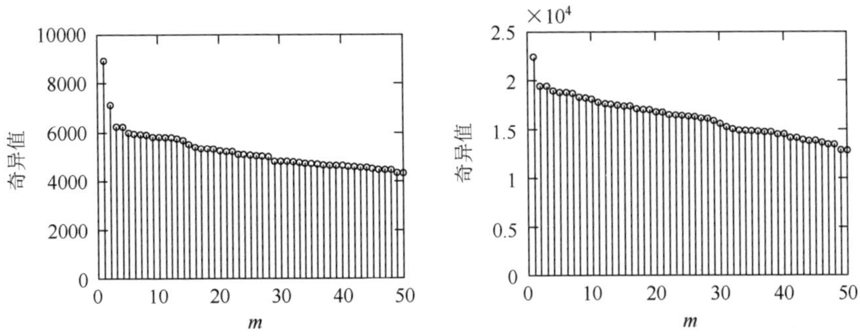

图 4.5　不同信噪比下洛伦茨混沌信号 x 分量奇异谱

结合图 4.4 和图 4.5 可以看出，噪声对相空间重构结果会产生很大影响。其影响也直观地反映在时间序列的奇异谱结果上。噪声使得奇异谱结果存在一个噪声平台。随着信噪比的不断降低，噪声平台也相对地不断升高。从奇异谱结果可以看出，较大的特征值代表了时间序列中的信号成分。将较大特征值对应的子空间分割出来，就可以对相空间重构结果加以改善。

4.4.2　高阶统计量理论基础

主成分分析法和奇异谱分析虽然可以改善信号的信噪比，但是它在非线性动力学系统中的应用却受到了一定的限制。在信噪比较低的情况下利用奇异谱分析，其结果可能很难对噪声成分与信号成分进行区分，进而导致重构的效果并不理想。因此，本节提出利用高阶统计量理论分析混沌信号，以此反映信号的高阶相关与信号的非线性。高阶统计量可以抑制高斯或非高斯色噪声，同时还可以区分非因果、非最小相位、非线性系统。同时，高阶统计量可以对信号中的非线性、循环平稳性进行检测和表征。其不仅可以抑制高斯有色噪声的影响，也可以抑制对称分布噪声的影响。本节介绍高阶累积量、高阶矩以及对应的高阶累积量谱和高阶矩谱。并重点介绍一种利用四阶累积量的对角切片构造轨迹协方差矩阵的方法，即高阶奇异谱分析。下面给出随机变量的特征函数、高阶矩以及高阶累积量的定义。

定义 4.3　随机变量 x 具有概率密度函数 $f(x)$，其特征函数的定义如下：

$$\begin{cases}\Phi(\omega)=\int_{-\infty}^{+\infty} f(x)\mathrm{e}^{\mathrm{j}\omega x}\mathrm{d}x=E[\mathrm{e}^{\mathrm{j}\omega x}] \\ \Psi(\omega)=\ln[\Phi(\omega)]\end{cases} \tag{4.24}$$

可以看出，随机变量的特征函数是其概率密度函数的傅里叶变换。由于概率密度函数自身的性质 $f(x)\geqslant 0$，$\Phi(\omega)$ 在原点处取最大值，即

$$\left|\Phi(x)\right| \leqslant \Phi(0)=1 \tag{4.25}$$

将$\Phi(\omega)$称为第一特征函数，$\Psi(\omega)$称为第二特征函数。

定义 4.4　设随机变量 x 和 y 的联合概率密度函数为 $f(x,y)$，则它们的联合特征函数定义如下：

$$\Phi(\omega_1,\omega_2)=\int_{-\infty}^{+\infty}\int_{-\infty}^{+\infty} f(x,y)\mathrm{e}^{\mathrm{j}(\omega_1 x+\omega_2 y)}\mathrm{d}x\mathrm{d}y=E[\mathrm{e}^{\mathrm{j}(\omega_1 x+\omega_2 y)}] \tag{4.26}$$

定义 4.5　令随机向量 $\boldsymbol{x}=[x_1,x_2,\cdots,x_n]^{\mathrm{T}}$ 的联合概率密度函数为 $f(x_1,x_2,\cdots,x_n)$，则其联合特征函数定义为

$$\Phi(\omega_1,\omega_2,\cdots,\omega_n)=\int_{-\infty}^{+\infty}\cdots\int_{-\infty}^{+\infty} f(x_1,x_2,\cdots,x_n)\mathrm{e}^{\mathrm{j}(\omega_1 x_1+\omega_2 x_2+\cdots+\omega_n x_n)}\mathrm{d}x_1\cdots\mathrm{d}x_n \tag{4.27}$$

类似地，$\Phi(\omega_1,\omega_2,\cdots,\omega_n)=E[\mathrm{e}^{\mathrm{j}(\omega_1 x_1+\omega_2 x_2+\cdots+\omega_n x_n)}]$，其第二特征函数如下：

$$\Psi(\omega_1,\omega_2,\cdots,\omega_n)=\ln[\Phi(\omega_1,\omega_2,\cdots,\omega_n)] \tag{4.28}$$

在给出不同随机变量的特征函数的定义后，下面给出随机变量的高阶矩和高阶累积量的定义。

定义 4.6　随机变量 x 的第一特征函数 $\Phi(\omega)$ 在原点的 k 阶导数等于随机变量 x 的 k 阶矩 m_k，即

$$m_k=\Phi^k(\omega)\big|_{\omega=0}=E[x^k] \tag{4.29}$$

定义 4.7　随机变量 x 的第二特征函数 $\Psi(\omega)$ 在原点的 k 阶导数等于随机变量 x 的 k 阶累积量 c_k，即

$$c_k=\Psi^k(\omega)\big|_{\omega=0} \tag{4.30}$$

将上述随机变量的高阶矩和高阶累积量定义推广，类似地可以得到随机向量的高阶矩与高阶累积量的定义。

定义 4.8　令 $\boldsymbol{x}=[x_1,x_2,\cdots,x_k]^{\mathrm{T}}$ 是一随机向量，对其第一特征函数 $\Phi(\omega_1,\omega_2,\cdots,\omega_k)$ 求 $r=v_1+v_2+\cdots+v_k$ 次偏导，可以得到随机向量 $\boldsymbol{x}$ 的 r 阶矩 $m_{v_1 v_2\cdots v_k}$ 为

$$m_{v_1 v_2\cdots v_k}=E[x_1^{v_1}x_2^{v_2}\cdots x_k^{v_k}]=(-\mathrm{j})^r\left.\frac{\partial\Phi(\omega)}{\partial\omega_1^{v_1}\partial\omega_2^{v_2}\cdots\partial\omega_k^{v_k}}\right|_{\omega_1=\omega_2=\cdots=\omega_k=0} \tag{4.31}$$

类似地，随机向量 $\boldsymbol{x}$ 的 r 阶累积量可以用式（4.32）定义：

$$c_{v_1 v_2\cdots v_k}=(-\mathrm{j})^r\left.\frac{\partial\Psi(\omega)}{\partial\omega_1^{v_1}\partial\omega_2^{v_2}\cdots\partial\omega_k^{v_k}}\right|_{\omega_1=\omega_2=\cdots=\omega_k=0} \tag{4.32}$$

当 $v_1=v_2=\cdots=v_k=1$ 时，式（4.31）和式（4.32）即为最常用的 k 阶矩 m_k 与 k 阶累积量 c_k，记为

$$\begin{cases} m_k=\mathrm{mom}(x_1,x_2,\cdots,x_k)\\ c_k=\mathrm{cum}(x_1,x_2,\cdots,x_k)\end{cases} \tag{4.33}$$

进一步，定义随机过程的高阶矩与高阶累积量。

定义 4.9　设$\{x(n)\}$为零均值的k阶平稳随机过程，则该过程的k阶矩与k阶累积量分别为

$$\begin{cases} m_{kx}(\tau_1,\tau_2,\cdots,\tau_{k-1}) = \mathrm{mom}[x(n),x(n+\tau_1),\cdots,x(n+\tau_{k-1})] \\ c_{kx}(\tau_1,\tau_2,\cdots,\tau_{k-1}) = \mathrm{cum}[x(n),x(n+\tau_1),\cdots,x(n+\tau_{k-1})] \end{cases} \tag{4.34}$$

有了以上随机过程的高阶累积量与高阶矩的定义后，下面介绍对应的高阶矩谱与高阶累积量谱。

定义 4.10　设高阶矩m_{kx}绝对可和，即高阶矩满足下述条件：

$$\sum_{\tau_1=-\infty}^{+\infty}\cdots\sum_{\tau_{k-1}=-\infty}^{+\infty}|m_{kx}(\tau_1,\tau_2,\cdots,\tau_{k-1})|<\infty \tag{4.35}$$

则k阶矩谱定义为m_{kx}的$k-1$维傅里叶变换。

$$M_{kx}(\omega_1,\omega_2,\cdots,\omega_{k-1}) = \sum_{\tau_1=-\infty}^{+\infty}\cdots\sum_{\tau_{k-1}=-\infty}^{+\infty} m_{kx}(\tau_1,\tau_2,\cdots,\tau_{k-1})\exp\left(-\mathrm{j}\sum_{i=1}^{k-1}\omega_i\tau_i\right) \tag{4.36}$$

定义 4.11　设高阶累积量c_{kx}绝对可和，即

$$\sum_{\tau_1=-\infty}^{+\infty}\cdots\sum_{\tau_{k-1}=-\infty}^{+\infty}|c_{kx}(\tau_1,\tau_2,\cdots,\tau_{k-1})|<\infty \tag{4.37}$$

同样，k阶累积量谱定义为c_{kx}的$k-1$维傅里叶变换：

$$S_{kx}(\omega_1,\omega_2,\cdots,\omega_{k-1}) = \sum_{\tau_1=-\infty}^{+\infty}\cdots\sum_{\tau_{k-1}=-\infty}^{+\infty} c_{kx}(\tau_1,\tau_2,\cdots,\tau_{k-1})\exp\left(-\mathrm{j}\sum_{i=1}^{k-1}\omega_i\tau_i\right) \tag{4.38}$$

上面介绍的高阶矩、高阶累积量，以及对应的高阶矩谱和高阶累积量谱是四种主要的高阶统计量。而高阶累积量方法实际上主要是指高阶的累积量和累积量谱方法。在高阶谱中，最常用的是由三阶累积量c_{3x}的傅里叶变换得到的三阶谱，又称双谱：

$$B_x(\omega_1,\omega_2) = \sum_{\tau_1=-\infty}^{+\infty}\sum_{\tau_2=-\infty}^{+\infty} c_{3x}(\tau_1,\tau_2)\mathrm{e}^{-\mathrm{j}(\omega_1\tau_1+\omega_2\tau_2)} \tag{4.39}$$

由四阶累积量c_{4x}的傅里叶变换得到的称为四阶谱，又称三谱：

$$T_x(\omega_1,\omega_2,\omega_3) = \sum_{\tau_1=-\infty}^{+\infty}\sum_{\tau_2=-\infty}^{+\infty}\sum_{\tau_3=-\infty}^{+\infty} c_{4x}(\tau_1,\tau_2,\tau_3)\mathrm{e}^{-\mathrm{j}(\omega_1\tau_1+\omega_2\tau_2+\omega_3\tau_3)} \tag{4.40}$$

在得到常用高阶谱的定义后，自然需要对各种仿真以及实际数据进行计算得到对应的谱。但是由定义计算通常较为烦琐，在这里给出对于离散时间确定信号的双谱、三谱的计算方法。

定义 4.12　令$\{x(n)\}(n=0,\pm1,\pm2,\cdots)$是一个能量有限的确定信号，则其傅里叶变换$X(\omega)$、能量谱$P_x(\omega)$、双谱$B_x(\omega_1,\omega_2)$以及三谱$T_x(\omega_1,\omega_2,\omega_3)$的定义如下：

$$
\begin{aligned}
X(\omega) &= \sum_{k=-\infty}^{+\infty} x(k)\mathrm{e}^{-\mathrm{j}\omega k} \\
P_x(\omega) &= X(\omega)X^*(\omega) \\
B_x(\omega_1,\omega_2) &= X(\omega_1)X(\omega_2)X^*(\omega_1+\omega_2) \\
T_x(\omega_1,\omega_2,\omega_3) &= X(\omega_1)X(\omega_2)X(\omega_3)X^*(\omega_1+\omega_2+\omega_3)
\end{aligned}
\tag{4.41}
$$

高阶矩和高阶累积量作为两种重要的高阶统计量，它们之间可以根据一定关系相互转换。

定理 4.3　高阶矩和高阶累积量之间可以利用下面的公式互相转换：

$$c_x(I) = \sum_I (-1)^{q-1}(q-1)!\prod_{p=1}^{q} m_x(I_p) \tag{4.42}$$

$$m_x(I) = \sum_I \prod_{p=1}^{q} c_x(I_p) \tag{4.43}$$

在式(4.42)和式(4.43)中，$I=\bigcup_{p=1}^{q} I_p$ 表示集合 I 中所有分割范围内的求和；$m_x(I_p)$ 为向量 $\boldsymbol{x}_{I_p}$ 内的各元素乘积的期望值，其中 $\boldsymbol{x}_{I_p}$ 由 $\boldsymbol{x}$ 内指数属于 I_p 的所有分量组成；$c_x(I_p)$ 则为向量 $\boldsymbol{x}$ 的子向量 $\boldsymbol{x}_{I_p}$ 的累积量。由定理 4.3 可求出下述各阶矩与对应累积量之间的关系：

$$
\begin{aligned}
c_1(x_1) &= E[x_1] \\
c_2(x_1,x_2) &= E[x_1x_2]-E[x_1]E[x_2] \\
c_3(x_1,x_2,x_3) &= E[x_1x_2x_3]-E[x_1]E[x_2x_3] \\
&\quad -E[x_2]E[x_1x_3]-E[x_3]E[x_1x_2]+2E[x_1]E[x_2]E[x_3]
\end{aligned}
\tag{4.44}
$$

为了简化表达式，通常假定时间序列是零均值的。因此，对于零均值的平稳实随机过程 $\{x(n)\}$，有以下公式：

$$
\begin{aligned}
c_{2x}(\tau) &= E[x(n)x(n+\tau)] = R_x(\tau) \\
c_{3x}(\tau_1,\tau_2) &= E[x(n)x(n+\tau_1)x(n+\tau_2)] \\
c_{4x}(\tau_1,\tau_2,\tau_3) &= E[x(n)x(n+\tau_1)x(n+\tau_2)x(n+\tau_3)] \\
&\quad -R_x(\tau_1)R_x(\tau_2-\tau_3)-R_x(\tau_2)R_x(\tau_3-\tau_1) \\
&\quad -R_x(\tau_3)R_x(\tau_1-\tau_2)
\end{aligned}
\tag{4.45}
$$

式中，$R_x(\tau)=E[x(n)x(n+\tau)]$ 是平稳实随机过程 $\{x(n)\}$ 的二阶矩，即自相关函数。式（4.45）说明对零均值的随机过程，其二阶、三阶累积量等于其对应阶数的矩。高阶累积量具有如下性质。

性质 4.1　若 $\lambda_i(i=1,2,\cdots,k)$ 为常数，$x_i(i=1,2,\cdots,k)$ 为随机变量，则

$$\operatorname{cum}(\lambda_1x_1,\lambda_2x_2,\cdots,\lambda_kx_k) = \left(\prod_{i=1}^{k}\lambda_i\right)\operatorname{cum}(x_1,x_2,\cdots,x_k) \tag{4.46}$$

性质 4.2　累积量与其变元对称：

$$\mathrm{cum}(x_1, x_2, \cdots, x_k) = \mathrm{cum}(x_{i_1}, x_{i_2}, \cdots, x_{i_k}) \tag{4.47}$$

其中 $(i_1, i_2, \cdots, i_k)$ 是 $(1, 2, \cdots, k)$ 的一种排列。

性质 4.3　累积量与变元相比具有可加性，即

$$\mathrm{cum}(x_0 + y_0, z_1, z_2, \cdots, z_k) = \mathrm{cum}(x_0, z_1, z_2, \cdots, z_k) + \mathrm{cum}(y_0, z_1, z_2, \cdots, z_k) \tag{4.48}$$

性质 4.4　若 α 为常数，则

$$\mathrm{cum}(\alpha + z_1, z_2, \cdots, z_k) = \mathrm{cum}(z_1, z_2, \cdots, z_k) \tag{4.49}$$

性质 4.5　若随机变量 $\{x_i\}$ 与随机变量 $\{y_i\}$ $(i = 1, 2, \cdots, k)$独立，则

$$\mathrm{cum}(x_1 + y_1, x_2 + y_2, \cdots, x_k + y_k) = \mathrm{cum}(x_1, x_2, \cdots, x_k) + \mathrm{cum}(y_1, y_2, \cdots, y_k) \tag{4.50}$$

性质 4.6　如果 k 个随机变量 $\{x_i\}$ $(i = 1, 2, \cdots, k)$的一个子集与其他部分独立，则

$$\mathrm{cum}(x_1, x_2, \cdots, x_k) = 0 \tag{4.51}$$

利用高阶统计量的性质，可以得到以下结论：

（1）高阶累积量可以抑制高斯色噪声，而高阶矩不行。假设一非高斯信号与和它独立的加性高斯色噪声叠加，在观测过程中的高阶累积量将与非高斯信号过程中的高阶累积量相等。因此，理论上高阶累积量可以对高斯色噪声进行完美抑制。

（2）高阶白噪声的高阶累积量是多维冲激函数，对应的谱是多维平坦的多谱。与高阶矩及其对应的谱相比，使用高阶累积量可以较为简便地建立非高斯信号与线性系统传递函数之间的关系。

（3）由于特征函数是由对应的概率密度函数唯一确定的，高阶累积量问题有唯一解，而高阶矩的解不具有唯一性。

（4）两个统计独立的随机过程的累积量等于各个随机过程的累积量之和。

在 4.3 节中介绍了时间序列的奇异谱分析方法，理论上，这是一种线性方法。通过引入高阶统计量的概念，介绍高阶奇异谱。利用这种方法，就可以在信噪比较低的情况下有效地进行相空间重构。

给定混沌时间序列 $\{x(k)\}, k = 0, 1, \cdots, N-1$。若阶数至 n 的矩都存在，则其 n 阶矩函数为

$$m_n^x(\tau_1, \tau_2, \cdots, \tau_{n-1}) = E[x(k)x(k+\tau_1)\cdots x(k+\tau_{n-1})] \tag{4.52}$$

对应地，其 n 阶累积量为

$$C_n^x(\tau_1, \tau_2, \cdots, \tau_{n-1}) = m_n^x(\tau_1, \tau_2, \cdots, \tau_{n-1}) - m_n^G(\tau_1, \tau_2, \cdots, \tau_{n-1}) \tag{4.53}$$

式中，$m_n^G(\tau_1, \tau_2, \cdots, \tau_{n-1})$ 是与 $x(k)$ 具有相同均值和自相关函数的一个等价高斯信号的 n 阶矩函数。

当 $x(k)$ 为高斯信号时，$m_n^x(\tau_1, \tau_2, \cdots, \tau_{n-1}) = m_n^G(\tau_1, \tau_2, \cdots, \tau_{n-1})$，因此其 n 阶累积量为零。

由奇异值分解的相关公式可以看出，矩阵 $\boldsymbol{A}$ 的元素是二阶函数，可以反映出线性依赖关系。高阶统计量具有性质：若一非高斯信号与独立的加性高斯噪声叠加，则观测过程的高阶累积量恒等于非高斯信号的高阶累积量。因此，高阶累积量不仅可以在理论上完全抑制高斯色噪声的干扰，同时可以反映系统高阶的非线性关系。使用四阶累积量构造协方差矩阵，可以将其变为一个二元函数。通常做切片处理，令四阶累积量中的 $\tau_2=\tau_3$，则

$$\begin{aligned}C_4^x(\tau_1,\tau_2,\tau_3)&=m_4^x(\tau_1,\tau_2,\tau_3)-m_2^x(\tau_1)m_2^x(0)\\&\quad-m_2^x(\tau_2)m_2^x(\tau_2-\tau_1)-m_2^x(\tau_3)m_2^x(\tau_2-\tau_1)\\&\quad-m_1^x[m_3^x(\tau_2-\tau_1,\tau_2-\tau_1)+m_3^x(\tau_2,\tau_2)+2m_3^x(\tau_1,\tau_2)]\\&\quad+(m_1^x)^2[m_2^x(\tau_1)+2m_2^x(\tau_2)+2m_2^x(\tau_2-\tau_1)\\&\quad+m_2^x(0)]-6(m_1^x)^4\end{aligned}\tag{4.54}$$

利用式（4.54）可以构造出协方差矩阵 $\boldsymbol{A}$，其元素为

$$(\boldsymbol{A})_{ij}=C_4^x(i,j,j)\tag{4.55}$$

式中，$i,j=1,2,\cdots,m$，m 为嵌入维数。

得到协方差矩阵后，进行奇异值分解得到的奇异谱称为高阶奇异谱。

4.5　状态变量的信息流与重构参数选择

4.5.1　状态变量的信息流

大部分非线性系统中的变量都不是相互独立的，也就是说，系统的某一个变量的变化会对其他变量产生影响。对于系统输出的某一状态变量的观测值，除了包含该状态变量自身的信息，还包含大量的与其相关联的其他系统变量的信息。对这种存在于系统中不同变量之间的信息耦合称为状态变量的信息流[7]。

可以看出，相空间重构就是利用了动态系统状态变量之间的信息流，通过对一部分可被观测的系统状态进行研究，分析系统其他状态变量的变化。下面利用洛伦茨方程加以说明。

假设选择观测的状态变量为 x，由于 $\dot{x}$ 与 z 之间没有直接的联系，可以看出与 z 有关的信息通过变量 y 传递。z 的变化会引起 $\dot{y}$ 的变化，进一步引起 $\dot{x}$ 变化。

下面通过洛伦茨模型在不同相平面的相轨迹图对状态变量的信息流概念进行说明。图 4.6 是洛伦茨模型的相轨迹图，三幅图的视角分别为 xy、xz 和 yz 平面。图 4.7、图 4.8 和图 4.9 分别为对洛伦茨模型中 x、y、z 分量进行相空间重构后绘出的不同视角的相轨迹图。

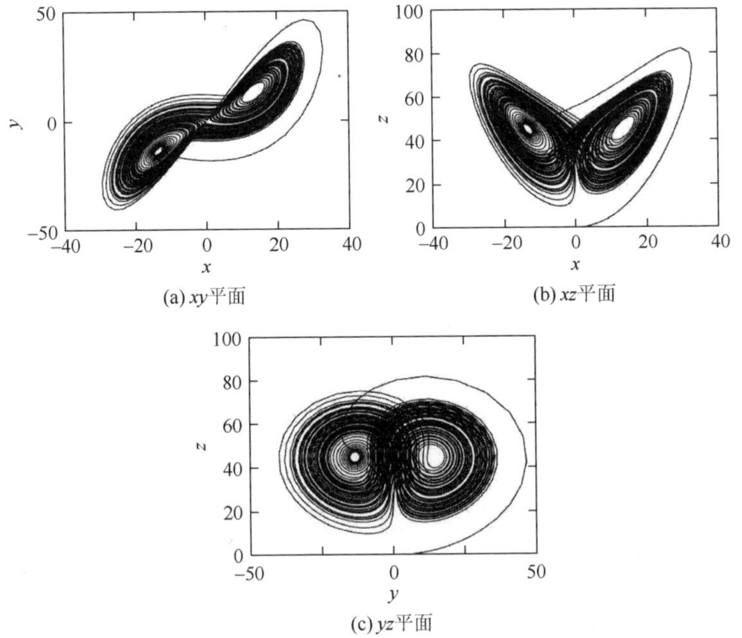

图 4.6　洛伦茨模型的相轨迹图

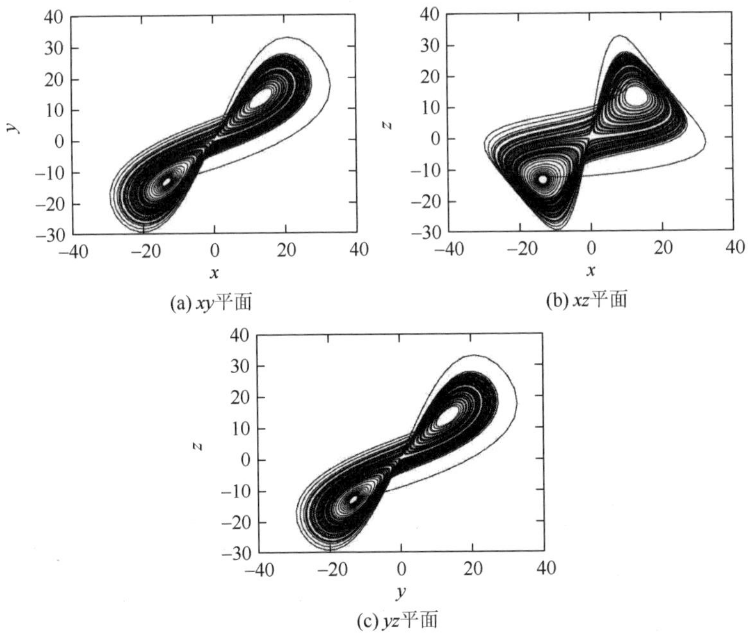

图 4.7　用 x 分量重构后的相轨迹图

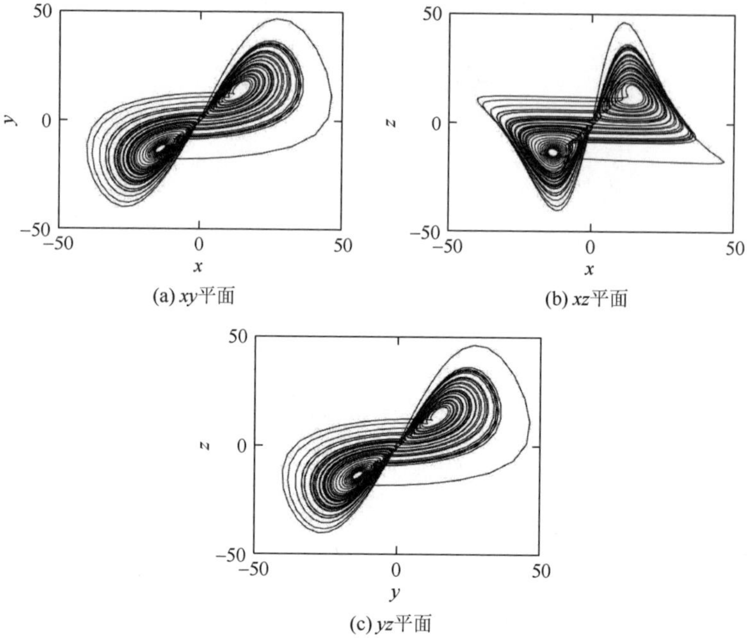

(a) xy平面　　(b) xz平面

(c) yz平面

图 4.8　用 y 分量重构后的相轨迹图

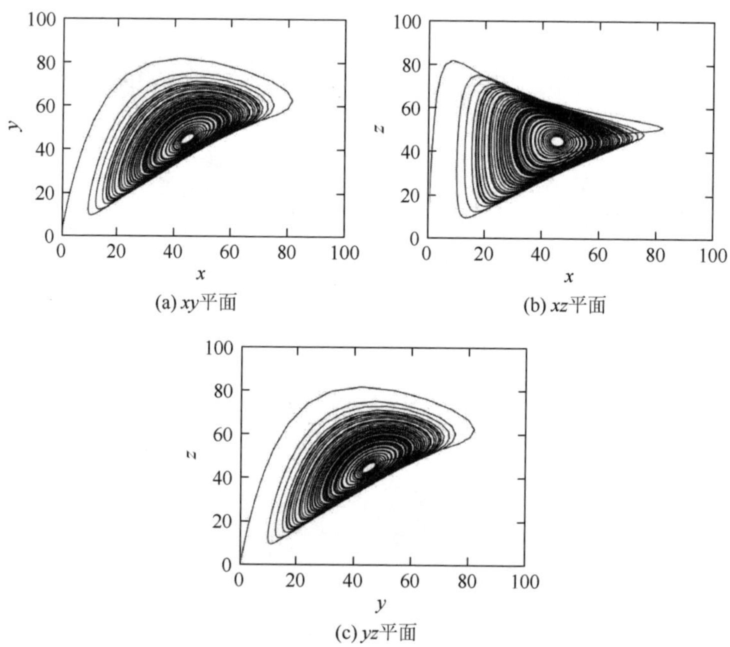

(a) xy平面　　(b) xz平面

(c) yz平面

图 4.9　用 z 分量重构后的相轨迹图

从上述结果可以看出，利用洛伦茨模型的三个分量进行相空间重构，分别从对应的三个分量中获得了模型的部分信息，即通过对洛伦茨模型的研究，发现了存在于各状态之间的信息流。

利用信息流，可以扩展对非线性系统研究的范围。在实际应用中，利用信息流可以对系统的状态变量进行虚拟测量。与传统的测量方法比较，虚拟测量可以对实际中难以观测的物理量进行观测。例如，传统测量只能用温度传感器对温度进行测量，但是利用虚拟测量，则可以通过测量其他的更为便于观测的物理量，再利用这些物理量与温度之间的关系（线性或非线性）对温度进行估计。

4.5.2　重构参数选择

4.3 节和 4.4 节主要介绍了主成分分析法与高阶统计量方法，其主要目的在于减少或者避免信号中的噪声成分对分析结果产生的不利影响。在利用基于塔肯斯定理的延迟坐标法进行相空间重构时，参数的选取对重构结果具有很大的影响[8-10]。为了使重构出的相空间可以充分地反映系统的特性，必须选取恰当的嵌入维数 m 与时间延迟 τ 。下面将针对这两个参数分别介绍不同的选取方法。

1. 嵌入维数 m 的选择

1） d_2-m 法

对于一个时间序列，可以选取不同的嵌入维数对相空间进行重构，利用嵌入维数 m 可以计算其关联维 d_2 ，得到对应的 d_2-m 曲线。若时间序列是确定性系统的，那么对应的 d_2-m 曲线通常会趋于饱和。选取当 d_2 饱和时 m 的最小值作为重构的嵌入维数。

对于不含噪声干扰的时间序列，这种方法简便有效。但是实际情况中获取的时间序列通常都含有噪声，这就导致其 d_2-m 无法达到饱和状态，进而使 d_2-m 法失效。

2）错误最近邻法

当选取的嵌入维数较小时，不仅相空间中的吸引子会出现交点，还会使原本不相邻的点由于投影至更低维的空间导致出现相邻的情况。这种原本不相邻却因嵌入维数过低导致出现相邻情况的点称为错误近邻点或虚假近邻点[11]。而当嵌入维数选取得足够大时，系统的吸引子被充分展开，错误近邻点也会变得不相邻。错误最近邻法的基本思想就是利用这种特性选取合适的嵌入维数。

设时间序列的采样间隔为 τ_s ，第 k 点的时间为 $t = k\tau_s$ 。则时间序列 $x(k)$ 在重构的相空间中的状态矢量为

$$y(k) = [x(k), x(k+n), \cdots, x(k+(m-1)n)] \tag{4.56}$$

式中，$n=\tau/\tau_{\mathrm{s}}$，τ 为时间延迟。设 $y^{NN}(k)$ 是 $y(k)$ 的一个最邻近点：

$$y^{NN}(k)=[x^{NN}(k),x^{NN}(k+n),\cdots,x^{NN}(k+(m-1)n)] \tag{4.57}$$

定义两点之间的距离 $R_m^2(k)$ 如下：

$$\begin{aligned}R_m^2(k)&=\left\|y(k)-y^{NN}(k)\right\|^2\\&=\sum_{i=1}^{m}\{x[k+(i-1)n]-x^{NN}[k+(i-1)n]\}^2\end{aligned} \tag{4.58}$$

嵌入维数 m 增加 1 时，计算对应的 $R_{m+1}^2(k)$：

$$\begin{aligned}R_{m+1}^2(k)&=\sum_{i=1}^{m+1}\{x[k+(i-1)n]-x^{NN}[k+(i-1)n]\}^2\\&=R_m^2(k)+|x(k+mn)-x^{NN}(k+mn)|^2\end{aligned} \tag{4.59}$$

由嵌入维数增加 1 引起的两点之间距离的变化为

$$[R_{m+1}^2(k)-R_m^2(k)]^{1/2}=|x(k+mn)-x^{NN}(k+mn)| \tag{4.60}$$

若两近邻点之间的距离不随嵌入维数的增加而变化，那么这对近邻点是真实的；反之，若嵌入维数的增加使得两近邻点之间的距离增加，则该近邻点为虚假近邻点。令

$$f_m(k)=\left[\frac{R_{m+1}^2(k)-R_m^2(k)}{R_m^2(k)}\right]^{1/2}=\frac{\left|x(k+mn)-x^{NN}(k+mn)\right|}{R_m(k)} \tag{4.61}$$

$f_m(k)$ 表示嵌入维数增加 1 时引起的距离变化的相对值。数据点数对 $f_m(k)$ 的影响较大，难以给出用 $f_m(k)$ 判断近邻点是否为错误近邻点的绝对标准，只可以根据经验进行判断。下面给出常用的经验值：

$$f_m(k)=\frac{\left|x(k+mn)-x^{NN}(k+mn)\right|}{R_m(k)}\times 100\%\geqslant 15\% \tag{4.62}$$

即可以认为近邻点是错误近邻点。

当 m 较大时，大部分数据点分布在吸引子周边，可以近似地取 $R_m(k)$ 等于吸引子的平均直径 R_{a}：

$$R_{\mathrm{a}}=\frac{1}{N}\sum_{k=1}^{N}\left|x(k)-\langle x\rangle\right| \tag{4.63}$$

式中，$\langle x\rangle=\frac{1}{N}\sum_{k=1}^{N}x(k)$。于是错误近邻点的经验判据可以改写为当 $f_m'(k)$ 满足式（4.64）时近邻点为错误近邻点。

$$f_m'(k)=\frac{\left|x(k+mn)-x^{NN}(k+mn)\right|}{R_{\mathrm{a}}}\times 100\%\geqslant 10\% \tag{4.64}$$

根据给出的经验判据，可以计算出错误近邻点占总近邻点的百分比在嵌入维

数增加时的变化情况。对于常见的系统，当$m=1$时，错误近邻点占比为100%，此后，随着嵌入维数增加，百分比逐渐降低。当嵌入维数大于某一特定值时，百分比降为零并不再随嵌入维数变化而变化。在这个转折点处的嵌入维数取值作为合适的相空间重构嵌入维数。这种确定嵌入维数的方法即错误最近邻法。

3）奇异值分析法

奇异值分析法作为主成分分析法的一部分，在 4.3 节中已经进行了详细的介绍。在 4.3 节中，奇异值分析法作为一种可以有效区分数据噪声成分与信号成分的方法被提出。本节将从另一个角度对奇异值分析法进行讨论，确定重构的嵌入维数。

设确定性时间序列为$y_{\mathrm{d}}(k)$，其动力学系统维数为d，理论嵌入维数为d_{e}。实际重构相空间时选取的嵌入维数为m。设$m \leqslant d_{\mathrm{e}}$，则在此$m$维空间中，$y_{\mathrm{d}}(k)$和噪声处于混叠状态。$m$越小，信噪比越大，奇异值也越大；$m$越大，信噪比越小，奇异值也越小。当$m > d_{\mathrm{e}}$时，其中的$d_{\mathrm{e}}$维仍是噪声与信号的混叠状态，而其余的$m-d_{\mathrm{e}}$维子空间仅有噪声，其奇异值为常数$c_0$。因此，奇异值$\lambda_m$随$m$变化，当$m$较小时，$\lambda_m$随$m$的增大而减小。当$m$取值达到某一特定值时，奇异值恒定，则此转折点处$m$的取值为合适的嵌入维数。

2. 时间延迟τ的选择

相空间重构中另一个非常重要的参数，即时间延迟τ的选取也十分重要。如果τ的取值过小，以$m=2$、$\tau=1$为例，那么重构出的相空间坐标$x(k)$与$x(k+1)$之间相差过小，在相空间中的轨线近似为一条对角线，如图 4.10 所示。两坐标之间的相关程度过高会无法反映系统运动的特征，这样重构出的相空间没有实际意义。

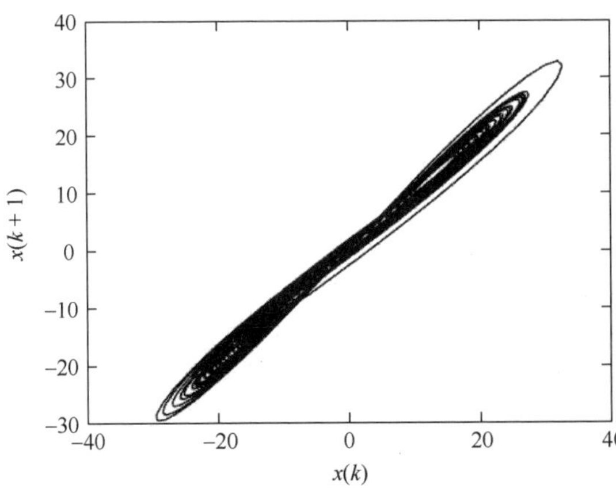

图 4.10　$m=2$、$\tau=1$下洛伦茨系统x分量重构出的相轨迹图

反之，如果τ的取值过大，依然以$m=2$为例，那么只有当时间序列为理想的周期运动时两坐标才相关。否则对于其余各种时间序列，时间延迟过大导致两个坐标之间的相关程度过低，会对时间序列的分析产生不利影响。特别地，对于非线性的混沌运动，任何微小的差异随着时间的增加都会无限放大，这时如果时间延迟选取过大会使得前后状态变得完全无关。这样重构出的相空间自然也无法反映系统的运动特征。

因此，在对系统运动进行分析研究时，必须选取合适的时间延迟参数τ才能使重构出的相空间反映系统的运动特性。下面介绍三种时间延迟选取方法。

1）自相关函数法

经验表明，τ的微小差别并不会影响实际的分析效果。在一般情况下，可以选取$C(\tau)$-τ曲线的第一个零点、第一个极小值点，或以0附近τ的取值作为时间延迟。其中$C(\tau)$是时间序列的自相关函数。因为对于这样的τ值，其重构出的相空间坐标之间的相关性较小，但同时不完全独立。

然而，自相关函数法在理论上具有缺陷，其相关性是在线性条件下得到的，理论上在处理非线性问题时并不适用。对于离散时间序列，$y(k+\tau)$与$y(k)$之间的相关性如下所示：

$$y(k+\tau)=g(\tau)y(k) \tag{4.65}$$

利用最小二乘法求取$g(\tau)$的具体形式，令L表示上述等式的方差：

$$L=\sum_{k=1}^{N}[y(k+\tau)-g(\tau)y(k)]^2 \tag{4.66}$$

为了使L最小，其应满足：

$$\frac{\mathrm{d}L}{\mathrm{d}g}=2\sum[y(k+\tau)y(k)-g(\tau)y^2(k)]=0 \tag{4.67}$$

由此可得

$$\begin{aligned} g(\tau)&=\frac{1}{N}\sum[y(k+\tau)y(k)]\Big/\left[\frac{1}{N}\sum y^2(k)\right] \\ &=C(\tau)\Big/\left\langle y^2(k)\right\rangle \end{aligned} \tag{4.68}$$

式中

$$C(\tau)=\frac{1}{N}\sum[y(k+\tau)y(k)] \tag{4.69}$$

式（4.69）为离散的自相关函数定义式。于是

$$y(k+\tau)=\frac{C(\tau)}{\left\langle y^2(k)\right\rangle}y(k) \tag{4.70}$$

当 τ 一定时，$C(\tau)/\langle y^2(k)\rangle$ 也一定，则 $y(k+\tau)$ 与 $y(k)$ 之间呈线性关系。在相关性方差最小的原则下，自相关函数 $C(\tau)$ 是线性的。

综上，利用线性的自相关函数 $C(\tau)$ 确定重构相空间的时间延迟并不准确。但是，由于重构相空间的效果对时间延迟的取值不敏感，利用自相关函数法确定时间延迟在通常情况下是一种简便可行的方法。

2）互信息法

设要分析的时间序列是两个系统 A 和 B 对某一物理量测量得到的时间序列。系统 A 测量结果为 a_i 的概率为 $P_A(a_i)$，系统 B 测量结果为 b_k 的概率为 $P_B(b_k)$。联合概率 $P_{AB}(a_i,b_k)$ 表示同时对系统 A 和系统 B 进行测量且结果为 a_i 和 b_k 的概率。定义互信息量

$$I_{AB}(a_i,b_k)=\log_2\left[\frac{P_{AB}(a_i,b_k)}{P_A(a_i)P_B(b_k)}\right] \tag{4.71}$$

和平均互信息量

$$I_{AB}=\sum_{a_i,b_k}P_{AB}(a_i,b_k)I_{AB}(a_i,b_k) \tag{4.72}$$

平均互信息量 I_{AB} 是非线性量，表示系统 A 和 B 之间相互关联的程度。若两个系统相互独立，则 $P_{AB}(a_i,b_k)=P_A(a_i)P_B(b_k)$，自然 $I_{AB}(a_i,b_k)=0$。

将以上概念和定义用于时间序列，令 A 表示 $y(k)$，B 表示 $y(k+\tau)$，则平均互信息量为

$$I(\tau)=\sum_{k=1}^{N}P[y(k),y(k+\tau)]\log_2\left\{\frac{P[y(k),y(k+\tau)]}{P[y(k)]P[y(k+\tau)]}\right\}\geqslant 0 \tag{4.73}$$

平均互信息量 $I(\tau)$ 是自相关函数 $C(\tau)$ 在非线性情形下的推广。参考自相关函数 $C(\tau)$ 确定时间延迟的方法，取 $I(\tau)$ 的第一个极小值处的 τ 值作为时间延迟。利用确定好的时间延迟与嵌入维数即可重构出合适的相空间。如图 4.11 所示，以洛伦茨系统为例，初始参数设置为 $\sigma=18$、$b=4$、$r=45.92$。计算其平均互信息量 $I(\tau)$ 随 τ 的变化，从结果可以看出，第一个极小值点出现在 $\tau=10$ 附近，由此即可以确定合适的时间延迟参数。

3）C-C 方法

考虑混沌时间序列 $\{x(i),i=1,2,\cdots,N\}$。选取合适的时间延迟 τ 与嵌入维数 m，构造出 m 维相空间。X_i 为相空间中的点。则嵌入时间序列的关联积分为

$$C(m,N,r,\tau)=\frac{2}{M(M-1)}\sum_{1\leqslant i<j\leqslant M}\theta(r-d_{ij}),\quad r>0 \tag{4.74}$$

式中

$$d_{ij}=\left\|X_i-X_j\right\|_{(\infty)} \tag{4.75}$$

$$\theta(x)=0, \quad x<0$$
$$\theta(x)=1, \quad x\geqslant 0 \tag{4.76}$$

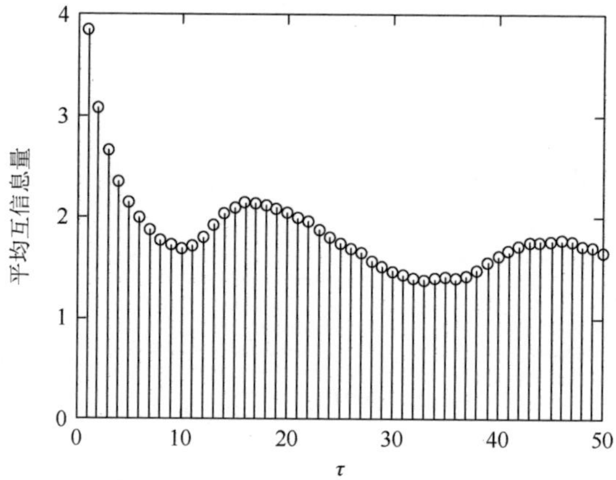

图 4.11　洛伦茨系统的平均互信息量

关联积分 $C(m,N,r,\tau)$ 是累积分布函数，代表了在相空间中任意两点之间的距离小于阈值 r 的概率。这里利用无穷范数定义相空间中两点之间的距离。为了推导出 C-C 方法，定义如下检验统计量：

$$S_1(m,N,r,\tau)=C(m,N,r,\tau)-C^m(1,N,r,\tau) \tag{4.77}$$

具体的计算过程可以这样理解：将时间序列 $\{x(i),i=1,2,\cdots,N\}$ 分解为 τ 个互不重叠的子序列，即

$$\begin{cases} x^1=\{x(1),x(\tau+1),\cdots,x(N-\tau+1)\} \\ x^2=\{x(2),x(\tau+2),\cdots,x(N-\tau+2)\} \\ \quad\vdots \\ x^\tau=\{x(\tau),x(2\tau),\cdots,x(N)\} \end{cases} \tag{4.78}$$

这里的序列长度 N 为时间延迟 τ 的整数倍。使用分块平均的思路计算 $S_i(m,N,r,\tau)$，即

$$S_2(m,N,r,\tau)=\frac{1}{\tau}\sum_{s=1}^{\tau}\left[C_s\left(m,\frac{N}{\tau},r,\tau\right)-C_s^m\left(1,\frac{N}{\tau},r,\tau\right)\right] \tag{4.79}$$

令 $N\to\infty$，有

$$S_2(m,r,\tau)=\frac{1}{\tau}\sum_{s=1}^{\tau}[C_s(m,r,\tau)-C_s^m(1,r,\tau)] \tag{4.80}$$

设时间序列 $\{x(i),i=1,2,\cdots,N\}$ 独立同分布，对于给定的重构参数 m、τ，理想情况下当序列长度 N 趋于无穷时，对所有的阈值 r 均有 $S_2(m,r,\tau)=0$。在实际中

由于时间序列长度有限且各样本点之间存在相关性，$S_2(m,r,\tau)$ 通常不为零，而 $S_2(m,r,\tau)$ 与 τ 之间的函数曲线反映了时间序列的自相关特性。参考在自相关法中时间延迟选取的思路，最优的时间延迟 τ 可以取 $S_2(m,r,\tau)$-τ 曲线的第一个零点或取对所有阈值 r 相互差别最小的点。差别最小意味着重构的相空间中的点最接近均匀分布，也意味着重构的吸引子轨道在相空间中完全展开。选择最大和最小的两个半径，对差别最小进行定义如下：

$$\Delta S_2(m,\tau)=\max\{S_2(m,r_i,\tau)\}-\min\{S_2(m,r_j,\tau)\} \tag{4.81}$$

$\Delta S_2(m,\tau)$ 度量了 $S_2(m,r,\tau)$-τ 对所有阈值 r 的最大偏差。综上，最优的时间延迟可以取 $S_2(m,r,\tau)$-τ 曲线的第一个零点或是 $\Delta S_2(m,\tau)$-τ 的第一个局部极小值点。

这里针对相空间重构中的两个重要参数——嵌入维数和时间延迟，介绍了多种方法帮助人们根据实际情况确定合适的参数。针对嵌入维数 m，利用 d_2-m 方法虽然可以简便有效地确定合适的嵌入维数，但是该方法无法处理含噪的时间序列。错误最近邻法可以在信噪比较高时选取合适的嵌入维数，但是随着信噪比的逐渐降低，错误最近邻法的突变越来越不明显。这说明该方法只适合在高信噪比条件下选取合适的嵌入维数。奇异值分析法则是通过消除噪声的影响确定合适的嵌入维数。针对时间延迟 τ，本节首先介绍了自相关函数法，但是这种方法事实上是基于线性假设的，并不适用于处理非线性信号。因此在实际应用中，利用自相关函数法确定的参数一般只能用于参考，或者辅助确定一个参数选取的大致范围。与自相关函数法相比，互信息法可以有效地确定非线性系统的时间延迟参数。但是自相关函数法和互信息法在确定时间延迟时并没有考虑另一个参数——嵌入维数。C-C 方法则在考虑嵌入维数的基础上，确定了合适的时间延迟。

4.6 实测水声信号的相空间重构

本节针对实际的水声信号，利用前面介绍的相关知识对它们进行相空间重构。作为相空间重构的一个实际应用，一方面可以帮助读者更好地理解相空间重构中各种参数对重构效果的影响，另一方面可以对比采用不同降噪方法重构后性能上的差异。本节使用了三种不同的舰船辐射噪声、两种不同的海洋背景噪声以及一种典型的混响数据。

4.6.1 舰船辐射噪声的相空间重构

三种不同类型的舰船辐射噪声分别来自汽艇、游轮及客轮。三类舰船的数据来源是文献[12]。在本书中涉及的舰船辐射噪声均为以上三类舰船的数据。有关这些舰船噪声数据的详细介绍将在第 5 章给出，这里仅对一些基本的参数进行说明。三类舰船辐射噪声的采样频率均为 52734Hz，由于原始数据的长度不一致且相差较大，在这里本书统一使用长度为 2000k（1k = 1000）样本点的三类数据进行分析，其对应时域波形如图 4.12 所示。

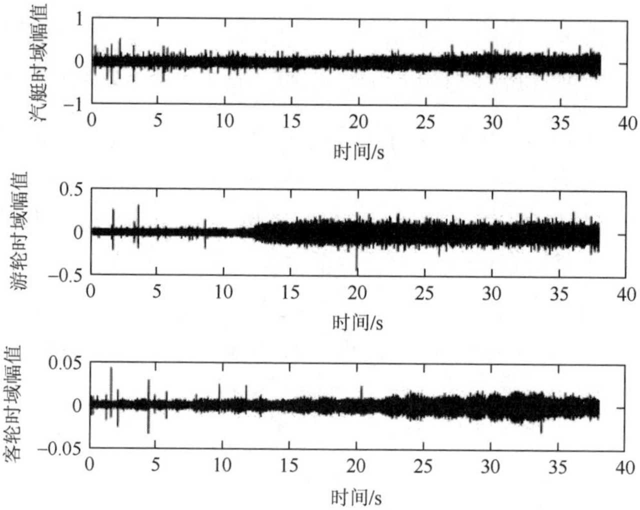

图 4.12　三类舰船辐射噪声时域波形

在 4.2 节中介绍了对一个未知系统进行分析时，可以预先确定重构参数对相空间进行简易的重构，利用重构结果对系统进行一个初步的分析判断，再根据需求调整参数或进行降噪处理。4.2 节也提到了两种初步的重构思路，分别是：选取嵌入维数 $m=3$；返回映射，即嵌入维数与时间延迟分别设置为 $m=2$、$\tau=1$。返回映射的优点在于重构出的相空间中系统的吸引子一般会比实际的吸引子简单得多，便于分析与观察。在这里选取返回映射对相空间进行重构与初步分析，重构结果如图 4.13 所示。

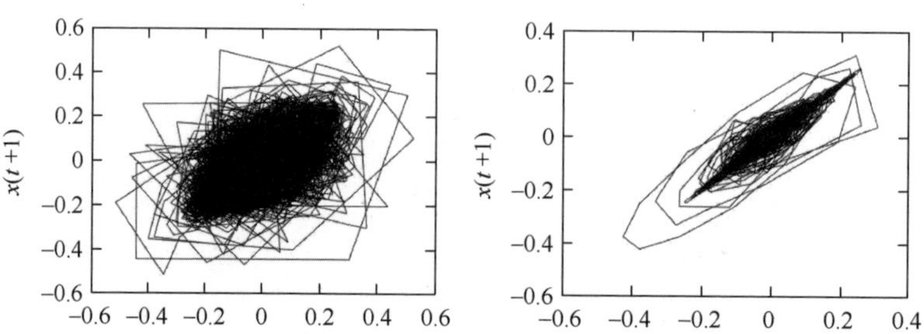

(a) 汽艇　　(b) 游轮

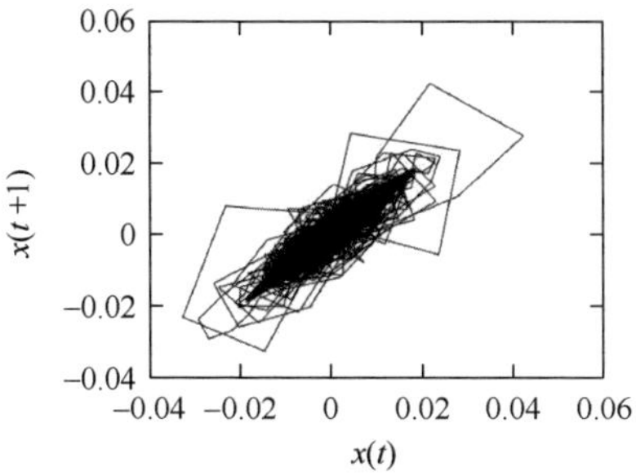

(c) 客轮

图 4.13　三类舰船辐射噪声的相轨迹图

从图 4.13 中可以看出，三类舰船辐射噪声由于受到噪声的影响，重构出的相空间无法体现其系统特性，所有的轨线聚集在一起并没有充分展开。因此可以看出，要对三类舰船辐射噪声进行相空间重构，首先需要区分其噪声成分与信号成分，改善信噪比；同时也需要选取合适的重构参数使得相空间中的轨线充分展开。在对重构参数进行选择时，本节分别使用互信息法和奇异值分析法确定重构的嵌入维数与时间延迟。由于互信息法中的平均互信息量度量了两个坐标之间的关联程度，也就意味着嵌入维数固定为 $m=2$ 。同时，在奇异值分析中，时间延迟 τ 会对结果产生影响。因此，这里首先利用互信息法确定时间延迟，再利用奇异值分析法确定合适的嵌入维数。

首先用互信息法确定合适的时间延迟 τ 。由于互信息量计算的是两个向量之间相互关联的程度，因此在计算互信息量时，固定嵌入维数 $m=2$ ，计算重构出的二维相空间中两个坐标之间的关联程度。时间延迟从 1 到 50，三种舰船辐射噪声的平均互信息量 $I(\tau)$ - τ 曲线如图 4.14 所示。

结合图4.14给出的平均互信息量 $I(\tau)$ 的结果与互信息法中关于时间延迟的选择依据可以看出：对于汽艇数据，当 $\tau=8$ 时处于 $I(\tau)$-τ 曲线的第一个极小值点；对于游轮数据，$\tau=50$ 时处于 $I(\tau)$-τ 曲线的第一个极小值点；对于客轮数据，$\tau=25$

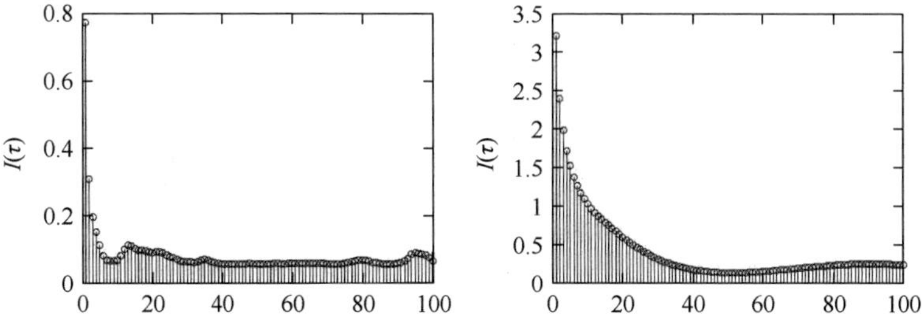

(a) 汽艇　(b) 游轮

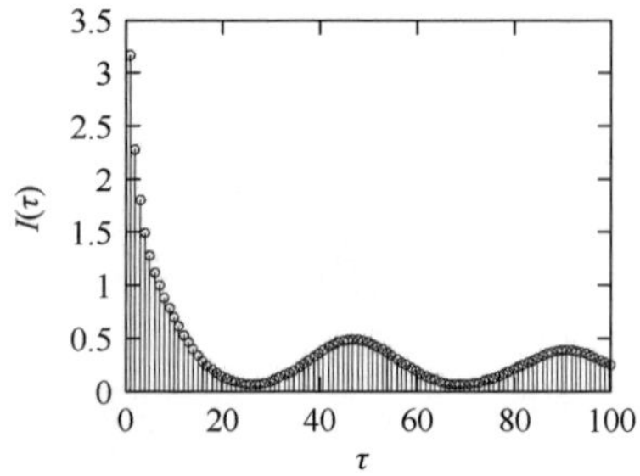

(c) 客轮

图 4.14　三类舰船辐射噪声的平均互信息量

时处于 $I(\tau)$-τ 曲线的第一个极小值点。利用 $I(\tau)$-τ 曲线选择重构的时间延迟参数，可以使得不同坐标之间的关联程度处于一个合适的范围，从而保证了重构相空间的效果。

接下来利用奇异值分析法分析时间序列中的噪声成分与信号成分。同时，由 4.5 节参数选择部分可知，奇异谱分析也可以作为嵌入维数的选取方法。因此，设置嵌入维数为1～100，时间延迟分别选择在互信息法中确定的 $\tau=8$ 、 $\tau=50$ 与 $\tau=25$ 。三类舰船辐射噪声的奇异谱分析结果如图 4.15 所示。

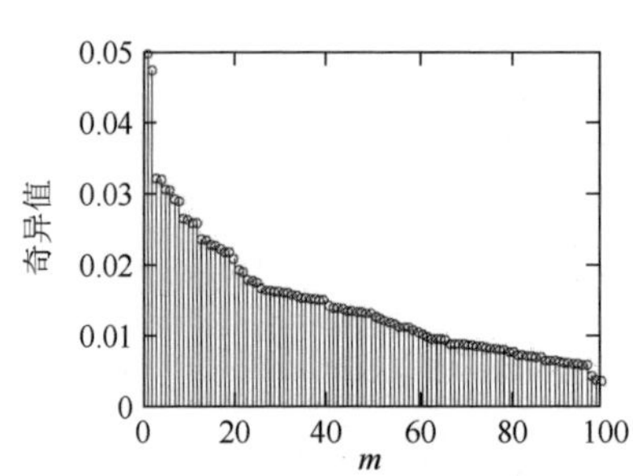

(a) 汽艇

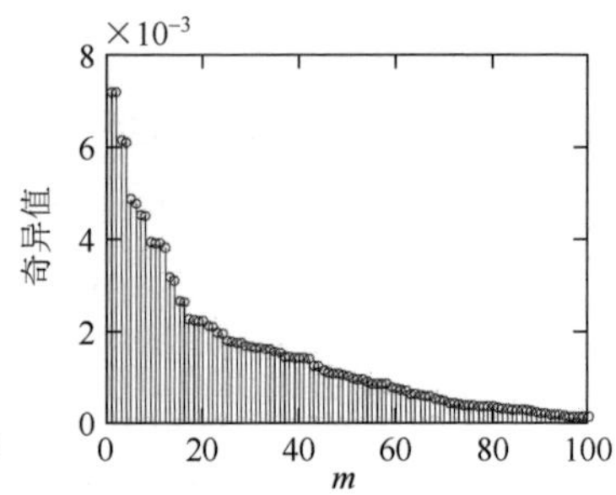

(b) 游轮

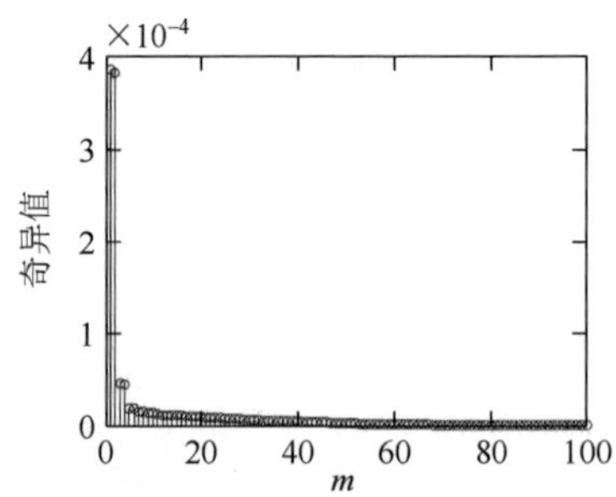

(c) 客轮

图 4.15　三类舰船辐射噪声的奇异谱

图 4.15 中，汽艇数据的奇异谱在 $m \geqslant 2$ 后经历了一个突变，随后保持一个较低的水准缓慢减小。而对于游轮的奇异谱，当嵌入维数 $m \geqslant 16$ 时保持稳定减小。类似地，对于客轮数据，当嵌入维数 $m \geqslant 4$ 时奇异谱保持稳定。由奇异谱的定义和性质可以知道，利用奇异谱可以有效地区分时间序列的信号成分和噪声成分。将信号成分对应的特征值分割出来并重构出相应的子空间，利用信号成分对应特征值对应的特征向量作为信号子空间的基，保证了重构后相空间各坐标之间的正交性，从而达到改善重构效果的目的。

综上，对于三类舰船辐射噪声的数据，在相空间重构时针对汽艇数据选择参数为 $m = 2$、$\tau = 8$；对于游轮数据，选择 $m = 16$、$\tau = 50$ 作为重构参数；对于客轮数据，选取 $m = 4$、$\tau = 25$。利用确定好的嵌入维数与时间延迟，即可利用塔肯斯定理对三类舰船辐射噪声进行相空间重构并对数据进行分析。

4.6.2　海洋背景噪声的相空间重构

本节将对海洋背景噪声进行相空间重构。重构的步骤与处理舰船辐射噪声时的步骤类似。首先利用返回映射重构出二维相空间，对背景噪声进行初步分析。进一步，利用互信息法与奇异值分析法对背景噪声进行进一步分析并确定参数。背景噪声是大雨天气下的海洋背景噪声。为了方便对比，控制数据长度与舰船辐射噪声相同，为 2000k，采样频率为 52734Hz。其时域波形如图 4.16 所示。

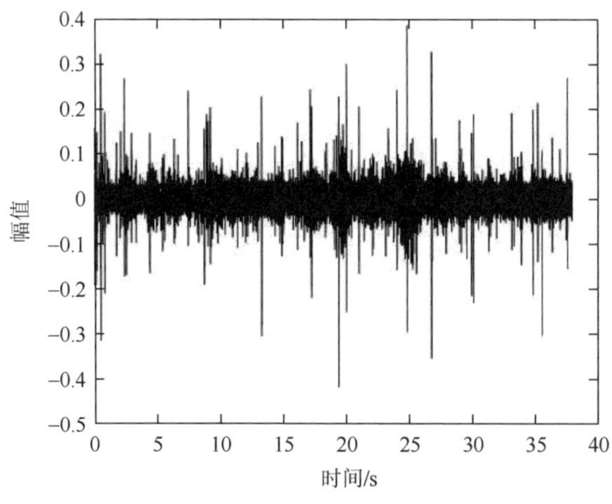

图 4.16　海洋背景噪声时域波形

同样，利用返回映射选取嵌入维数与时间延迟 $m = 2$、$\tau = 1$ 进行相空间重构，重构结果如图 4.17 所示。从图中可以看出，相空间中的轨线混乱无规律地分布在一定范围内，这也与随机系统的相空间特性相似。利用返回映射重构出的相空间无法很好地反映海洋背景噪声的特性。对比图 4.13 与图 4.17 可以看出，舰船辐射噪声与海洋背景噪声利用返回映射重构出的相空间轨线虽然都无法进行更进一步的分析，但是粗略观察可以看出，舰船辐射噪声的轨线总体形状与海洋背景噪声的轨线存在较大差异。这一差异在与游轮和客轮的相空间重构结果对比中更为明显，游轮和客轮的轨线总体而言是狭长的。

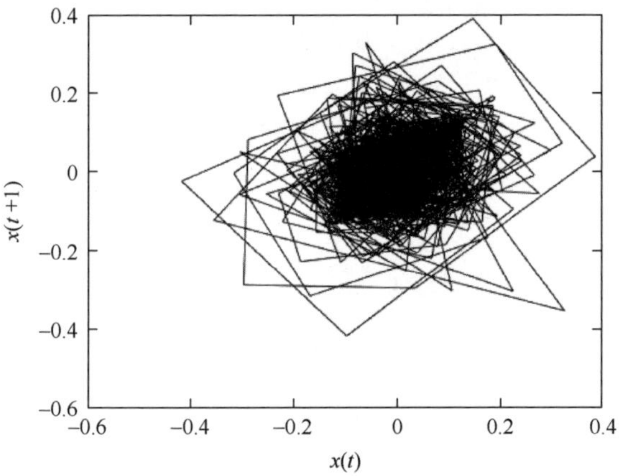

图 4.17　海洋背景噪声相空间重构结果

接下来，固定嵌入维数 $m=2$，利用互信息法选取合适的时间延迟 τ，具体结果如图 4.18 所示。

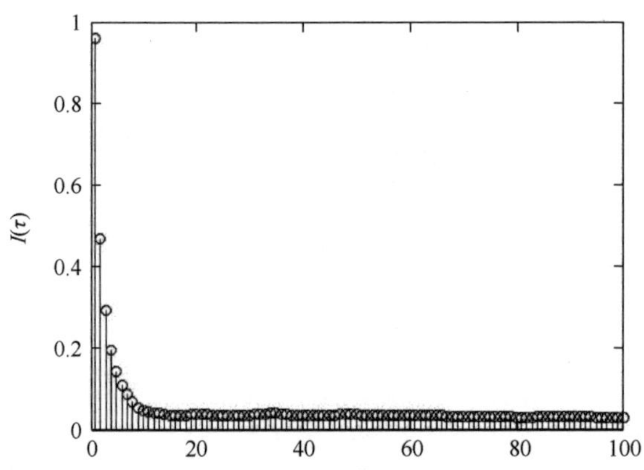

图 4.18　海洋背景噪声的平均互信息量

根据图 4.18 中的 $I(\tau)$-τ 曲线，选取时间延迟 $\tau=10$。将图 4.18 与图 4.14 对比

可以发现，三类舰船辐射噪声的平均互信息量结果均存在着一定的周期波动。然而，对于海洋背景噪声的平均互信息量结果，当$\tau \geqslant 10$时，平均互信息量稳定在 0.05 附近且不随着τ的变化继续波动。

在确认了时间延迟参数以后，利用奇异值分析法确定相空间重构的嵌入维数。给定时间延迟$\tau = 10$，分别选取嵌入维数的取值范围为 1～50、1～80 和 1～100，其余参数保持不变。海洋背景噪声的奇异谱分析结果如图 4.19 所示。

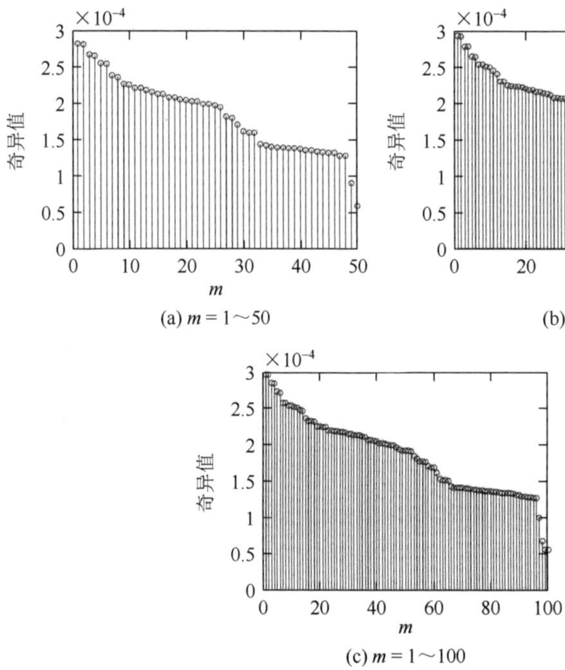

(a) $m = 1 \sim 50$　(b) $m = 1 \sim 80$　(c) $m = 1 \sim 100$

图 4.19　不同嵌入维数取值范围下海洋背景噪声的奇异谱

对海洋背景噪声的奇异谱进行分析，首先可以看出在图 4.19 中的三个奇异谱结果均在右侧存在突变，由于在计算奇异谱时对其余变量进行固定，变化的仅是嵌入维数的取值范围，因此可以推断三幅图中的突变是由算法本身引起的，并不能说明突变就是信号成分与噪声成分的分界。对比图 4.19 与图 4.15 可以看出，海洋背景噪声与舰船辐射噪声相比随着嵌入维数的增加奇异谱值呈下降趋势，并且与 4.4.1 节高斯白噪声的奇异谱结果类似，不存在信号成分与噪声成分的突变。

4.6.3　混响数据的相空间重构

这里使用的混响数据是由界面反射引起的界面混响，采样频率为 256kHz。界面混响是由主动声呐到达水面反射引起的。由于完整数据包含许多主动发射周期，在这里仅截取一个周期内的混响数据，数据长度为 10000 样本点，具体时域波形如图 4.20 所示。

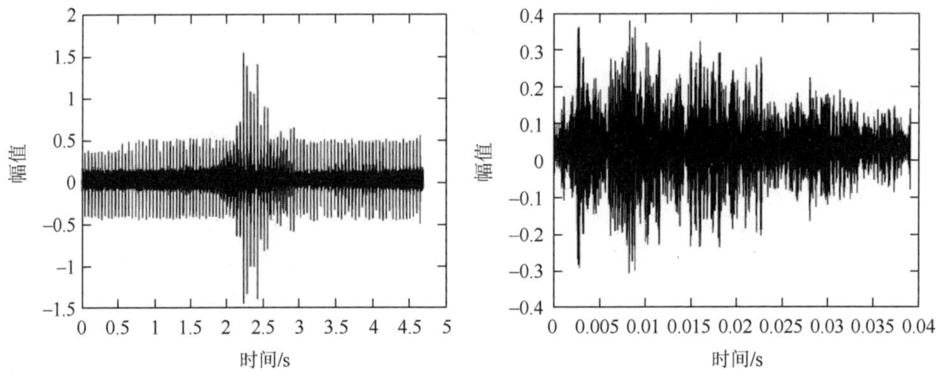

(a) 整段数据波形　　(b) 一个周期内的时域波形

图 4.20　混响数据时域波形

同样，利用返回映射对数据进行初步的相空间重构，重构结果如图 4.21 所示。

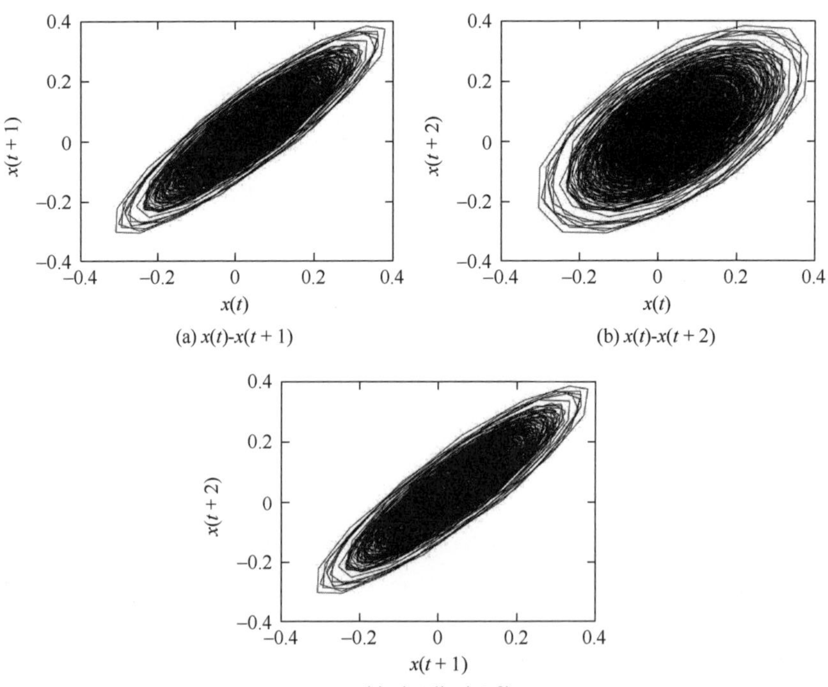

(a) $x(t)$-$x(t+1)$　　(b) $x(t)$-$x(t+2)$

(c) $x(t+1)$-$x(t+2)$

图 4.21　混响数据相空间重构结果

由于界面混响本质上可以理解为主动发射信号的含噪反射回波，因此在相空间重构中呈现出特殊的形状。通过比较可以看出，图 4.21 中轨线的形状与图 4.17 海洋背景噪声的相空间轨线形状不同，但是与图 4.13 中的舰船辐射噪声的相空间轨线比较相似。

进一步，利用互信息法确定时间延迟。给定嵌入维数 $m=2$，其 $I(\tau)$-τ 曲线结果如图 4.22 所示。

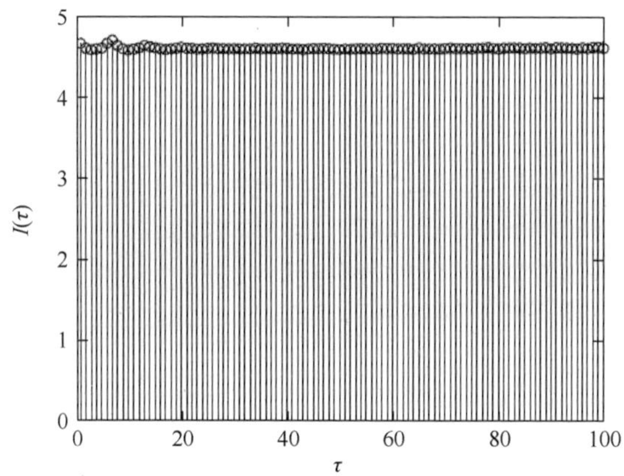

图 4.22　混响数据的平均互信息量

从图 4.22 中可以看出，由于发射信号是人为构造的信号，随着时间延迟的增加，坐标之间的关联程度变化并不明显。在这里选取时间延迟 $\tau=3$ 作为重构参数。确定时间延迟后，利用奇异值分析法确定嵌入维数。混响数据的奇异谱结果在图 4.23 中给出。

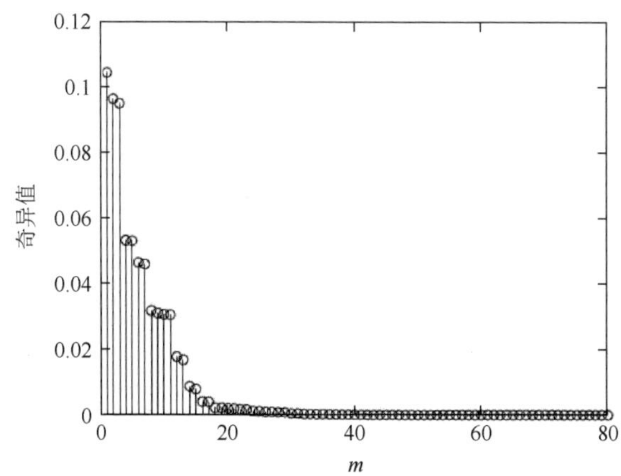

图 4.23　混响数据的奇异谱

由图 4.23 可以看出，当嵌入维数 $m \geqslant 18$ 时，奇异值近似为零。可以认为在 $m < 18$ 时对应的子空间是信号子空间，而当 $m \geqslant 18$ 时对应的子空间是噪声子空间。综上，选取 $m = 18$、$\tau = 3$ 作为相空间重构的参数。

参考文献

[1] Packard N H, Crutchfield J P, Farmer J D, et al. Geometry from a time series[J]. Physical Review Letters, 1980, 45(9): 712.

[2] Takens F. Detecting Strange Attractors in Turbulence[M]. Berlin: Springer, 1981.

[3] 吕金虎. 混沌时间序列分析及其应用[M]. 武汉: 武汉大学出版社, 2002.

[4] Broomhead D S, King G P. Extracting qualitative dynamics from experimental data[J]. Physica D: Nonlinear Phenomena, 1986, 20(2-3): 217-236.

[5] Sauer T, Yorke J A, Casdagli M. Embedology[J]. Journal of Statistical Physics, 1991, 65(3): 579-616.

[6] 袁坚, 肖先赐. 低信噪比下的状态空间重构[J]. 物理学报, 1997, 46(7): 1290-1299.

[7] 李亚安, 冯西安, 张群飞. 非线性时间序列的信息流研究[J]. 探测与控制学报, 2004, 26(2): 51-54.

[8] 陆振波, 蔡志明, 姜可宇. 基于改进的 C-C 方法的相空间重构参数选择[J]. 系统仿真学报, 2007, 19(11): 2527-2529, 2538.

[9] Kennel M B. Determining embedding dimensions for phase-space reconstruction using a geometrical construction[J]. Physical Review A, 1992, 45(6): 3403-3411.

[10] Xiu C B, Liu X D, Zhang Y H. Selection of embedding dimension and delay time in the phase space reconstruction[J]. Journal of Beijing Institute of Technology, 2003, 23(2): 219-224.

[11] Garcia S P, Almeida J S. Nearest neighbor embedding with different time delays[J]. Physical Review E, 2005, 71(3): 037204.

[12] ShipsEar: An underwater vessel noise database. http://atlanttic.uvigo.es/underwaternoise[2022-2-5].

第 5 章　水声信号的混沌特征参数提取

5.1　概　　述

长期以来，人们把水声信号当作随机信号进行处理，基于随机系统理论和统计模型的信号处理方法一直是水声信号检测与处理的重要理论工具。然而，这些常规的理论方法面对复杂的实际工程问题，如微弱水声信号检测，复杂环境水下目标信号的特征提取、识别等，有时会显得无能为力。其主要原因是实际应用中的水声信号不是纯随机的。近年来人们发现，一些通常被认为是随机的信号，如雷达海杂波信号、语音信号以及某些人体生物信号等均具有较强的非线性和混沌特性[1-3]。

混沌理论揭示了复杂现象中存在的一些基本规律，如状态演化的有界性、不规则性，运动对初始条件的高度敏感性，以及混沌运动的局部可预测性等。混沌现象隐含于复杂系统，混沌运动呈现的多种“混乱无序却又颇为规则”的图像，表现为具有稠密的周期点集。混沌运动是由非线性产生的，研究资料表明，水声信号不仅具有很强的非线性，而且具有混沌特性[4-6]。水声信号产生混沌主要是由海洋环境的非线性和其他结构体动力学的非线性共同引起的。海水中海流的随机运动、声波的混响效应以及海洋背景噪声的干扰，都有可能导致水声信号出现混沌。

开展水声信号的混沌特性研究，对于水下目标信号的检测与识别是一个新的研究领域。在国外，美国加利福尼亚大学圣地亚哥分校的 Abarbanel 教授等，通过对水声信号的混沌建模进行研究，并将其成功地应用于水下目标信号的非线性检测，同时，他们通过对特定海区、特定海况的海洋背景噪声特性进行分析、研究，表明海洋背景噪声不仅具有非高斯、非平稳、非线性特性，而且具有明显的混沌特性[4, 5]。在国内，章新华等通过对舰船辐射噪声的非线性特性进行研究，得出了舰船辐射噪声具有混沌特性的结论[6]。宋爱国等利用非线性动力学系统方法研究了基于极限环的舰船辐射噪声非线性特征分析及提取[7]，它是一种类似于相空间分析的特征提取方法。陈捷等利用分形理论研究了水声信号的分形特征提取[8]，并利用分形特征实现了对水下目标的分类。

本章针对水声信号混沌特征参数的计算问题，分别介绍几种不同类别水声信号的关联维数和李雅普诺夫指数的计算方法，计算中所使用的数据与第 4 章的数据相同。三类舰船辐射噪声与海洋背景噪声均为开源数据库中提供的数据，混响为实测数据。三类舰船辐射噪声分别为汽艇、游轮及客轮的辐射噪声。三类舰船辐射噪声和海洋背景噪声数据的采样频率均为 52734Hz。混响数据由一段长度为 10000 点的实测数据构成，采样频率为 256kHz。

5.2 水声信号的分形维数

分形维数描述了吸引子结构的复杂性，具有分形维的吸引子是出现混沌的重要特征之一。常见的维数主要有 Hausdorff 维数、信息维数、李雅普诺夫维数和关联维数等。本节以不同类型的水声信号为例，计算它们的关联维数。计算关联维数常用的方法是 G-P 算法[9]，即先给出一个较小的嵌入维数 m_0，重构出对应的相空间，计算相应的相关积分 $C(m,\varepsilon)$。不断地增大嵌入维数，直到相应的维数估计值不再随嵌入维数的增加而增加，这时得到的值即关联维数。计算关联维数的算法并没有给出相空间重构的过程和步骤，因此首先需要采用第 4 章介绍的相空间重构方法，建立吸引子的相空间分析模型，然后计算关联维数。

5.2.1 定义

关联维数是从相关性的角度对维数的概念进行拓展得到的，关联维数有时也称为相关维。对一段时间序列来说，状态随着时间不断演变，而状态变量变化前后的相关性（关联性）可以有效地表征信号是否具有一定的规律。为了计算关联维数，首先定义如下关联函数 $C(\varepsilon)$（相关函数、相关积分）：

$$C(\varepsilon)=\lim_{N\to\infty}\frac{1}{N(N-1)}\sum_{i\neq j}\theta(\varepsilon-|x_i-x_j|) \tag{5.1}$$

式中，N 表示序列经过相空间重构后的样本点数目，注意不要与序列自身的样本点数目混淆。经过重构后相空间中样本点的数目与重构的嵌入维数和时间延迟有关；ε 是在相空间中定义的超小球的半径；θ 是阶跃函数，定义如下：

$$\theta(x)=\begin{cases}1, & x>0\\ 0, & x\leqslant 0\end{cases} \tag{5.2}$$

由式（5.2）可以看出，当相空间中的两个不同的样本点的距离 $|x_i-x_j|$ 小于给定的超小球半径 ε 时，可以认为这两个样本点是相互关联的，阶跃函数 θ 取值为 1，对式（5.1）的 $C(\varepsilon)$ 有贡献。而当两个样本点之间的距离大于给定的半径时，由于阶跃函数取值为 0，对 $C(\varepsilon)$ 取值没有贡献，认为两个样本点是无关的。可以

看出，式（5.1）中 $C(\varepsilon)$ 表示序列重构的相空间中相互关联的样本点的平均值，即衡量了相空间中状态点的密集程度，从而在一定程度上体现了系统运动的规律程度。直观地可以看出，关联函数 $C(\varepsilon)$ 的取值与给定的超小球半径 ε 有关。若半径选取过大（趋于无穷），则相空间中的所有状态点都将被认为是有关的，从而使得 $C(\varepsilon)\to 1$，这表示所有的状态都是相关的，自然无法反映出系统运动的真实特征。相反，若将 ε 取得过小，则对所有的状态点都有 $|x_i - x_j| > \varepsilon$，进而使 $C(\varepsilon)\to 0$。关联函数趋向于零说明系统之间的所有状态都是相互无关的，自然也无法准确地反映系统的特征。因此，在计算关联维数时，必须适当地选取半径 ε。

由上面的分析可知，关联函数 $C(\varepsilon)$ 的取值随着半径 ε 的增大而增大。同时当 ε 给定时，关联函数与系统自身的维数有关，系统维数越大，$C(\varepsilon)$ 越大。当 ε 在一定范围时，会有

$$C(\varepsilon) \propto \varepsilon^{\gamma} \tag{5.3}$$

或

$$C(\varepsilon) = K\varepsilon^{\gamma} \tag{5.4}$$

式中，γ 为与系统自身维数有关的量；K 为比例系数。对式（5.4）取对数可得

$$\ln C(\varepsilon) - \ln K = \gamma \ln \varepsilon \tag{5.5}$$

因此可以直接定义关联维数如下：

$$d_2 = \lim_{\varepsilon\to\infty} \gamma = \lim_{\varepsilon\to\infty} \frac{\ln C(\varepsilon)}{\ln \varepsilon} \tag{5.6}$$

利用式（5.6）计算关联维数时，对 ε 的选择很重要，因为过小的 ε 会使得关联函数趋向于零。另外，若半径过小，则会使得相空间中样本点数目和噪声的影响过大。因此，在计算时通常是画出 $\ln C(\varepsilon)$-$\ln \varepsilon$ 曲线，不考虑当 ε 极小时的噪声区和极大时的饱和区，中间直线部分的斜率即关联维数 d_2。

5.2.2　舰船辐射噪声的分形维数

计算舰船辐射噪声的分形维数分为以下步骤：首先对时间序列进行相空间重构，对给定的参数半径 ε，分别计算相应的相关积分 $C(\varepsilon)$。求解 $\ln C(\varepsilon)$ 对 $\ln \varepsilon$ 的线性区域段的斜率，从而得到其分形维数 $D_2(m)$。针对三类不同的舰船辐射噪声数据，设置数据长度为 5000 个样本点。具体的重构参数为：汽艇数据 $m=2$，$\tau=8$；游轮数据 $m=16$，$\tau=50$；客轮数据 $m=4$，$\tau=25$。汽艇数据的关联维数结果如图 5.1 所示。

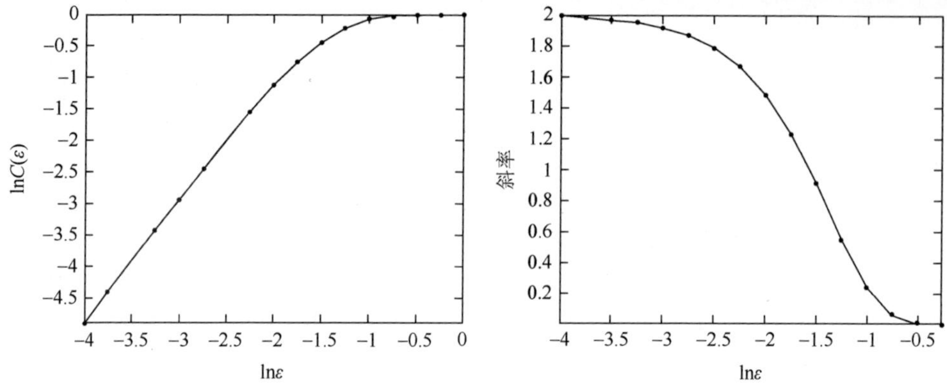

(a) lnC(ε)-lnε曲线　　(b) lnC(ε)-lnε曲线斜率

图 5.1　汽艇数据的关联维数（图中线段为截取曲线的近似线性部分）

图 5.1（a）中，截取曲线的近似线性部分，即图中横坐标为(–4, –2)的区域，进行拟合，并计算它的斜率，此斜率即汽艇数据的关联维数。从图 5.1 可以看出，随着参数半径ε的增加，相关积分$\ln C(\varepsilon)$逐渐趋向于零，斜率逐渐降低并最终趋向于零。

图 5.2 和图 5.3 分别给出了游轮和客轮数据的关联维数计算结果。对比三类舰船辐射噪声的$\ln C(\varepsilon)$-$\ln\varepsilon$曲线可以看出，游轮的曲线与汽艇和客轮的存在明显区别。而汽艇和客轮的曲线虽然形状上相似，但是数值方面也有明显的区别。

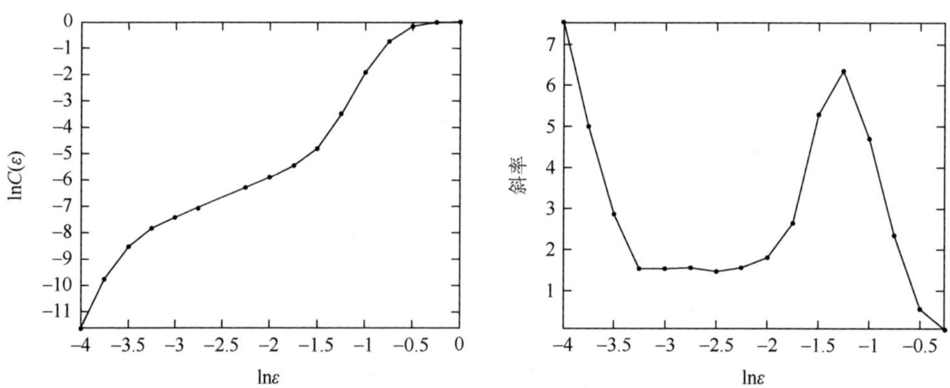

(a) lnC(ε)-lnε曲线　　(b) lnC(ε)-lnε曲线斜率

图 5.2　游轮数据的关联维数（图中线段为截取曲线的近似线性部分）

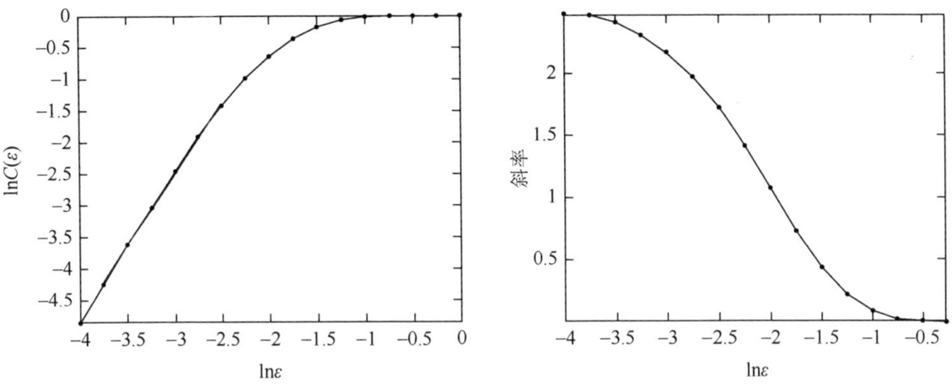

(a) lnC(ε)-lnε曲线　　(b) lnC(ε)-lnε曲线斜率

图 5.3　客轮数据的关联维数（图中线段为截取曲线的近似线性部分）

5.2.3　海洋背景噪声的分形维数

由第 4 章的奇异值分析结果可以看出，对于噪声数据，理论上通过奇异值分析无法确定一个合适的嵌入维数。因此，在计算海洋背景噪声的分形维数时，首先固定时间延迟 $\tau=10$，然后逐步增加嵌入维数，最后利用 G-P 算法计算海洋背景噪声的关联维数，结果如图 5.4 所示。

与舰船辐射噪声的关联维数结果不同，利用 G-P 算法计算海洋背景噪声的关联维数时由于采用了不同的嵌入维数，得到了多个嵌入维数重构下的关联维数曲线，即图 5.4（a）和（b）对应的多个 $\ln C(\varepsilon)$-$\ln\varepsilon$ 曲线。图 5.4（c）给出了关联维数随嵌入维数变化的曲线。从图 5.4（c）可以看出，对于海洋背景噪声数据，它的关联维数随着嵌入维数的增加而增加，不会趋于某个固定值。这是由于噪声可以视为无限多模的运动，其维数是无限的，因此在图 5.4（c）中表现为一直增大。

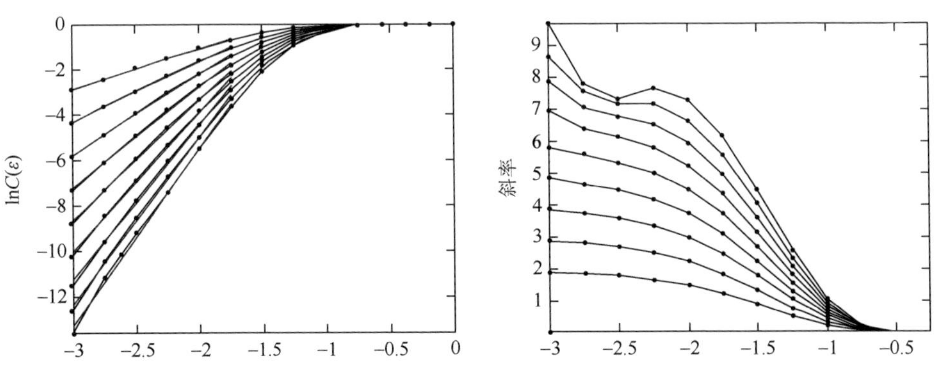

(a) lnC(ε)-lnε曲线　　(b) lnC(ε)-lnε曲线斜率

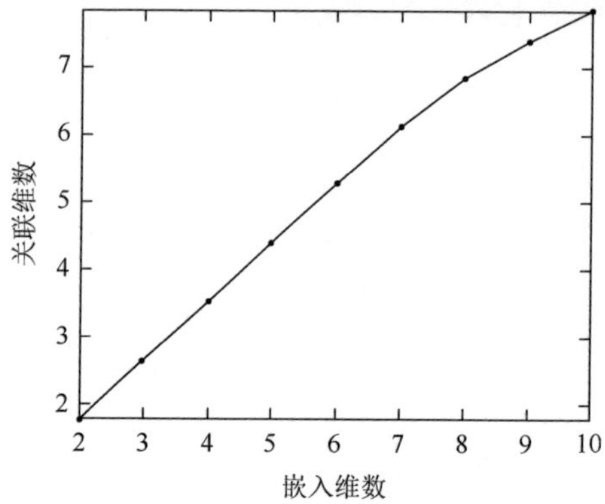

(c) 关联维数随嵌入维数变化的曲线

图 5.4 海洋背景噪声的关联维数（图中线段为截取曲线的近似线性部分）

5.2.4 混响数据的分形维数

第 4 章使用的界面混响数据是主动发射信号到达水面后引起的回波。在第 4 章中，利用奇异谱分析与互信息法确定其合适的嵌入维数与时间延迟分别为 $m=18$，$\tau=3$。利用确定好的重构参数计算其关联维数，结果如图 5.5 所示。

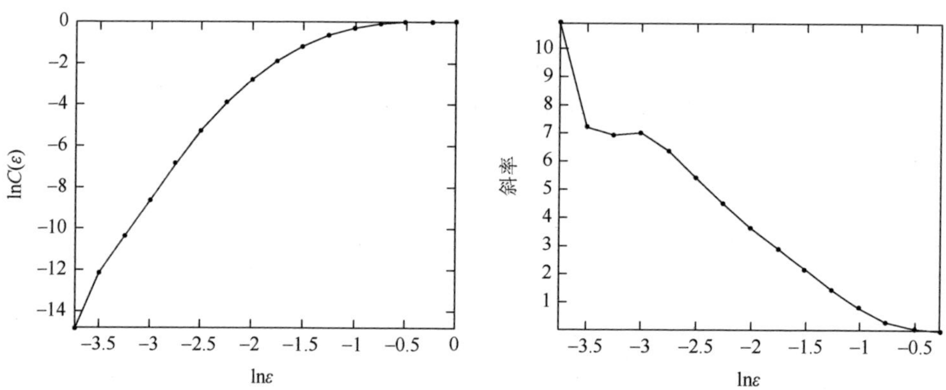

(a) $\ln C(\varepsilon)$-$\ln\varepsilon$曲线　(b) $\ln C(\varepsilon)$-$\ln\varepsilon$曲线斜率

图 5.5 界面混响数据的关联维数（图中线段为截取曲线的近似线性部分）

为了方便对比，在表 5.1 中给出了除海洋背景噪声以外的其余水声数据的关联维数。

表 5.1 不同水声数据的关联维数

	汽艇	游轮	客轮	混响
关联维数	1.94	1.52	2.27	6.88

5.3　水声信号的李雅普诺夫指数

混沌运动的一大特点就是对初值的敏感性，表现为随着时间的不断增大，两个初值非常接近的轨道将以指数的形式分离。李雅普诺夫指数就是对这种指数分离程度进行的定量描述。

对于水声信号，李雅普诺夫指数是描述其混沌状态的重要物理量。同时，李雅普诺夫指数也是对具有混沌特性的舰船辐射噪声进行目标检测的重要特征参数。现有的计算李雅普诺夫指数的思路主要有两种，分别是计算最大李雅普诺夫指数或是计算李雅普诺夫指数谱。本节首先对李雅普诺夫指数的基本定义进行介绍，进一步使用 BBA 算法与 Wolf 算法分别计算最大李雅普诺夫指数与李雅普诺夫指数谱。

5.3.1　李雅普诺夫指数定义

本节以一维离散映射 $x_{n+1}=f(x_n)$ 为例介绍李雅普诺夫指数的基本概念，并从系统稳定性的角度出发给出李雅普诺夫指数的定义。由第 3 章逻辑斯谛映射的稳定性可知，一维离散映射导数 $\left|\dfrac{\mathrm{d}f}{\mathrm{d}x}\right|$ 的取值决定了经过多次迭代以后两个初始点是靠近还是分离。若 $\left|\dfrac{\mathrm{d}f}{\mathrm{d}x}\right|>1$，则迭代后两点分离；若 $\left|\dfrac{\mathrm{d}f}{\mathrm{d}x}\right|<1$，则迭代后两点靠近。但是，在系统的不断演变过程中，$\left|\dfrac{\mathrm{d}f}{\mathrm{d}x}\right|$ 自身也在不断变化，这就使得系统呈现出时而分离时而靠近的现象。为了从整体上对这种分离或靠近程度进行定量的描述，必须从时间（或是迭代次数）上对计算结果取平均。因此，设平均每次迭代引起的指数分离中的指数为 λ，则初始距离为 ε 的两点经过 n 次迭代后距离变为

$$\varepsilon \mathrm{e}^{n\lambda(x_0)}=|f^n(x_0+\varepsilon)-f^n(x_0)| \tag{5.7}$$

式中，x_0 为离散映射的初值。

对式（5.7）取极限，即当 $n\to\infty$、$\varepsilon\to 0$ 时，式（5.7）变为

$$\begin{aligned}\lambda(x_0)&=\lim_{n\to\infty}\lim_{\varepsilon\to\infty}\frac{1}{n}\ln\left|\frac{f^n(x_0+\varepsilon)-f^n(x_0)}{\varepsilon}\right|\\&=\lim_{n\to\infty}\frac{1}{n}\ln\left|\frac{\mathrm{d}f^n(x)}{\mathrm{d}x}\right|_{x=x_0}\end{aligned} \tag{5.8}$$

对于一维离散映射 $x_{n+1}=f(x_n)$，由第 3 章的内容可知，它的 n 次迭代的导数满足以下等式：

$$\begin{aligned}\frac{\mathrm{d}f^n(x)}{\mathrm{d}x}&=\frac{\mathrm{d}}{\mathrm{d}x}\Big(f\big(f\big(f\cdots f(x)\big)\big)\Big)\\&=\frac{\mathrm{d}f(x_0)}{\mathrm{d}x_0}\frac{\mathrm{d}f(x_1)}{\mathrm{d}x_1}\cdots\frac{\mathrm{d}f(x_{n-1})}{\mathrm{d}x_{n-1}}\\&=\prod_{i=0}^{n-1}\frac{\mathrm{d}f(x_i)}{\mathrm{d}x_i}\end{aligned} \tag{5.9}$$

将式（5.9）取绝对值后代入式（5.8），考虑到取极限后其结果与初值 x_0 无关，因此式（5.8）可以表示成以下形式：

$$\lambda=\lim_{n\to\infty}\frac{1}{n}\sum_{i=0}^{n-1}\ln\left|\frac{\mathrm{d}f(x_i)}{\mathrm{d}x_i}\right| \tag{5.10}$$

这里的 λ 即李雅普诺夫指数，它的物理意义是在大量的迭代过程中平均每次迭代引起的指数分离的程度。

由式（5.7）可以看出：当 $\lambda<0$ 时，相邻的两点随着迭代次数的增加而逐渐靠近；相反，当 $\lambda>0$ 时，两点随着迭代次数的增加而逐渐分离。在 n 维相空间中，相邻两点之间的距离由 n 个坐标决定，其距离 $\Delta\boldsymbol{x}=\boldsymbol{\varepsilon}$ 是一个 n 维向量。随着系统的不断演化，每个坐标轴方向的变化不尽相同。可能会出现部分坐标轴上的距离缩短、部分坐标轴上的距离增加的情况。假设在 $t=0$ 时，以 x_0 为中心、$\varepsilon(0)$ 为半径的一个邻域是一个 n 维球面。经过时刻 t 后球面演化为一个 n 维椭球。此时椭球的第 i 个坐标轴方向的长半轴为 $\Delta x_i=\varepsilon_i(t)$，可以表示为以下形式：

$$\varepsilon_i(t)=\varepsilon_i(0)\mathrm{e}^{\lambda_i} \tag{5.11}$$

系统存在 n 个李雅普诺夫指数，对应第 i 个李雅普诺夫指数 λ_i 为

$$\lambda_i=\lim_{t\to\infty}\lim_{\varepsilon(0)\to 0}\frac{1}{t}\ln\left|\frac{\varepsilon_i(t)}{\varepsilon(0)}\right| \tag{5.12}$$

为了便于分析，通常将一个系统的所有李雅普诺夫指数按从大到小的顺序排列，具体如下：

$$\lambda_1\geqslant\lambda_2\geqslant\cdots\geqslant\lambda_n \tag{5.13}$$

称式（5.13）中的 $\lambda_1,\lambda_2,\cdots,\lambda_n$ 为李雅普诺夫指数谱，λ_1 为最大李雅普诺夫指数。

对于逻辑斯谛映射 $f(x)=\mu x(1-x)$，由于 $\dfrac{\mathrm{d}f(x)}{\mathrm{d}x}=\mu|1-2x|$，利用式（5.10）可以求出它的李雅普诺夫指数：

$$\lambda = \lim_{n\to\infty}\frac{1}{n}\sum_{i=0}^{n-1}\ln\left|\frac{\mathrm{d}f(x_i)}{\mathrm{d}x_i}\right|$$
$$= \lim_{n\to\infty}\frac{1}{n}(\ln\mu|1-2x_0|+\ln\mu|1-2x_1|+\cdots+\ln\mu|1-2x_{n-1}|) \tag{5.14}$$

式中，x_0为逻辑斯谛映射的初值；$x_1,x_2,\cdots,x_{n-1}$分别为经过第一次、第二次，直到第$n-1$次迭代的结果。由式（5.14）可以看出，逻辑斯谛映射的李雅普诺夫指数不仅与参数μ有关，而且与初值x_0和迭代的次数 n 有关。若迭代次数太少，则得到的λ不稳定，不能反映系统的真实运动，因此在计算时取迭代次数尽量大。图 5.6 给出了逻辑斯谛映射λ随参数μ的变化规律。

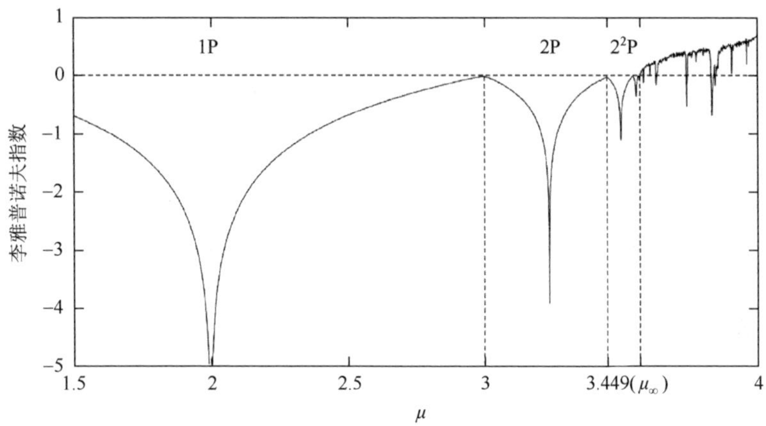

图 5.6　逻辑斯谛映射的李雅普诺夫指数随参数μ的变化

从图 5.6 中的结果可以看出，逻辑斯谛映射的李雅普诺夫指数随参数μ的变化是和它的运动特性密切相关的。图中当$\mu<\mu_\infty$时，$\lambda<0$，系统收敛于稳定的定点或做周期运动，对应 1 周期、2 周期、4 周期运动等。当$\mu>\mu_\infty$时，除了在一些固定的μ值处$\lambda<0$之外，大多数情况下$\lambda>0$。这时，随着μ的不断增大，系统继续出现倍周期分岔，直至出现混沌。

下面介绍李雅普诺夫指数的性质，并对其进行分析。

利用递推的思想由简至繁进行分析。当系统是一维时，重构出的理想相空间也是一维的。在这种情况下，若吸引子存在，则必定为稳定点。相空间中的点都在不断地靠近唯一的吸引子。也就是说对于一维的情况，当吸引子存在时，必有$\lambda<0$。相反，若不存在吸引子或是吸引子不稳定，则$\lambda>0$。

对于二维情形，吸引子可能表现为一个稳定点或是极限环。当吸引子表现为稳定点时，两个坐标轴方向上的$\Delta\boldsymbol{x}$随着迭代次数的增加而不断减小。系统的两个李雅普诺夫指数均为负，即 $\lambda_2 \leqslant \lambda_1 < 0$。当吸引子表现为极限环的形式时，沿极限环切线方向的 $\Delta \boldsymbol{x}$ 不变，对应 $\lambda_1 = 0$，而其极限环法线方向的 $\Delta \boldsymbol{x}$ 随着迭代不断减小，也就是此方向的李雅普诺夫指数 $\lambda_2 < 0$。对于二维情况，有以下结论：若相空间中的轨道有界且不终止于定点，则至少有一个李雅普诺夫指数等于零，表明相空间中的点沿着轨线的切线方向没有扩张或收缩的趋势。所以，对于存在极限环的二维系统，其李雅普诺夫指数为 $(\lambda_1, \lambda_2) = (0, -)$。

进一步，对三维系统及其相空间有类似的分析。当系统中存在稳定点时，各方向的 $\Delta \boldsymbol{x}$ 收缩，有 $(\lambda_1, \lambda_2, \lambda_3) = (-, -, -)$。对于极限环的情况，由二维情况拓展可知，垂直于极限环的两个方向都趋于此极限环。同时极限环的切线方向保持稳定，因此有 $(\lambda_1, \lambda_2, \lambda_3) = (0, -, -)$。当相空间中的轨迹为二维环面时，意味着环面法线方向上的李雅普诺夫指数为负。取环面相互垂直的两个方向，其李雅普诺夫指数为 0，有 $(\lambda_1, \lambda_2, \lambda_3) = (0, 0, -)$。当极限环与二维环面不稳定时，其李雅普诺夫指数分别为 $(\lambda_1, \lambda_2, \lambda_3) = (+, +, 0)$ 和 $(\lambda_1, \lambda_2, \lambda_3) = (+, 0, 0)$。特别地，对于混沌系统，由于其系统特性是整体稳定而局部不稳定，各方向的 $\Delta \boldsymbol{x}$ 同时具有收缩和扩张的特性，对应的李雅普诺夫指数为 $(\lambda_1, \lambda_2, \lambda_3) = (+, 0, -)$。

由以上分析可以看出，李雅普诺夫指数的正负可以在一定程度上反映系统的运动特征。利用所有的李雅普诺夫指数可以判断系统在相空间中的轨线的具体形状。而每一个李雅普诺夫指数 λ_i 的绝对值大小反映了系统在这个方向上 Δx 的收缩或是扩张的快慢程度。最大李雅普诺夫指数 λ_1 决定了相空间中相邻的轨线是否可以形成稳定轨道或稳定定点。最小李雅普诺夫指数 λ_n 决定了相空间中所有的轨线能否收缩形成稳定的吸引子。

李雅普诺夫指数性质如下：

（1）若系统存在吸引子，则至少有一个李雅普诺夫指数小于 0。

（2）对于稳定系统和周期（准周期）运动系统，它的所有李雅普诺夫指数小于等于 0。

（3）混沌系统至少有一个李雅普诺夫指数大于 0。

（4）当一个系统中存在的正李雅普诺夫指数大于一个时，称系统做超混沌运动。

5.3.2　最大李雅普诺夫指数

由以上分析可知，李雅普诺夫指数是衡量系统动力学特性的一个重要指标，它表征了系统在相空间中相邻轨道之间收敛或发散的平均指数率，用它不仅可以判断系统的稳定性，而且还可以用来确定系统是否存在混沌。对于系统是否存在混沌，可以从最大李雅普诺夫指数是否大于 0 来进行直观判断。若系统有一个正的李雅普诺夫指数，则表明系统相空间中无论它的两条初始轨线的间距多么小，都会随着时间的演化而成指数率的增加，即系统出现混沌。

下面介绍如何由测量得到的时间序列 $\{x(t_0+i\Delta t), i=0,1,\cdots,N-1\}$ 计算系统的最大李雅普诺夫指数，其中 t_0 为初始采样时刻，Δt 为采样时间间隔。利用相空间重构可以得到系统的状态空间向量，选取两个很靠近的初始状态 $\boldsymbol{x}_0$、$\boldsymbol{y}_0$，随着时间的演化，它们的状态分别变为 $\boldsymbol{x}(t)$、$\boldsymbol{y}(t)$，两状态之间的距离为

$$\boldsymbol{w}(t)=\boldsymbol{x}(t)-\boldsymbol{y}(t) \tag{5.15}$$

由第 3 章的奇怪吸引子可知，状态 $\boldsymbol{x}(t)$、$\boldsymbol{y}(t)$ 随时间的变化服从以下方程：

$$\frac{\mathrm{d}\boldsymbol{w}}{\mathrm{d}t}=\boldsymbol{L}\boldsymbol{w} \tag{5.16}$$

式中，$\boldsymbol{L}$ 为由式（3.36）表示的李雅普诺夫矩阵。状态 $\boldsymbol{x}(t)$、$\boldsymbol{y}(t)$ 之间的距离为

$$\varepsilon(t)=\|\boldsymbol{w}(t)\| \tag{5.17}$$

知道了距离 $\varepsilon(t)$，就可以利用式（5.18）计算它的李雅普诺夫指数：

$$\lambda_1=\lim_{t\to\infty}\lim_{\varepsilon(0)\to 0}\frac{1}{t}\ln\left|\frac{\varepsilon(t)}{\varepsilon(0)}\right| \tag{5.18}$$

在具体计算时，由于 $\boldsymbol{L}$ 是状态 $\boldsymbol{x}$ 的函数，通过对式（5.16）进行积分，再利用式（5.17）就可以求出状态 $\boldsymbol{x}(t)$、$\boldsymbol{y}(t)$ 之间的距离。进一步，再利用式（5.18）就可以求出李雅普诺夫指数。以上方法虽然简单明了，但是在计算过程中由于距离是随时间 t 指数变化的，计算结果很不稳定，容易出现发散和溢出。为此，Benettin 等[10, 11]提出了一种新的计算最大李雅普诺夫指数的方法。该方法首先将系统状态在时间域离散化，设第 n 时刻两状态为 $\boldsymbol{x}(n\tau)$ 和 $\boldsymbol{y}(n\tau)$，这里的 τ 为时间间隔。这时两状态之间的距离为

$$\varepsilon_n(t)=\|\boldsymbol{w}(n\tau)\|=\|\boldsymbol{x}(n\tau)-\boldsymbol{y}(n\tau)\| \tag{5.19}$$

在 $n+1$ 时刻两状态之间的距离变为

$$\varepsilon_{n+1}(t)=\|\boldsymbol{w}((n+1)\tau)\|=\|\boldsymbol{x}((n+1)\tau)-\boldsymbol{y}((n+1)\tau)\| \tag{5.20}$$

为了避免在计算过程中出现发散和溢出，在 $n+1$ 时刻重新选取 $\boldsymbol{y}((n+1)\tau)$ 的起点，并令其等于距离的初值，即 $\boldsymbol{y}'((n+1)\tau)=\varepsilon(0)$。然后，以 $\boldsymbol{x}((n+1)\tau)$ 和 $\boldsymbol{y}'((n+1)\tau)$ 为新的起点再求 $n+2$ 时刻两个状态之间的距离 $\varepsilon_{n+2}(t)$。保持距离 $\varepsilon(0)$ 不变，重复以上过程，得到一系列的距离值 $\varepsilon_1(t),\varepsilon_2(t),\cdots,\varepsilon_n(t)$，如图 5.7 所示，最后利用式（5.18）计算出最大李雅普诺夫指数，如式（5.21）所示：

$$\lambda_1=\lim_{n\to\infty}\frac{1}{n\tau}\sum_{i=1}^{n}\ln\left|\frac{\varepsilon_i(t)}{\varepsilon(0)}\right| \tag{5.21}$$

当初值 $\varepsilon(0)$ 很小且时间间隔 τ 不是很大，$n \to \infty$ 时，计算结果就与 τ 的大小无关，可以得到一个比较满意的结果。

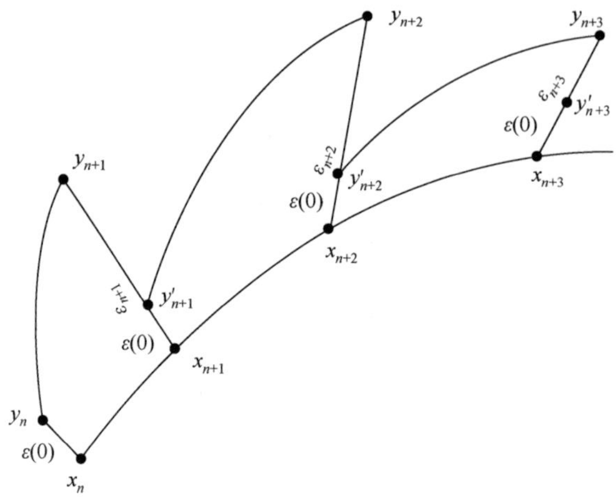

图 5.7　计算最大李雅普诺夫指数 λ_1 算法流程

5.3.3　李雅普诺夫指数谱

李雅普诺夫指数谱的计算采用 BBA 算法，该算法是由 Brown、Bryant 和 Abarbanel 于 1991 年提出的针对观测到的时间序列计算李雅普诺夫指数谱的方法[12]。BBA 算法涉及的参数主要有采样频率、重构时间延迟、局部嵌入维数 d_{L}、全局嵌入维数、迭代时间延迟等。对于本章涉及的三类舰船辐射噪声，其采样频率均为 52734Hz。BBA 算法中涉及的全局嵌入维数与重构时间延迟即第 4 章中利用奇异谱分析与互信息量法确定的重构参数。三类舰船辐射噪声的重构参数分别为汽艇数据 $m=2$、$\tau=8$，游轮数据 $m=16$、$\tau=50$，客轮数据 $m=4$、$\tau=25$。迭代时间延迟可以设置为与重构时间延迟相同。根据 BBA 算法，局部嵌入维数应该设置为大于吸引子维数的最小整数。但是由于舰船辐射噪声是一个复杂的含噪信号，它的吸引子维数预先未知。由塔肯斯定理可知，对于一个吸引子维数为 d_{a} 的系统，将吸引子在相空间中充分展开的嵌入维数应满足 $m > 2d_{\text{a}}$。对于局部嵌入维数，理论上应选取大于吸引子维数的最小整数作为局部嵌入维数。因此，本节首先选取局部嵌入维数为 $m/2$，再适当增加（减少）局部嵌入维数，研究局部嵌入维数的选取对李雅普诺夫指数谱结果的影响。每次计算的数据长度设置为 5000。

对于汽艇数据，分别选取局部嵌入维数 d_{L} 为 1 和 2，计算李雅普诺夫指数谱。首先计算局部嵌入维数 d_{L} 为 1 时的李雅普诺夫指数，结果如图 5.8 所示。

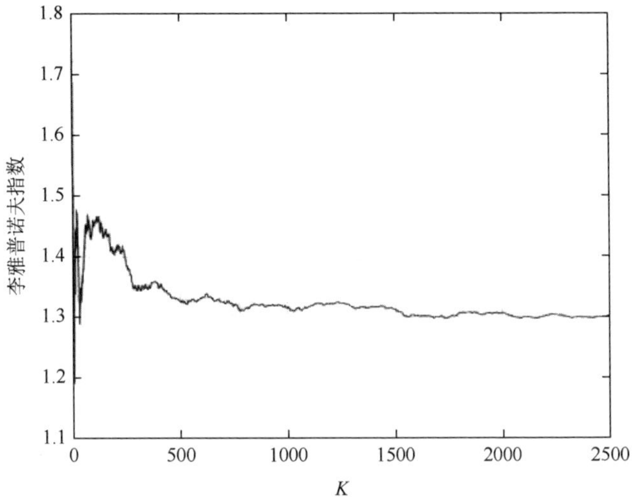

图 5.8　汽艇数据的李雅普诺夫指数（局部嵌入维数 $d_L = 1$）

在图 5.8 中，纵坐标为李雅普诺夫指数，横坐标 K 为相空间的点数。由于数据长度为 5000、全局嵌入维数为 2，重构后的相空间共约有 2500 个坐标点。可以看出，随着相空间点数的增加，李雅普诺夫指数逐渐收敛于 $\lambda_1 = 1.3$。仅有一个李雅普诺夫指数结果的原因是其数量与局部嵌入维数有关。第一个计算出的即最大李雅普诺夫指数。

然后，计算局部嵌入维数 d_L 为 2 时的李雅普诺夫指数，结果如图 5.9 所示。

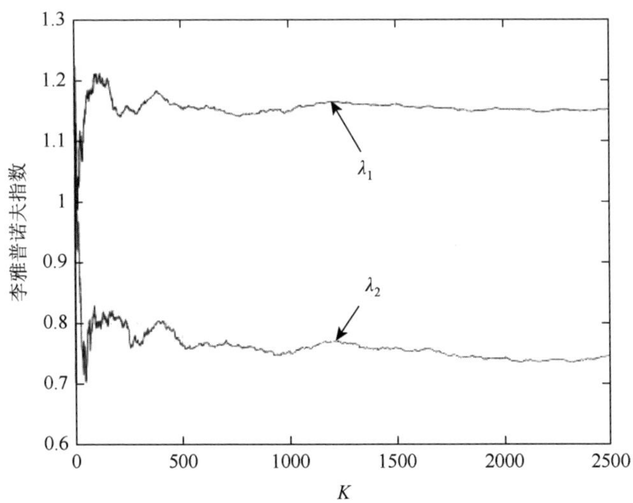

图 5.9　汽艇数据的李雅普诺夫指数（局部嵌入维数 $d_L = 2$）

由图 5.9 可以看出，随着相空间中点数的逐渐增加，李雅普诺夫指数 λ_1、λ_2 分别收敛于 $\lambda_1 = 1.15$、$\lambda_2 = 0.75$。与图 5.8 相比，增加局部嵌入维数后导致最大李雅普诺夫指数变小，从 1.3 减小到 1.15。BBA 算法的定义中指明了局部嵌入维数应满足大于吸引子维数且小于全局嵌入维数。因此在这里可以初步判断，过大的局部嵌入维数会导致计算结果出现偏差。

综合图 5.8 与图 5.9 可以看出，对于汽艇数据的最大李雅普诺夫指数，其数值始终满足大于零的条件。可以认为在复杂的海洋环境下，汽艇的辐射噪声数据始终含有混沌成分。

对于游轮数据，其重构时间延迟与全局嵌入维数由第 4 章分析可知应设置为 $m = 16$、$\tau = 50$。迭代时间延迟设置与重构时间延迟相同，局部嵌入维数分别设置为 $d_L = 7,8,9$，研究局部嵌入维数对李雅普诺夫指数计算的影响。由于时间延迟与嵌入维数较大，在这里计算的数据长度选取 50000 数据点，具体结果如图 5.10 所示。

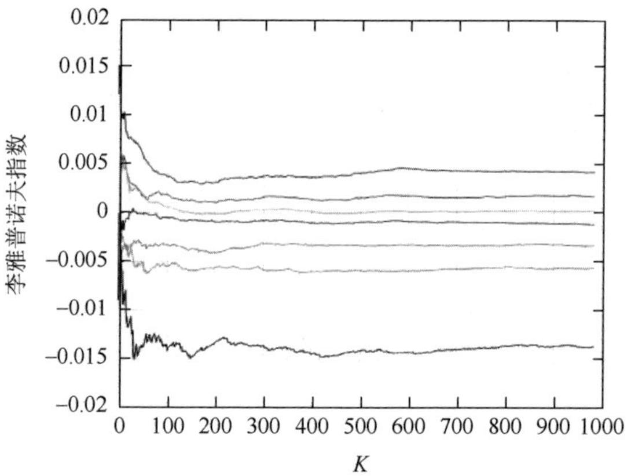

(a) 局部嵌入维数 $d_L = 7$

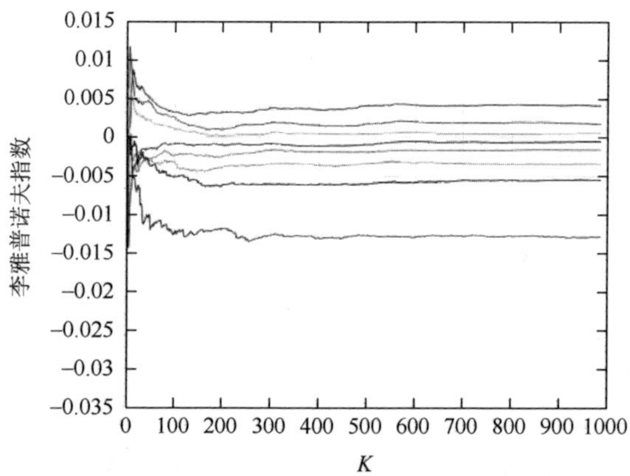

(b) 局部嵌入维数 $d_L = 8$

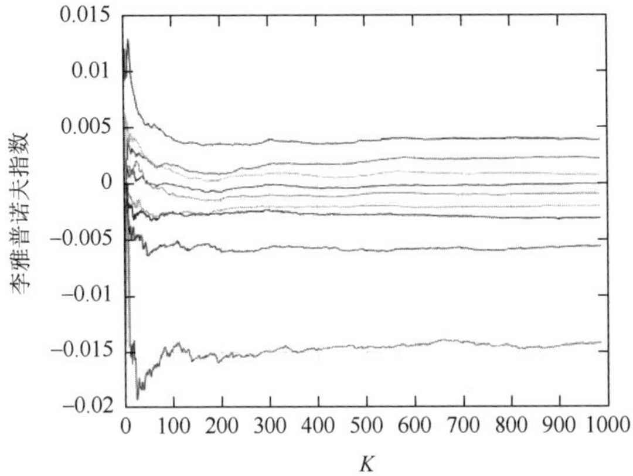

(c) 局部嵌入维数$d_L = 9$

图 5.10　游轮数据的李雅普诺夫指数（曲线根据收敛数值由大到小依次为$\lambda_1, \lambda_2, \cdots, \lambda_n$）

表 5.2 给出了不同局部嵌入维数时游轮数据的李雅普诺夫指数。从表 5.2 可以看出，前三个李雅普诺夫指数均收敛于大于零的正值，而随着局部嵌入维数的增加，大于零的李雅普诺夫指数数量并未发生改变。

表 5.2　游轮数据的李雅普诺夫指数

d_L	λ_1	λ_2	λ_3	λ_4	λ_5	λ_6	λ_7	λ_8	λ_9
7	0.0043	0.0017	0.0002	−0.0011	−0.0033	−0.0056	−0.0137		
8	0.0042	0.0018	0.0006	−0.0005	−0.0016	−0.0034	−0.0055	−0.0128	
9	0.0039	0.0022	0.0007	−0.0001	−0.0009	−0.0020	−0.0031	−0.0056	−0.0142

对于客轮数据，同样根据第 4 章的内容确定重构时间延迟和全局嵌入维数分别为$m = 4$、$\tau = 25$。迭代延迟设置为 25，局部嵌入维数分别选取 2 和 3 进行计算，结果如图 5.11 所示。

对于客轮数据的李雅普诺夫指数，当局部嵌入维数设置为 2 时，λ_1和λ_2分别收敛于 0.01 和−0.02 附近。增加局部嵌入维数后，计算得到的三个李雅普诺夫指数分别收敛于 0.01、0 和−0.02 附近。结合三类舰船辐射噪声的李雅普诺夫指数结果分析，局部嵌入维数的增加对最大李雅普诺夫指数影响较小，但是对较小的李雅普诺夫指数结果会产生较大的影响。同时，三类舰船辐射噪声由于海洋背景噪声的影响，虽然其本身的辐射噪声可以认为是主要由发动机及螺旋桨产生的具有一些周期成分的复杂信号，但是其对应数据依然表现出了一定的混沌特性。

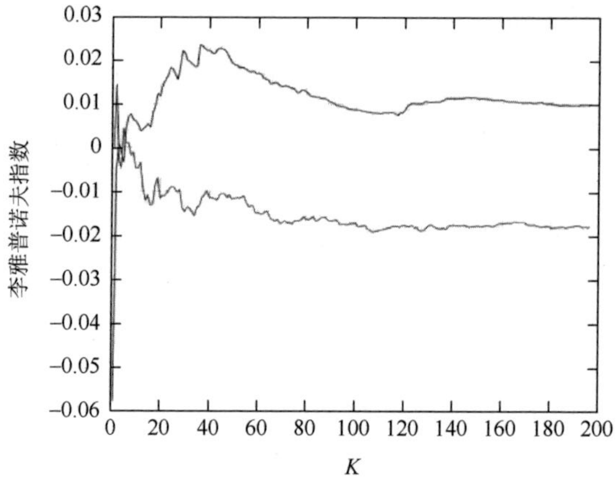

(a) 局部嵌入维数$d_L = 2$

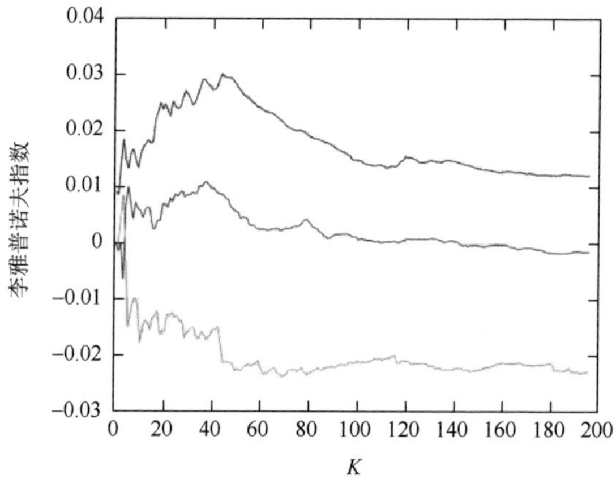

(b) 局部嵌入维数$d_L = 3$

图 5.11　客轮数据的李雅普诺夫指数（曲线根据收敛数值由大到小依次为$\lambda_1, \lambda_2, \cdots, \lambda_n$）

在第 4 章中除了给出三类不同类别的舰船辐射噪声，还给出了大雨环境下的海洋背景噪声。对于海洋背景噪声，利用奇异值分解无法确定一个合适的全局嵌入维数。因此，本节选取不同的全局嵌入维数，并设置相应的局部嵌入维数分别为$d_L = m$、$d_L = m/2$。分别分析这些局部嵌入维数与全局嵌入维数对李雅普诺夫指数计算结果的影响。

图 5.12 分别给出了在全局嵌入维数$m = 4$、局部嵌入维数$d_L = 2$和$d_L = m = 4$时，背景噪声的李雅普诺夫指数，表 5.3 给出了具体的计算结果。

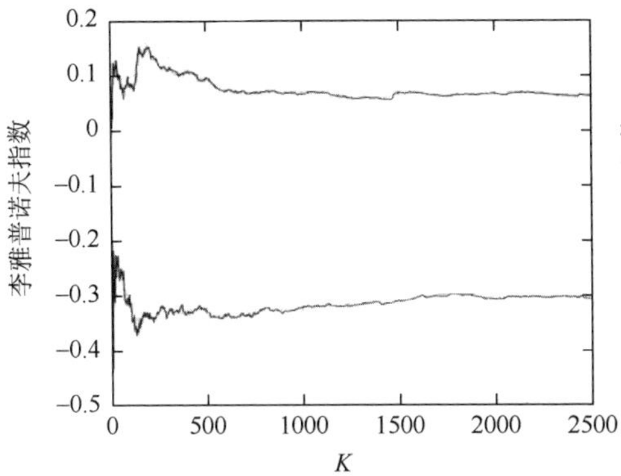

(a) 局部嵌入维数$d_L=2$

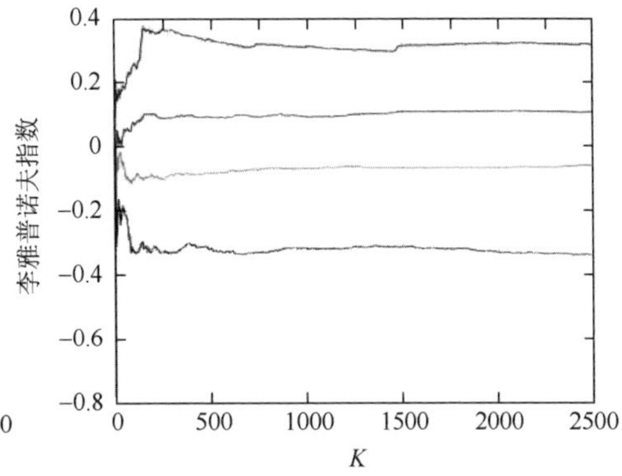

(b) 局部嵌入维数$d_L=4$

图 5.12　海洋背景噪声的李雅普诺夫指数（曲线根据收敛数值由大到小依次为$\lambda_1,\lambda_2,\cdots,\lambda_n$）

表 5.3　背景噪声的李雅普诺夫指数

d_L	λ_1	λ_2	λ_3	λ_4
2	0.0593	−0.3078		
4	0.3163	0.1063	−0.0596	−0.3386

李雅普诺夫指数谱出现较大波动，会使得结果变得不准确，不同局部嵌入维数计算得到的最大李雅普诺夫指数结果有较大差异。

第 4 章除了给出了三类不同舰船辐射噪声与海洋背景噪声以外，还给出了界面混响的数据。根据互信息法与奇异值分析计算得到其对应的重构时间延迟与全局嵌入维数为$m=18$、$\tau=3$，因此设置局部嵌入维数为$d_L=9$。其李雅普诺夫指数结果如图 5.13 所示。

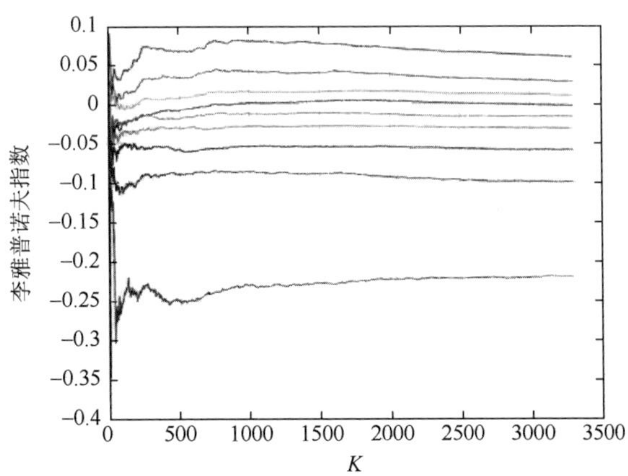

图 5.13　界面混响数据的李雅普诺夫指数（曲线根据收敛数值由大到小依次为$\lambda_1,\lambda_2,\cdots,\lambda_n$）

在图 5.13 中，前三个李雅普诺夫指数结果为正，其余为负，根据判别准则，满足混沌的条件。由于实际应用中不同的系统吸引子维数不同，全局嵌入维数与局部嵌入维数的选取也不同，因此通常情况下仅将最大李雅普诺夫指数作为信号的特征对数据进行区分。表 5.4 给出了五类不同水声数据的最大李雅普诺夫指数结果。最大李雅普诺夫指数的计算均是在局部嵌入维数为全局嵌入维数的 1/2 条件下得到的，即 $d_{\mathrm{L}}=m/2$ 。

表 5.4　BBA 算法五类水声数据的最大李雅普诺夫指数结果

	汽艇	游轮	客轮	噪声	混响
最大李雅普诺夫指数	1.3001	0.0042	0.0099	0.0176	0.0591

参 考 文 献

[1] Leung H, Lo T. Chaotic radar signal processing over the sea[J]. IEEE Journal of Oceanic Engineering, 1993, 18(3): 287-295.

[2] Leung H, Haykin S. Is there a radar clutter attractor？[J]. Applied Physics Letters, 1990, 56(6): 593-595.

[3] Schiff S. Controlling chaos in the brain[J]. Nature, 1994, 370(6491): 615-620.

[4] Frison T W, Abarbanel H D I, Cembrola J, et al. Chaos in ocean ambient “noise”[J]. The Journal of the Acoustical Society of America, 1996, 99(3): 1527-1539.

[5] Frison T W, Abarbanel H D I, Cembrola J, et al. Nonlinear analysis of environmental distortions of continuous wave signals in the ocean[J]. The Journal of the Acoustical Society of America, 1996, 99(1): 139-146.

[6] 章新华, 张晓明, 林良骥. 船舶辐射噪声的混沌现象研究[J]. 声学学报, 1998, 23(2): 134-140.

[7] 宋爱国, 陆佶人. 基于极限环的舰船噪声信号非线性特征分析及提取[J]. 声学学报, 1999, 24(4): 407-415.

[8] 陈捷, 陈克安, 孙进才. 基于多重分形的舰船噪声特征提取[J]. 西北工业大学学报, 2000, 18(2): 241-244.

[9] Grassberger P. On the Hausdorff dimension of fractal attractors[J]. Journal of Statistical Physics, 1981, 26(1): 173-179.

[10] Benettin G, Galgani L, Giorgilli A, et al. Lyapunov characteristic exponents for smooth dynamical systems and for Hamiltonian systems；a method for computing all of them. Part 1: Theory[J]. Meccanica, 1980, 15(1): 9-20.

[11] Benettin G, Galgani L, Giorgilli A, et al. Lyapunov characteristic exponents for smooth dynamical systems and for Hamiltonian systems；a method for computing all of them. Part 2: Numerical application[J]. Meccanica, 1980, 15(1): 21-30.

[12] Brown R, Bryant P, Abarbanel H D I. Computing the Lyapunov spectrum of a dynamical system from an observed time series[J]. Physical Review A, 1991, 43(6): 2787-2806.

第 6 章　基于混沌振子的水下微弱目标信号检测

6.1　概　　述

水声目标探测技术是世界各国研究的重点。长期以来，基于傅里叶分析理论的时频分析、功率谱分析以及小波分析等是实现水声目标信号检测的重要方法。尽管这些方法在实际中取得了一定的效果，但在低信噪比条件下很难满足需要。近年来，水下目标的减振降噪技术不断提升，相关资料显示：潜艇辐射噪声的总声级在过去的六十年里降低了大约 60dB[1, 2]；美国“海狼”级核潜艇航行时的辐射噪声级约为 95dB，甚至低于海洋背景噪声级。因此，迫切需要发展新的理论和方法以满足超低信噪比水下目标探测的需要。

线谱是由水下目标的各类机械设备往复运动产生的，是目标的固有特征。因此，线谱特征提取是解决水声目标探测问题的关键要素之一。基于杜芬混沌振子的线谱特征提取方法研究是近年来水声目标探测领域的一个新的重要方向[3-9]。利用杜芬混沌振子对噪声的免疫性以及对周期信号的敏感性，理论上可以在–46dB 条件下检测到淹没在高斯白噪声背景中的正弦信号[10, 11]。利用杜芬混沌振子的间歇混沌振荡，还可以实现在频率参数未知条件下的水下微弱目标信号的线谱检测[9]。

本章首先介绍杜芬混沌振子模型及其动力学特性，接着介绍杜芬振子检测微弱周期信号的基本原理，最后给出杜芬振子在水下微弱目标信号检测中的应用。

6.2　杜芬振子模型及其动力学特性

6.2.1　杜芬振子模型

本节从人们熟知的胡克定律出发，介绍杜芬振子的系统模型。胡克定律表明：弹性系统的弹性势能和位移的二次方成正比（为方便计算，仅就一维情形进行分析，并假定振子的质量为 1）。系统弹性势能 $E(x)$ 的表达式为

$$E(x)=\frac{1}{2}sx^2 \tag{6.1}$$

式中，x 为弹簧离开平衡点的距离；s 为系统弹性系数。弹簧系统恢复力 g 的表达式为

$$g = -\frac{\mathrm{d}E}{\mathrm{d}x} = -sx \tag{6.2}$$

由牛顿第二定律可得系统的运动方程为

$$\ddot{x} + sx = 0 \tag{6.3}$$

上述服从胡克定律的弹性系统是线性的。实际中，更多采用如下方程来近似求解系统的弹性势能：

$$E(x) = \frac{1}{2}ax^2 + \frac{1}{3}cx^3 + \frac{1}{4}bx^4 + \cdots \tag{6.4}$$

式中，a、b、c 为常量，方程所描述的弹性系统是非线性的，其弹性恢复力为

$$g = -\frac{\mathrm{d}E}{\mathrm{d}x} = -(ax + cx^2 + bx^3 + \cdots) \tag{6.5}$$

由于弹性势能的对称性，仅保留式（6.5）的偶次幂项，简化得到

$$E(x) = \frac{1}{2}ax^2 + \frac{1}{4}bx^4 + \cdots \tag{6.6}$$

通常，高次幂项的系数都较小，可以忽略不计，近似得到系统的恢复力为

$$g = -\frac{\mathrm{d}E}{\mathrm{d}x} = -ax - bx^3 \tag{6.7}$$

弹性系统的方程变为

$$x'' + ax + bx^3 = 0 \tag{6.8}$$

式（6.8）就是无驱动、无阻尼的杜芬系统方程。实际上，运动系统总会受到阻尼作用，进一步考虑阻尼因素，系统模型变为

$$x'' + \mu x' + ax + bx^3 = 0 \tag{6.9}$$

在式（6.9）右侧加上周期策动力即可得到常用的杜芬系统模型：

$$x'' + \mu x' + ax + bx^3 = F\cos(\omega t) \tag{6.10}$$

式中，$ax + bx^3$ 为非线性项；μ 为阻尼比；F 为策动力幅值；ω 为策动力角频率。

6.2.2　杜芬系统的动力学特性分析

杜芬振子拥有丰富的动力学特性，本节对其动力学特性进行分析。首先分析未添加策动力的杜芬系统，系统方程如式（6.9）所示，将其变形得到微分方程组：

$$\begin{cases} x' = y \\ y' = -ax - bx^3 - \mu y \end{cases} \tag{6.11}$$

令 $x' = y' = 0$，求解可知系统在相平面上有三个定点，分别为：

（1）稳定定点（焦点）$S_1(\sqrt{-a/b}, 0)$；

（2）稳定定点（焦点）$S_2(-\sqrt{-a/b}, 0)$；

（3）不稳定定点（鞍点）$F(0, 0)$。

令式（6.11）中的系数 $a=-1$，$b=1$，$\mu=0$，此时系统为哈密顿系统，系统的三个定点分别为焦点$(\pm1,0)$、鞍点$(0,0)$。系统哈密顿量 H 是不变量，表达式为

$$H(x,y)=-\frac{x^2}{2}+\frac{x^4}{4}+\frac{y^2}{2} \tag{6.12}$$

系统每个轨道都是由哈密顿量相等的点所构成的，换言之，轨道也是系统的等能线。根据哈密顿量的不同，系统的相轨道可以分为三类：内轨、外轨以及同宿轨道。经过鞍点的形状为∞的轨道是同宿轨道，它的哈密顿量为零；同宿轨道之外的轨道为外轨，它的哈密顿量为 0～∞；包含在同宿轨道之内的轨道为内轨，它的哈密顿量为–0.25～0。未添加策动力时系统的动力学特性较为简单。

当杜芬系统添加了策动力之后，系统可以呈现出非常丰富的动力学特性，当策动力幅值 F 由小及大变化时，系统将遍历初始状态、同宿轨道状态、分岔状态、混沌状态、临界混沌状态和周期状态。添加了策动力的杜芬系统方程如式（6.10）所示，变形得到微分方程组：

$$\begin{cases} x'=\omega y \\ y'=\omega[-ax-bx^3-\mu y+F\cos(\omega t)] \end{cases} \tag{6.13}$$

取系数 $a=-1$，$b=1$，$\mu=0.5$，$\omega=1\text{rad/s}$，不断改变策动力幅值 F 的大小，观察如式（6.13）所示的杜芬系统动力学特性。

（1）当策动力幅值 $F=0$ 时，系统处于初始状态。计算得到相平面上的鞍点为$(0,0)$，焦点为$(\pm1,0)$，系统将根据初值围绕某一焦点做周期运动，并最终收敛于该焦点。如图 6.1 所示，当系统的初值为$(x,x')=(1,1)$时，系统围绕焦点$(1,0)$运动，并最终收敛于焦点$(1,0)$；如图 6.2 所示，当系统的初值为$(x,x')=(-1,-1)$时，系统围绕焦点$(-1,0)$运动，并最终收敛于焦点$(-1,0)$。

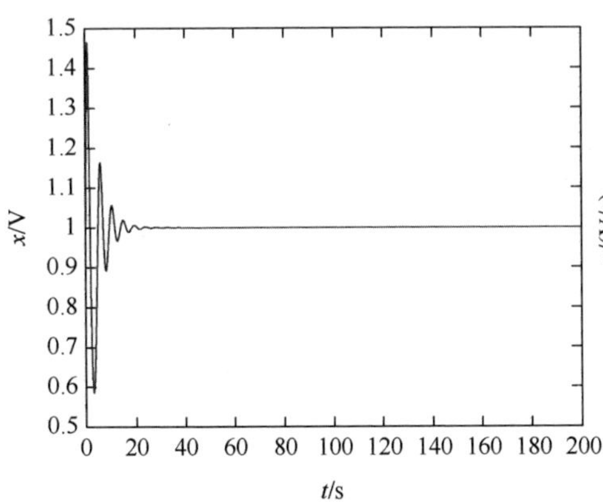

(a) 时域图

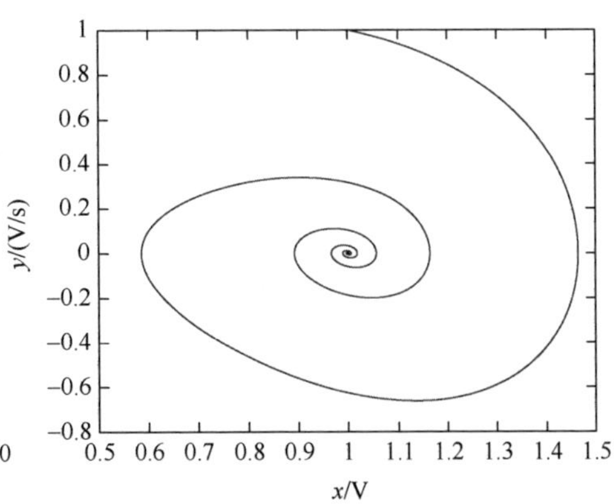

(b) 相轨迹图

图 6.1　$F=0$、初值为$(x,x')=(1,1)$时系统的初始状态

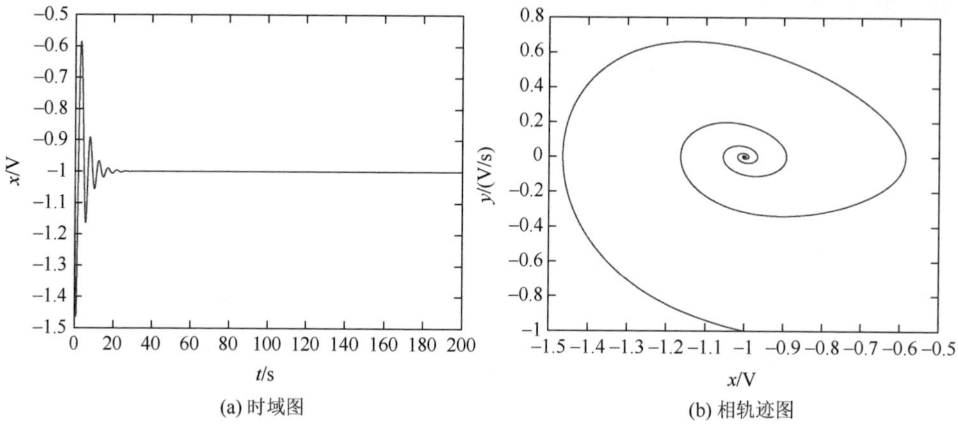

图 6.2　$F=0$、初值为 $(x,x')=(-1,-1)$ 时系统的初始状态

（2）初值取 $(x,x')=(1,1)$，从小至大增大 F 的值，当 F 增大到一定范围时，系统将进入同宿轨道状态，围绕焦点(1, 0)运动，结果如图 6.3 所示。

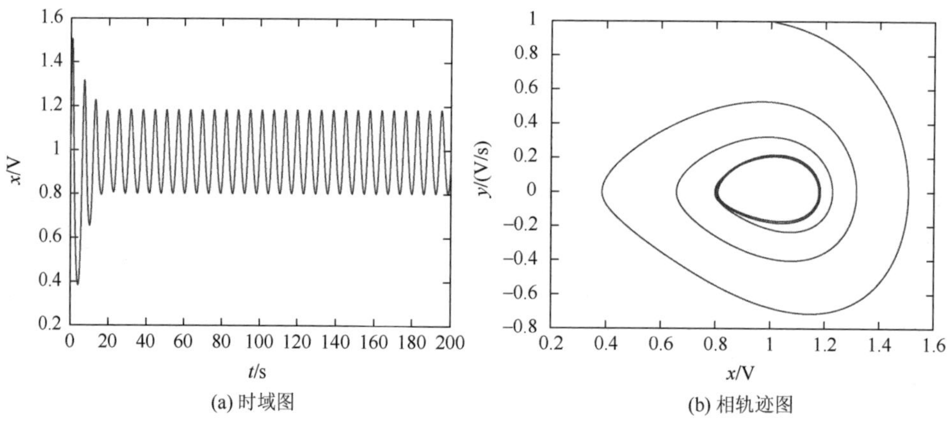

图 6.3　$F=0.2$ 时系统的同宿轨道状态

（3）继续增大 F 值，系统将进入分岔状态，此时系统将围绕两个焦点运动，结果如图 6.4 所示。

（4）F 值继续增大，系统将在一个很大的范围内处于混沌状态，运动轨迹看起来杂乱无章，结果如图 6.5 所示。

（5）随着 F 的进一步增大，系统将进入临界混沌状态，如图 6.6 所示。这是一个很特殊的状态，此时系统所对应的策动力幅值 F 称为跃变阈值。F 只需稍稍大于跃变阈值，系统状态就会发生很大的变化，从临界混沌状态进入周期状态，如图 6.7 所示。

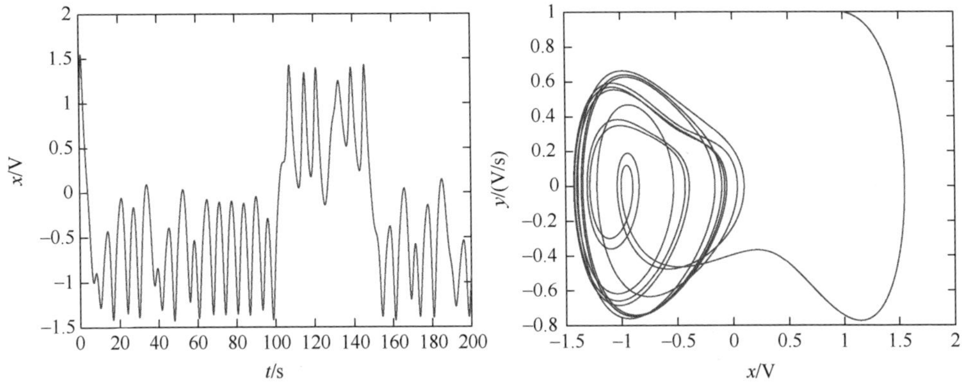

(a) 时域图　　(b) 相轨迹图

图 6.4　$F = 0.4$ 时系统的分岔状态

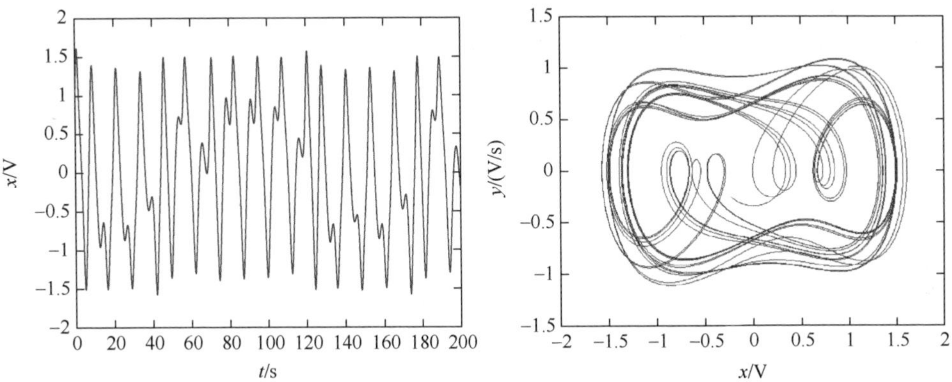

(a) 时域图　　(b) 相轨迹图

图 6.5　$F = 0.7$ 时系统的混沌状态

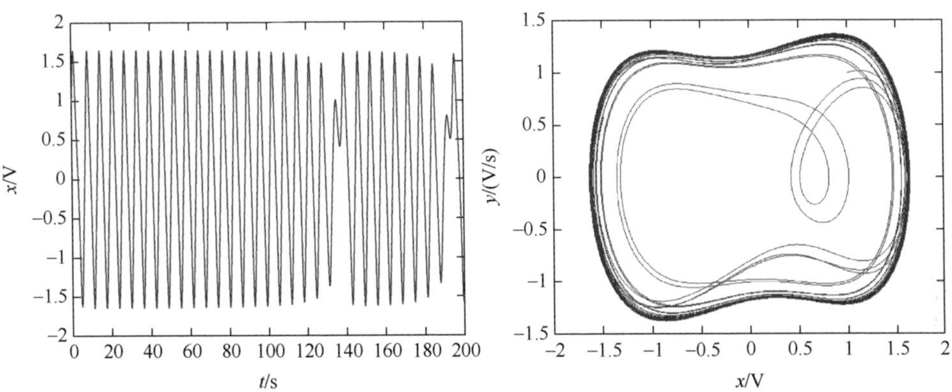

(a) 时域图　　(b) 相轨迹图

图 6.6　$F = 0.8264$ 时系统的临界混沌状态

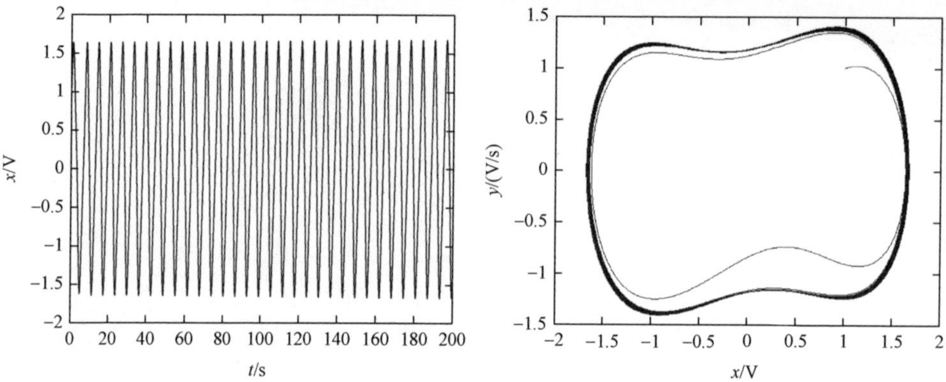

(a) 时域图　　　　(b) 相轨迹图

图 6.7　$F = 0.8265$ 时系统的周期状态

6.3　杜芬振子检测微弱周期信号的基本原理

利用杜芬振子的状态跃迁现象，就可以实现振子对微弱周期信号的检测。用于检测微弱周期信号的杜芬混沌振子模型可以用式（6.14）表示，式中，$A\cos(\omega' t)$ 为待测信号，$n(t)$ 为背景噪声。式（6.14）检测微弱周期信号的基本原理在于系统对周期信号的敏感性以及对白噪声的免疫性。本节将从这两个方面分别加以说明。

$$\begin{cases} \dot{x} = y \\ \dot{y} = -0.5y + x - x^3 + F\cos(t) + A\cos(\omega' t) + n(t) \end{cases} \tag{6.14}$$

6.3.1　杜芬振子对微弱周期信号的敏感性

从图 6.6 和图 6.7 可以看到，当系统处于临界混沌状态时，尽管策动力幅值只有 0.0001 的变动，仍会导致系统跃变至周期状态，说明杜芬系统对微弱周期信号有着很强的敏感性，利用这一特点，就可以实现杜芬系统对微弱周期信号的检测。检测过程如下：首先，将系统调节至临界混沌状态；其次，向系统中加入待测信号；最后，分析系统是否由临界混沌状态跃变至周期状态。若发生了状态跃迁，则可以判断待测信号中有微弱周期信号存在，且周期信号的频率与系统的内置策动力频率相同。反之，则判断微弱周期信号不存在。

6.3.2　杜芬振子对白噪声的免疫性

利用杜芬振子对微弱周期信号进行检测时，待测信号中往往还包含背景噪声。

本节采用随机微分方程理论分析白噪声对杜芬系统的影响[7]。

1. 噪声分析

假定背景噪声为白噪声 $n(t)$，它的功率谱密度为

$$S_{\mathrm{n}}(w)=\alpha_0^2 \tag{6.15}$$

根据维纳-辛钦定理，容易得到它的自相关函数为

$$R_{\mathrm{n}}(\tau)=\frac{1}{2\pi}\int_{-\infty}^{\infty}S_{\mathrm{n}}(\omega)\mathrm{e}^{\mathrm{j}\omega\tau}\mathrm{d}\omega=\frac{\alpha_0^2}{2\pi}\int_{-\infty}^{\infty}\mathrm{e}^{\mathrm{j}\omega\tau}\mathrm{d}\omega=\alpha_0^2\delta(\tau) \tag{6.16}$$

经过采样保持后，其自相关函数为

$$R_{\mathrm{n}}(\tau)=\begin{cases}\alpha_0^2(1-|\tau/h|), & |\tau|<h\\ 0, & |\tau|\geqslant h\end{cases} \tag{6.17}$$

式中，采样周期 h 很小，所以噪声可以等效为三角形面积的严格白噪声，即

$$R_{\mathrm{n}}(\tau)=\frac{1}{2}\times 2h\times\alpha_0^2\delta(\tau)=\alpha_0^2\delta(\tau)h \tag{6.18}$$

2. 噪声的影响

对式（6.10），取模型参数为 $a=-1$，$b=1$，方程变为

$$x''+\mu x'-x+x^3=F\cos(\omega t) \tag{6.19}$$

在系统中添加均值为 0、方差为 σ^2 的白噪声 $n(t)$，Δx 为噪声对系统解 $x(t)$ 造成的微小扰动，得到系统存在噪声时的方程为

$$(x''+\Delta x'')+\mu(x'+\Delta x')-(x+\Delta x)+(x+\Delta x)^3=F\cos(\omega t)+n(t) \tag{6.20}$$

用式（6.20）与式（6.19）相减得到

$$\Delta x''+\mu\Delta x'-\Delta x+3x^2\Delta x+3x(\Delta x)^2+(\Delta x)^3=n(t) \tag{6.21}$$

因为 Δx 较小，忽略高阶项并令 $c(t)=1-3x^2$ 可以得到

$$\Delta x''+\mu\Delta x'-c(t)\Delta x=n(t) \tag{6.22}$$

将式（6.22）用矢量微分方程的形式来表达：

$$\Delta\boldsymbol{X}'(t)=\boldsymbol{M}(t)\Delta\boldsymbol{X}(t)+\boldsymbol{N}(t) \tag{6.23}$$

式中，$\Delta\boldsymbol{X}(t)$、$\boldsymbol{M}(t)$、$\boldsymbol{N}(t)$ 分别为

$$\Delta\boldsymbol{X}(t)=\begin{bmatrix}\Delta x\\ \Delta x'\end{bmatrix},\quad \boldsymbol{M}(t)=\begin{bmatrix}0 & 1\\ c(t) & -\mu\end{bmatrix},\quad \boldsymbol{N}(t)=\begin{bmatrix}0\\ n(t)\end{bmatrix} \tag{6.24}$$

当混沌解全局稳定时，存在 $\|M\|<d$，d 为常数，即 $\|M\|$ 有界，此时有

$$\Delta\boldsymbol{X}(t)=\boldsymbol{\phi}(t,t_0)\Delta X_0+\int_{t_0}^{t}\boldsymbol{\phi}(t,u)\boldsymbol{N}(u)\mathrm{d}u \tag{6.25}$$

式中，$\boldsymbol{\phi}$ 为状态转移矩阵，有

$$\frac{\mathrm{d}\boldsymbol{\phi}(t,t_0)}{\mathrm{d}t}=\boldsymbol{M}(t)\boldsymbol{\phi}(t,t_0) \tag{6.26}$$

并且有

$$\boldsymbol{\phi}(t,0)=\boldsymbol{P}(t,0)\exp(\boldsymbol{B}t) \tag{6.27}$$

式中，$\boldsymbol{B}$ 为常数矩阵；$\boldsymbol{P}(0,0)$ 为单位矩阵。其中 $\boldsymbol{B}$ 可以分解为

$$\boldsymbol{B}=\boldsymbol{Q\Lambda Q}^{-1}，\ \boldsymbol{\Lambda}=\begin{bmatrix}\lambda_1 & 0\\ 0 & \lambda_2\end{bmatrix} \tag{6.28}$$

在式（6.27）中，令 $t=T$ 可以得到

$$\boldsymbol{\phi}(T,0)=\boldsymbol{P}(T,0)\exp(\boldsymbol{B}T)=\boldsymbol{PQ}\begin{bmatrix}\mathrm{e}^{\lambda_1 T} & 0\\ 0 & \mathrm{e}^{\lambda_2 T}\end{bmatrix}\boldsymbol{Q}^{-1} \tag{6.29}$$

利用刘维尔公式可以得到：

$$\det(\boldsymbol{\phi}(T,0))=\exp\left(\int_0^T \mathrm{tr}(\boldsymbol{M}(u))\mathrm{d}u\right)=\mathrm{e}^{-\mu T} \tag{6.30}$$

结合式（6.29）和式（6.30）可以得到

$$\lambda_1+\lambda_2=-\mu-\frac{\ln(\det(\boldsymbol{\phi}(T,0)))}{T} \tag{6.31}$$

根据式（6.31）可以得到 $\lambda_1+\lambda_2<0$，说明系统总体上是收敛的，因此只考虑稳态特性，此时式（6.25）可以变为

$$\Delta\boldsymbol{X}(t)=\int_{t_0}^{t}\boldsymbol{\phi}(t,u)\boldsymbol{N}(u)\mathrm{d}u \tag{6.32}$$

扰动的均值为

$$E(\Delta\boldsymbol{X}(t))=\int_{t_0}^{t}\boldsymbol{\phi}(t,u)\boldsymbol{E}(N(u))\mathrm{d}u=0 \tag{6.33}$$

扰动的方差为

$$\begin{aligned}R(\Delta\boldsymbol{X}(t),\Delta\boldsymbol{X}(t))&=R_{\Delta x}(t,t)\\&=\int_{-\infty}^{t}\int_{-\infty}^{t}\boldsymbol{\phi}(t,u)R(\boldsymbol{N}(u),\boldsymbol{N}(v))\boldsymbol{\phi}^*(t,u)\mathrm{d}u\mathrm{d}v\\&=\int_{-\infty}^{t}\int_{-\infty}^{t}\boldsymbol{\phi}(t,u)E\left[\begin{bmatrix}0\\ n(u)\end{bmatrix}(0,n(v))\right]\boldsymbol{\phi}^*(t,u)\mathrm{d}u\mathrm{d}v\\&=\int_{-\infty}^{t}\int_{-\infty}^{t}\boldsymbol{\phi}(t,u)\begin{bmatrix}0 & 0\\ 0 & \alpha_0^2\mu(u-v)\end{bmatrix}\boldsymbol{\phi}^*(t,u)\mathrm{d}u\mathrm{d}v\\&=\int_{-\infty}^{t}\boldsymbol{\phi}(t,u)\boldsymbol{Z}\boldsymbol{\phi}^*(t,u)\mathrm{d}u\end{aligned} \tag{6.34}$$

式中，$\boldsymbol{Z}=\begin{bmatrix}0 & 0\\ 0 & \alpha_0^2\end{bmatrix}$，分析可知，在噪声的影响下，系统的运动轨迹变得粗糙，且噪声造成的扰动方差决定了它的粗糙程度[12, 13]。

对方差进行求导，可以得到

$$\begin{aligned}\frac{\mathrm{d}R_{\Delta x}(t,t)}{\mathrm{d}t}&=\boldsymbol{\phi}(t,t)\boldsymbol{Z}\boldsymbol{\phi}^*(t,t)+\int_{-\infty}^{t}\frac{\mathrm{d}\boldsymbol{\phi}(t,u)}{\mathrm{d}t}Z\boldsymbol{\phi}^*(t,u)\mathrm{d}u+\int_{-\infty}^{t}\frac{\mathrm{d}\boldsymbol{\phi}^*(t,u)}{\mathrm{d}t}\boldsymbol{Z}\boldsymbol{\phi}(t,u)\mathrm{d}u\\&=\boldsymbol{Z}+\boldsymbol{M}(t)\int_{-\infty}^{t}\boldsymbol{\phi}(t,u)\boldsymbol{Z}\boldsymbol{\phi}^*(t,u)\mathrm{d}u+\left(\int_{-\infty}^{t}\boldsymbol{\phi}(t,u)\boldsymbol{Z}\boldsymbol{\phi}^*(t,u)\mathrm{d}u\right)\boldsymbol{M}^*(t)\\&=\boldsymbol{Z}+\boldsymbol{M}(t)R(t)+R(t)\boldsymbol{M}^*(t)\end{aligned}\tag{6.35}$$

进一步得到

$$R_{\Delta x}(t,t)=\frac{\boldsymbol{\phi}(t,t_0)+\boldsymbol{\phi}^*(t,t_0)}{2}R_{\Delta x}(t_0)+\int_{t_0}^{t}\frac{\boldsymbol{\phi}(t,u)+\boldsymbol{\phi}^*(t,u)}{2}\boldsymbol{Z}\mathrm{d}u\tag{6.36}$$

由以上分析可知，理论上噪声不会造成系统动力学状态的跃变，仅仅会使得系统的运行轨迹变得粗糙，并且当时间 t 趋于无穷大时，噪声造成的扰动在整体上快速地衰减到零，因此杜芬系统对噪声有很强的免疫力。

为了展示杜芬混沌振子系统对零均值高斯白噪声的免疫性，对式（6.14），调整 $F=0.8264$，使杜芬系统处于临界混沌状态。令待测信号强度 $A=0$，$n(t)=D\zeta(t)$，其中，D 表示噪声强度且 $D=0.1$，$\zeta(t)$ 表示均值为 0、方差为 1 的高斯白噪声，系统响应及其相轨迹图如图 6.8 所示。可以看到，仿真结果与理论一致，零均值高斯白噪声未能使系统发生状态跃迁，而仅仅使相轨迹变得粗糙。

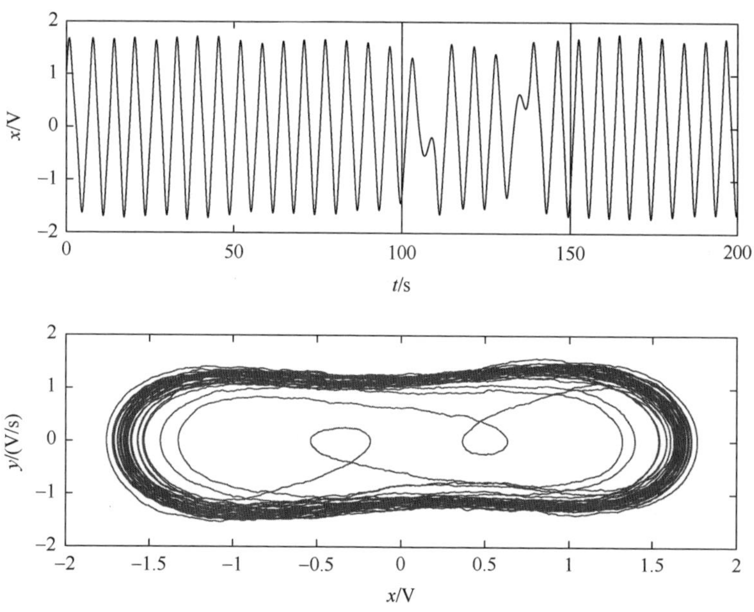

图 6.8　杜芬混沌振子系统对零均值高斯白噪声的免疫性

6.3.3 检测任意频率微弱周期信号的杜芬模型

式（6.14）所示的杜芬振子检测系统仅可以对角频率为1rad / s的微弱周期信号进行检测，实际中并不具备普适性。为了解决这一问题，王冠宇等通过变量代换[14]，使得杜芬混沌振子系统可以检测任意频率的周期信号，推导过程如下。令 $t=\omega\tau$，则 $x(t)=x(\omega\tau)=x_\tau(\tau)$， $x(t)$ 对 t 求一阶导数有

$$x'(t)=\frac{\mathrm{d}x(\omega\tau)}{\mathrm{d}(\omega\tau)}=\frac{1}{\omega}x'(\omega\tau)=\frac{1}{\omega}x_\tau'(\tau) \tag{6.37}$$

其二阶导数则为

$$x''(t)=\frac{\mathrm{d}^2x(\omega\tau)}{\omega^2\cdot\mathrm{d}\tau^2}=\frac{\mathrm{d}^2x_\tau(\tau)}{\omega^2\cdot\mathrm{d}\tau^2}=\frac{x_\tau''(\tau)}{\omega^2} \tag{6.38}$$

将式（6.37）和式（6.38）代入式（6.13），得到

$$\frac{x_\tau''(\tau)}{\omega^2}+\frac{0.5}{\omega}x_\tau'(\tau)-x_\tau(\tau)+x^3{}_\tau(\tau)=F\cos(\omega\tau) \tag{6.39}$$

式（6.39）可进一步降阶为一阶微分方程组：

$$\begin{cases}\dot{x}=\omega\cdot y\\ \dot{y}=\omega\cdot[-0.5y+x-x^3+F\cos(\omega\tau)]\end{cases} \tag{6.40}$$

不失一般性，将式（6.40）中的 τ 用 t 表示，并将含噪待测信号加入式（6.40）中，得到可以对任意频率信号进行检测的杜芬混沌振子系统，如式（6.41）所示：

$$\begin{cases}\dot{x}=\omega\cdot y\\ \dot{y}=\omega\cdot\{-0.5y+x-x^3+F\cos(\omega t)+A\cos[(\omega+\Delta\omega)t+\varphi]+n(t)\}\end{cases} \tag{6.41}$$

式中， $A\cos[(\omega+\Delta\omega)t+\varphi]$ 为待测信号， $\Delta\omega$ 和 φ 分别为待测信号与内置策动力的频差及相位差。令 $\eta=F\cos(\omega t)+A\cos[(\omega+\Delta\omega)t+\varphi]$ 为总策动力，则 η 可表示为

$$\begin{aligned}\eta&=F\cos(\omega t)+A\cos(\omega t)\cos(\Delta\omega t+\varphi)-A\sin(\omega t)\sin(\Delta\omega t+\varphi)\\&=[F+A\cos(\Delta\omega t+\varphi)]\cos(\omega t)-A\sin(\omega t)\sin(\Delta\omega t+\varphi)\\&=\delta(t)\cos[\omega t+\theta(t)]\end{aligned} \tag{6.42}$$

式中， $\delta(t)=\sqrt{F^2+A^2+2FA\cos(\Delta\omega t+\varphi)}$； $\theta(t)=\arctan\dfrac{A\sin(\Delta\omega t+\varphi)}{F+A\cos(\Delta\omega t+\varphi)}$。一般情况下， $A\ll F$，因此 $\theta(t)$ 的影响可以忽略不计。下面分三种情况对式（6.42）进行讨论。

情况一： $\Delta\omega=0$

当 $\Delta\omega=0$ 时，总策动力的幅值 $\delta(t)=\sqrt{F^2+A^2+2FA\cos\varphi}$。若设置 $F=0.826$，使振子处于临界混沌状态，则系统发生跃迁的条件是 $\delta(t)=\sqrt{0.826^2+A^2+2\times0.826\times A\cos\varphi}>$

0.826，即 $-\dfrac{A}{2F}<\cos\varphi$。可见，当 $\Delta\omega=0$ 时，杜芬振子的检测性能受相位差影响，当且仅当 $-\arccos\left(-\dfrac{A}{2F}\right)<\varphi<\arccos\left(-\dfrac{A}{2F}\right)$ 时，振子可以发生状态跃迁，否则振子将维持混沌状态不变。

为了验证以上推论，令策动力频率 $\omega=1\,\text{rad/s}$，采样频率 $f_s=1000\,\text{Hz}$，求解步长设为 $h=1/f_s$，$n(t)=0.1\zeta(t)$，待测信号分别为 $0.01\cos t$、$0.01\cos(t+60°)$、$0.01\cos(t+120°)$ 和 $0.01\cos(t+180°)$，系统响应及其相轨迹图如图 6.9 所示。可以看到，图 6.9（a）和（b）跃迁至周期态，而 6.9（c）和（d）仍处于混沌状态。这是因为当 $A=0.01$、$F=0.826$ 时，发生状态跃迁的条件是 $-90.35°<\varphi<90.35°$，显然只有 0°和 60°在该范围内。图 6.9 的结果与推论吻合。

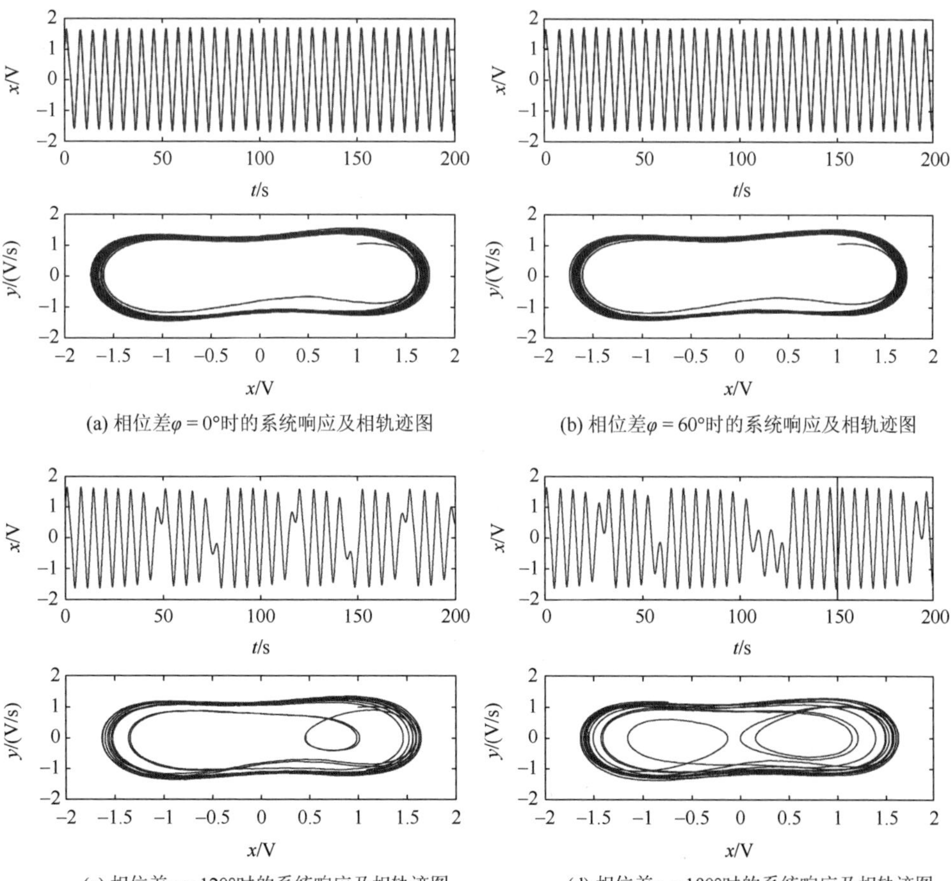

(a) 相位差 $\varphi=0°$ 时的系统响应及相轨迹图

(b) 相位差 $\varphi=60°$ 时的系统响应及相轨迹图

(c) 相位差 $\varphi=120°$ 时的系统响应及相轨迹图

(d) 相位差 $\varphi=180°$ 时的系统响应及相轨迹图

图 6.9　相位差对杜芬混沌振子检测的影响

在实际检测过程中，为了避免初始相位差对检测系统的影响，可以将检测系统设置为 4 个混沌子系统，每个子系统的内置策动力分别为 $F\cos(\omega t)$、$F\cos(\omega t+90°)$、$F\cos(\omega t+180°)$ 和 $F\cos(\omega t+270°)$。检测过程中，只要有一个子系统发生状态跃迁，即认为检测到微弱信号。

情况二：$\Delta\omega\neq 0$ 且 $\Delta\omega$ 较小

与情况一一样，设置 $F=0.826$，使振子处于临界混沌状态，此时系统发生跃迁的条件是 $\delta(t)=\sqrt{0.826^2+A^2+2\times 0.826\times A\cos(\Delta\omega t+\varphi)}>0.826$，即 $-A/(2F)<\cos(\Delta\omega t+\varphi)$，也就是 $-\arccos\left(-\dfrac{A}{2F}\right)<\Delta\omega t+\varphi<\arccos\left(-\dfrac{A}{2F}\right)$。如图 6.10 所示，由于 $\Delta\omega t$ 的存在，总策动力幅值 $\delta(t)$ 将随时间变化，时而大于 0.826，时而小于 0.826。此时，系统响应将时而进入混沌状态，时而进入周期状态，形成一种特殊的规则的间歇性混沌状态，间歇混沌周期为 $T_\Delta=2\pi/\Delta\omega$。由于频差相对于内置策动力频率较小，有效策动力幅值变化较为缓慢，系统有足够的时间稳定下来，使得不论是系统的混沌状态还是系统的周期状态都十分清晰，便于观察到间歇混沌现象。典型的间歇混沌系统响应如图 6.11 所示。

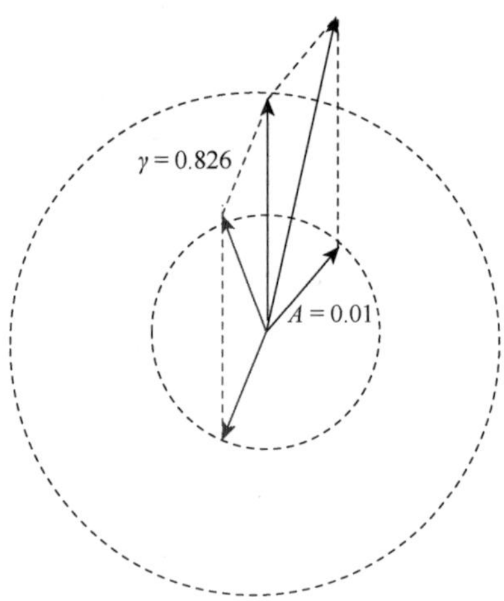

图 6.10　频差对杜芬混沌振子检测性能的影响

情况三：$\Delta\omega\neq 0$ 且 $\Delta\omega$ 较大

当 $\Delta\omega\neq 0$ 且 $\Delta\omega$ 较大时，总策动力幅值 $\delta(t)$ 随时间快速变化，系统很难处于稳定状态，使得间歇混沌现象不规则、不明显，如图 6.12 所示。通常认为：杜芬系统可以产生明显的间歇混沌现象的条件是 $|\Delta\omega/\omega|\leqslant 0.03$。

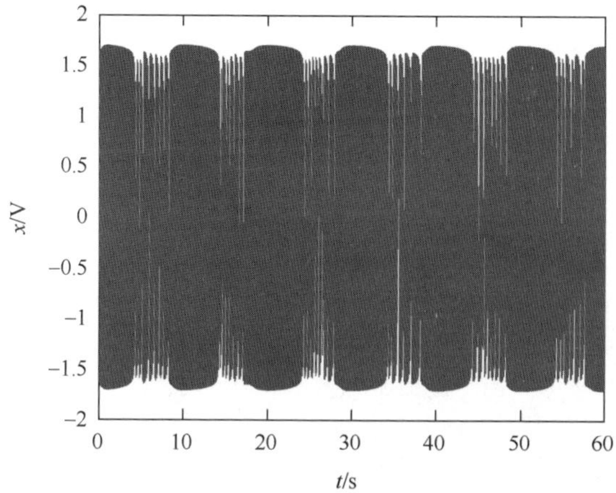

图 6.11　典型的间歇混沌系统响应

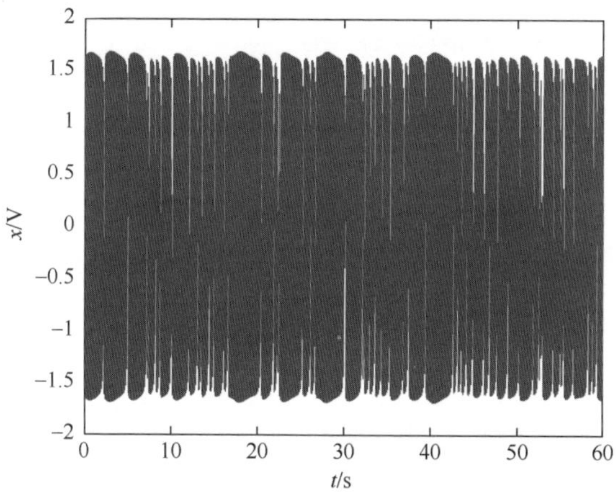

图 6.12　不明显的间歇混沌现象

6.4　杜芬振子在微弱信号检测中的应用

本节利用杜芬振子分别对仿真信号和实测水声信号进行分析，展示杜芬振子在微弱信号检测中的有效性。

6.4.1　杜芬系统对频率已知信号的检测

1. 仿真分析

利用如式（6.41）所示的杜芬系统对频率已知（本例中单频信号频率为 50Hz）

的微弱周期信号进行检测的具体步骤为：①调节内置角频率与待测信号频率一致，策动力幅值 $F=F_0$ 使系统处于临界混沌状态，如图 6.13 所示；②将待测信号 $s(t)$ 加入系统；③利用四阶龙格-库塔方法求解系统方程，判断系统的动力学状态是否发生了跃变。

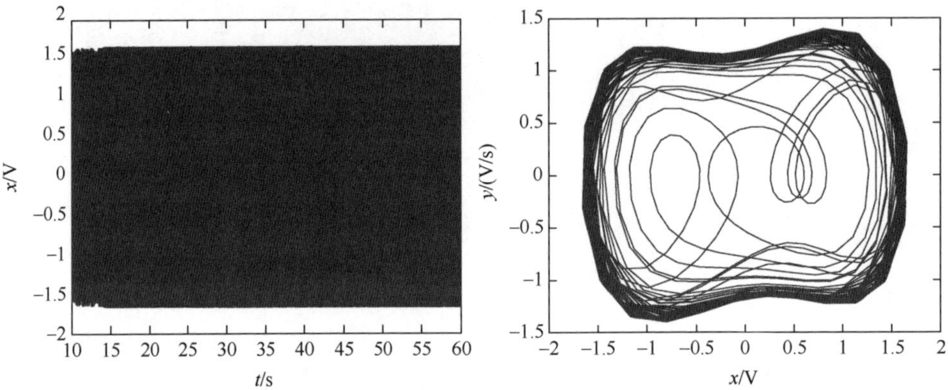

图 6.13　系统处于临界混沌状态

设待测信号 $s(t)=0.0001\cdot\cos(2\pi\times 50t)$，将其加入系统中［即式（6.41）中 $\Delta\omega=0$，$\varphi=0$，$n(t)=0$，$A=0.0001$］，系统的响应如图 6.14 所示，显然系统已经跃变至周期状态，成功检测到目标信号的存在。

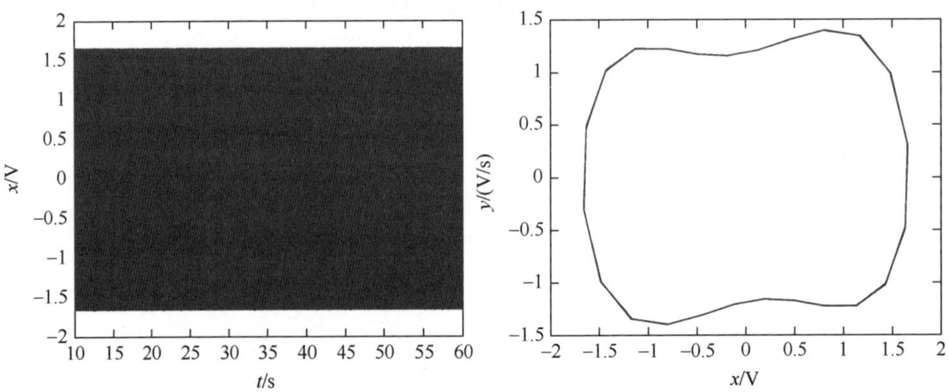

图 6.14　加入微弱周期信号时系统的状态

设待测目标信号中包含噪声，将信号 $s(t)=A\cos(2\pi\times 50t)+n(t)$ 作为待测信号加入杜芬系统。其中，A 为目标信号的幅值，令 $A=0.001$，$n(t)$ 为均值为零、方差为 0.0001 的白噪声。待测信号 $s(t)$ 的时域波形如图 6.15 所示，其自相关检测结果及功率谱如图 6.16 所示，可以看到常规检测方法已经不能实现对该信号的有效检测。利用杜芬系统来进行检测，在加入待测信号 $s(t)$ 之前，系统尚处于如图 6.13 所示的临界混沌状态。加入待测信号 $s(t)$ 之后，系统所处状态如图 6.17 所示，可以看到，系统此时的时域图和相轨迹图都较为有序，系统已经由临界混沌状态跃变至周期状态，成功检测到目标信号的存在，检测信噪比 $\mathrm{SNR}=10\lg(0.5\times 0.001^2/0.0001)=-23.01\mathrm{dB}$。

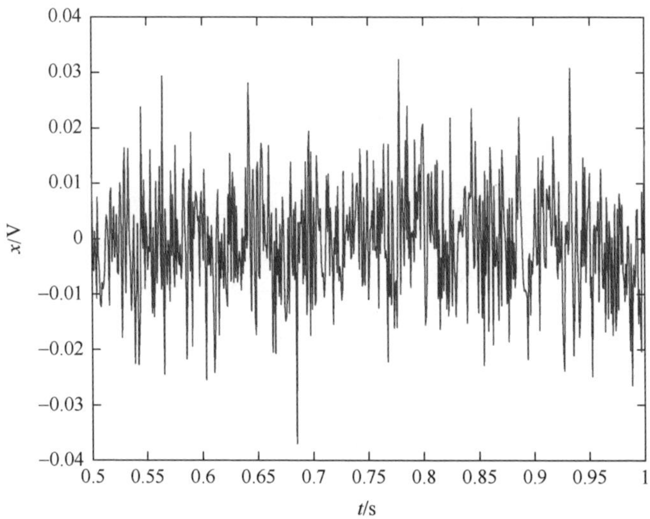

图 6.15　含噪待测信号的时域波形图

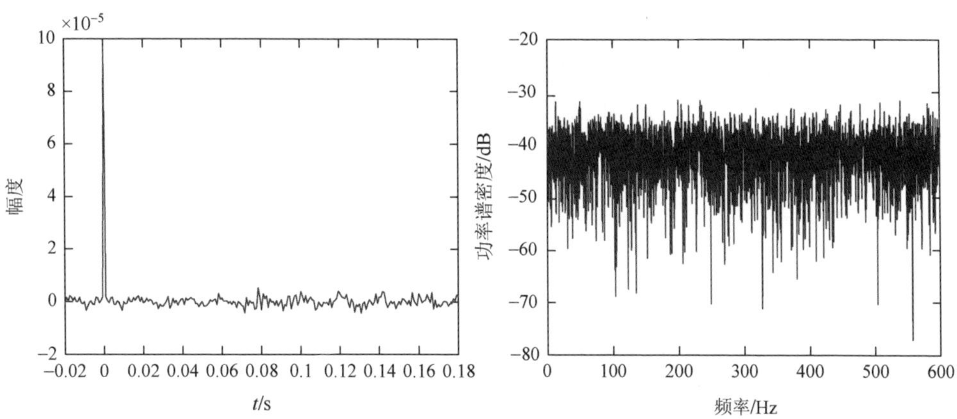

图 6.16　常规方法对待测信号检测结果

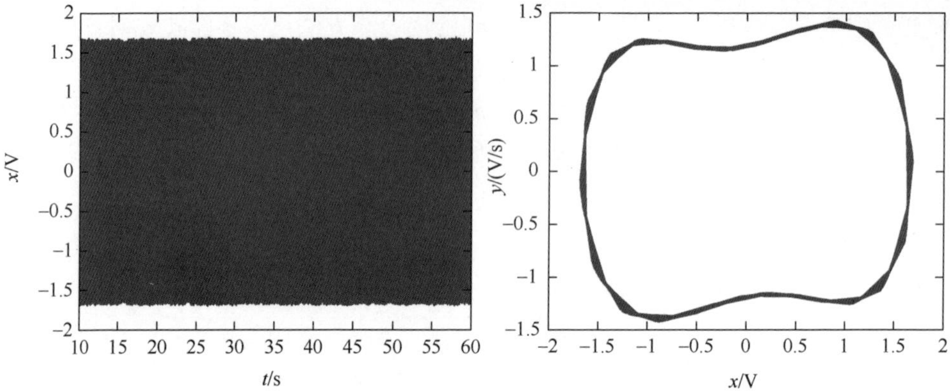

图 6.17　杜芬振子对信噪比为–23.01dB 的目标信号的检测结果

噪声方差保持不变，将目标信号幅值缩小至 $A=0.0002$，将该待测信号加入已调节至临界混沌状态的杜芬系统中，系统的状态如图 6.18 所示，可以看到此时系统同样由混沌状态跃变至周期状态，成功检测到目标信号的存在，检测信噪比达到 $\mathrm{SNR}=10\lg(0.5\times0.0002^2/0.0001)=-37\mathrm{dB}$。

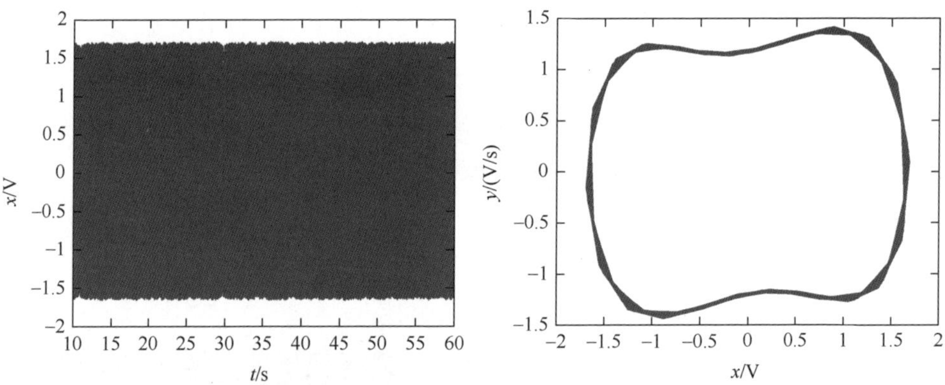

图 6.18　杜芬振子对信噪比为–37dB 的目标信号的检测结果

进一步将目标信号幅值调整为 $A=0.0001$ 并加入临界混沌杜芬系统中，系统所处状态如图 6.19 所示，可以看到系统此时的相轨迹图变得无序，系统仍处于混沌状态，此时杜芬系统已经不能实现对目标信号的有效检测。

通过以上对频率已知的多个不同信噪比条件下目标信号的检测结果可知：利用杜芬系统能够有效地实现对频率已知微弱周期信号的检测，检测信噪比可以达到–37dB，检测效果优于相关检测方法和谱分析方法。

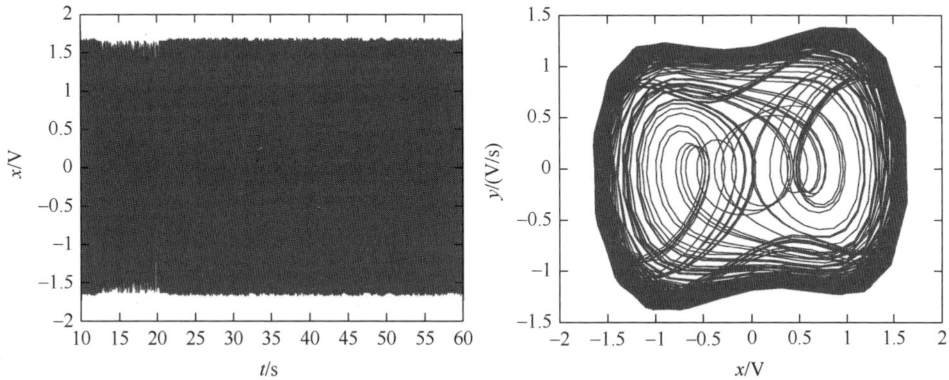

图 6.19　加入 $A=0.0001$ 的待测信号后杜芬系统所处状态

2. 实测信号分析

利用如式（6.41）所示的杜芬系统对频率已知的实测舰船辐射噪声进行检测。

实测舰船信号用 $s_r(t)$ 表示，采样频率为 48000Hz，为使运算速度加快，减少数据量，对信号进行重采样，重样频率为 1200Hz，其时域波形及功率谱如图 6.20 所示，从时域图上可知，舰船信号中包含较为明显的周期成分，其功率谱上可以看到一个明显的线谱，所对应的频率值为 50.27Hz。由于目标舰船信号的信噪比较大，为其添加实测海洋背景噪声 $z_r(t)$ 构造含噪舰船信号，并作为待测信号进行检测，实测海洋背景噪声的时域波形及功率谱如图 6.21 所示。

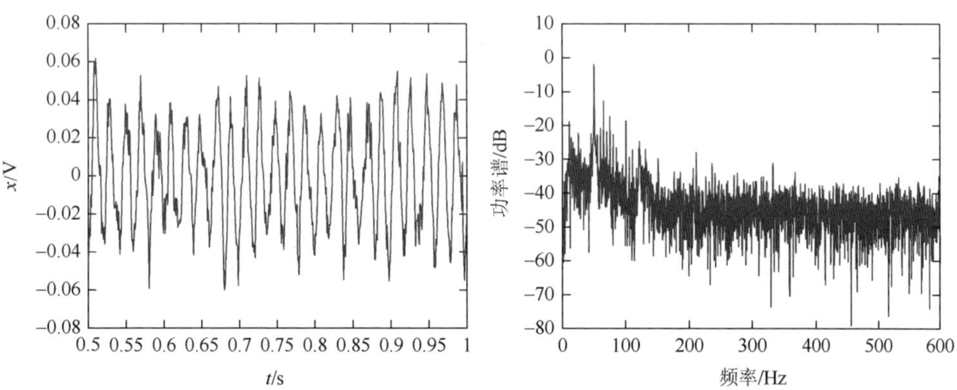

图 6.20　舰船信号的时域波形及功率谱

含噪舰船信号可以用 $s(t)=as_r(t)+bz_r(t)$ 表示，令 $a=0.05$，$b=0.6$，含噪舰船信号的时域波形及功率谱如图 6.22 所示，此时已经看不到明显的线谱，常规的功率谱检测方法已经无法检测到舰船信号存在。

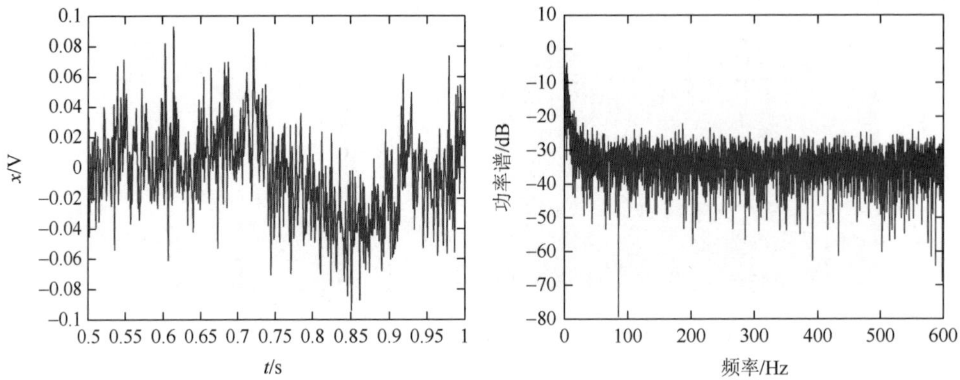

图 6.21　真实背景噪声的时域波形及功率谱

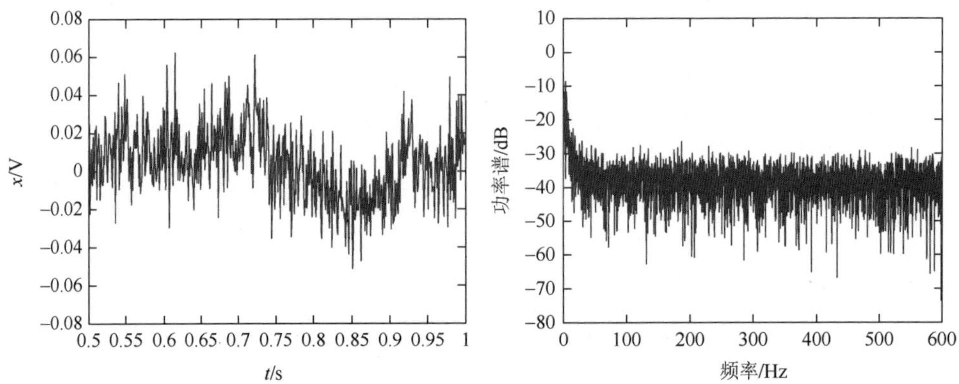

图 6.22　含噪舰船信号的时域波形及功率谱

利用杜芬系统对该信号进行检测，已知舰船信号的线谱频率为 50.27Hz，令杜芬系统内置策动力的频率为 50.27Hz，构建对舰船信号敏感的杜芬系统，将系统调节至临界混沌状态，将待测信号加入系统后，系统处于如图 6.23 所示的状态，可知系统跃变到了周期状态，有效检测到舰船信号，此时的检测信噪比为 $\mathrm{SNR}=10\lg((\mathrm{sum}((as_{\mathrm{r}})^2))/(\mathrm{sum}((bz_{\mathrm{r}})^2)))=-23.19\mathrm{dB}$ 。

通过对频率已知真实水声信号的处理结果可知，利用杜芬系统可以有效地实现对低信噪比舰船信号的检测，检测信噪比较低，可以达到–23.19dB。

6.4.2　杜芬系统对频率未知信号的检测

在实际信号检测应用场景中，待测微弱周期信号的频率往往未知，这就给应用杜芬振子进行信号检测带来了新的挑战。通过前面对间歇混沌现象的分析可知，

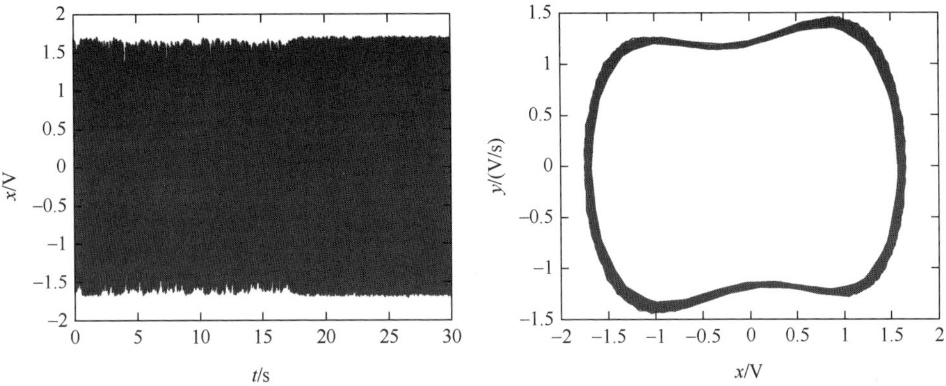

图 6.23　加入 $a=0.05$ 的含噪舰船信号后系统所处状态

在相对频差 $|\Delta\omega/\omega|\leqslant 0.03$ 时，杜芬系统能够出现明显的间歇混沌现象。利用间歇混沌现象就可以对频率未知的微弱周期信号进行检测，其检测原理为：首先对目标信号的所在频段以 g 为公比划分一个频率数列（$g\in[0.97,1.03]$）；然后对频率数列的每个频点设定一组系统参数，构建杜芬振子列；最后向列中的每个杜芬系统均添加待测信号。若待测信号中有目标信号存在，则系统列中将会有系统出现间歇混沌现象，并且这一现象只会出现在频点相邻的两个系统 k 以及 $k+1$ 之间，而其他频点所对应的系统处于不稳定状态。

通过分析杜芬振子列中各个振子的间歇混沌现象可以对频率未知信号进行初步检测，大致判断目标信号的频率范围，但还不能精确得到目标信号的频率。为此，可以利用希尔伯特变换方法对间歇混沌进行包络分析，提取出间歇混沌现象的包络频率，进而得到目标信号的精确频率。间歇混沌包络频率的计算公式为

$$T_{\Delta}=\frac{2\pi}{\Delta w}=\frac{2\pi}{2\pi\Delta f}=\frac{1}{\Delta f} \tag{6.43}$$

式中，Δf 为间歇混沌包络的频率值，也是目标信号频率与内置策动力信号频率之间频差的绝对值。下面通过几个仿真案例检验式（6.43）的有效性。

设待测信号为频率为 10Hz 的正弦信号，设定杜芬系统内置策动力频率为 9.7Hz，加入待测信号后，系统出现如图 6.24（a）所示的间歇混沌现象，利用希尔伯特变换求解间歇混沌的包络谱如图 6.24（b）所示，易知间歇混沌包络的频率为 0.311Hz，最终得到目标信号的频率为 10.011Hz，与目标信号真实频率只存在 0.011Hz 的偏差。

设待测信号为频率为 20Hz 的正弦信号，设定杜芬系统内置策动力频率为 19.5Hz，加入待测信号后，系统出现如图 6.25（a）所示的间歇混沌现象，利用希

尔伯特变换求解间歇混沌的包络谱如图 6.25（b）所示，易知间歇混沌包络的频率为 0.494Hz，最终得到目标信号的频率为 19.994Hz，与目标信号真实频率只存在 0.006Hz 的偏差。

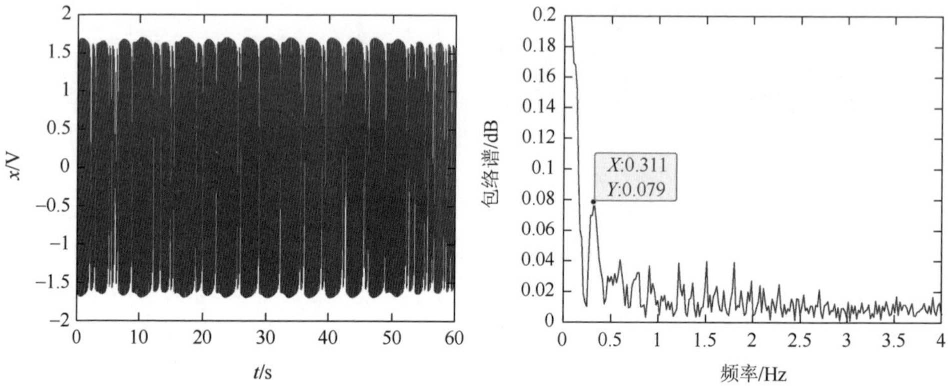

(a) 间歇混沌　　(b)包络谱

图 6.24　利用杜芬振子和希尔伯特变换检测 10Hz 正弦信号

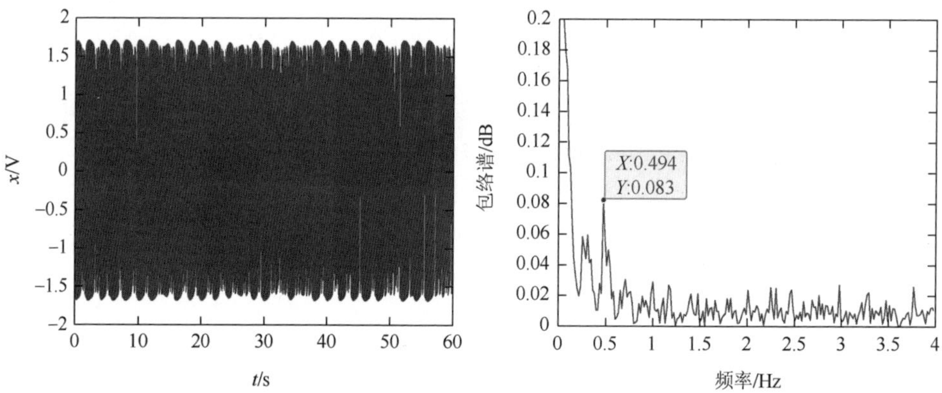

(a) 间歇混沌　　(b)包络谱

图 6.25　利用杜芬振子和希尔伯特变换检测 20Hz 正弦信号

设待测信号为频率为 60Hz 的正弦信号，设定杜芬系统内置策动力频率为 59Hz，加入待测信号后，系统出现如图 6.26（a）所示的间歇混沌现象，利用希尔伯特变换求解间歇混沌的包络谱如图 6.26（b）所示，易知间歇混沌包络的频率为 1.007Hz，最终得到目标信号的频率为 60.007Hz，与目标信号真实频率只存在 0.007Hz 的偏差。

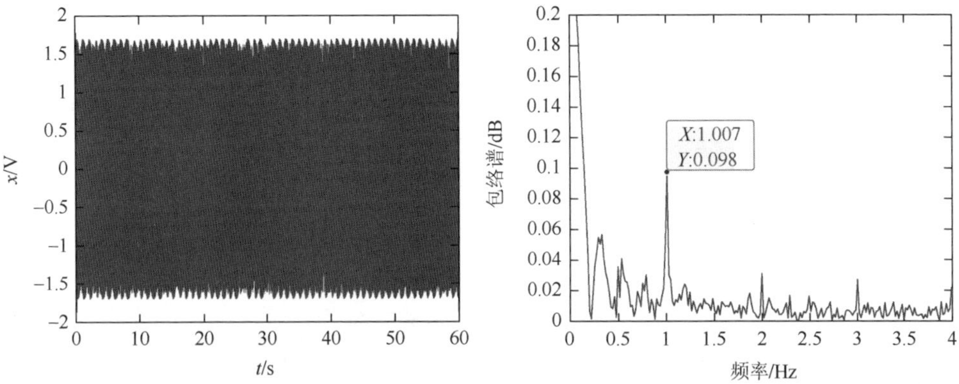

(a) 间歇混沌　　(b)包络谱

图 6.26　利用杜芬振子和希尔伯特变换检测 60Hz 正弦信号

设待测信号为频率为 100Hz 的正弦信号，设定杜芬系统内置策动力频率为 98Hz，加入待测信号后，系统出现如图 6.27（a）所示的间歇混沌现象，利用希尔伯特变换求解间歇混沌的包络谱如图 6.27（b）所示，易知间歇混沌包络的频率为 1.996Hz，最终得到目标信号的频率为 99.996Hz，与目标信号真实频率只存在 0.004Hz 的偏差。

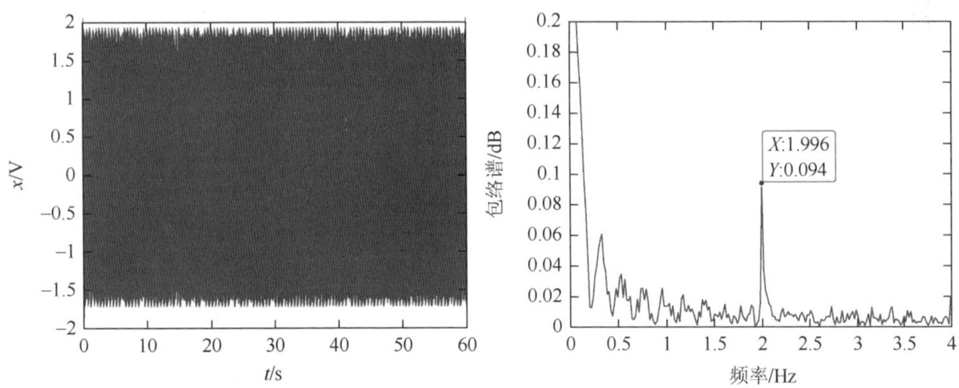

(a) 间歇混沌　　(b)包络谱

图 6.27　利用杜芬振子和希尔伯特变换检测 100Hz 正弦信号

图 6.24～图 6.27 的分析结果表明：利用杜芬振子和希尔伯特变换可以较为精确地检测目标信号的频率。下面分别通过仿真分析和实测信号分析，验证杜芬系统对频率未知信号检测的有效性。

1. 仿真分析

令待测信号 $s(t)=0.01\cos(2\pi\times 50t)+z$ ，z 为方差为 0.01 的白噪声，待测信号时域波形如图 6.28 所示，其自相关检测结果及功率谱如图 6.29 所示，可以看到，自相关方法和功率谱分析方法都未能实现对该信号的有效检测。利用杜芬系统来对该信号进行检测，并假设待测信号的频率未知。以 $g=1.03$ 为公比划分一个频率数列，对每个频点设置一组系统参数，构建杜芬系统列，向系统列中的每个杜芬振子加入待测信号。发现第 132 号振子（对应频率为1.03^{132} Hz，即 49.49Hz）以及第 133 号振子（对应频率为1.03^{133} Hz，即 50.97Hz）出现间歇混沌现象，如图 6.30

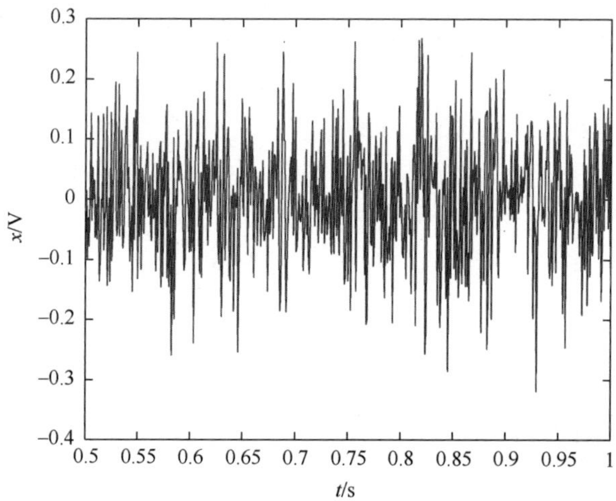

图 6.28　噪声方差为 0.01 时待测信号的时域波形

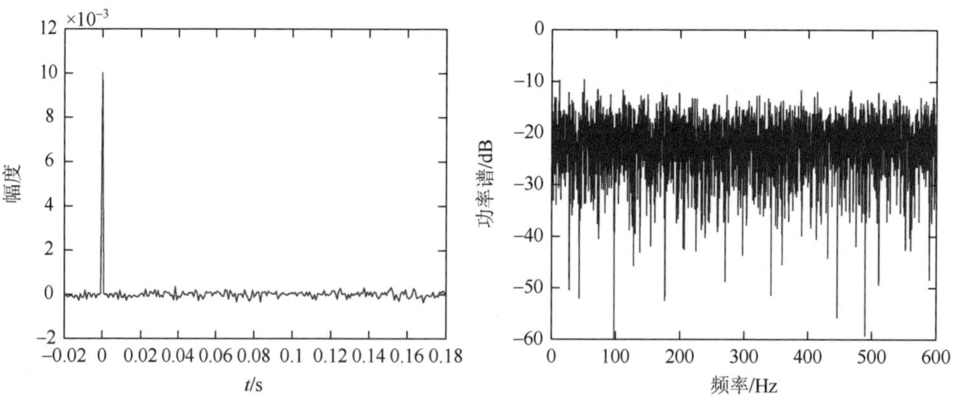

(a) 自相关检测结果　　(b) 待测信号功率谱

图 6.29　常规方法对待测信号检测结果

所示，成功检测到目标信号。利用希尔伯特变换求得第 132 号振子的间歇混沌包络谱如图 6.31 所示，显然，该包络在 0.5127Hz 处有明显的线谱，因此该系统间歇混沌包络的频率为 0.5127Hz，故目标信号频率为 50.0027Hz，与其目标信号频率只存在 0.0027Hz 的偏差。此时的检测信噪比为

$$\mathrm{SNR} = 10\lg(0.5\times 0.01^2 / 0.01) = -23.01\mathrm{dB}$$

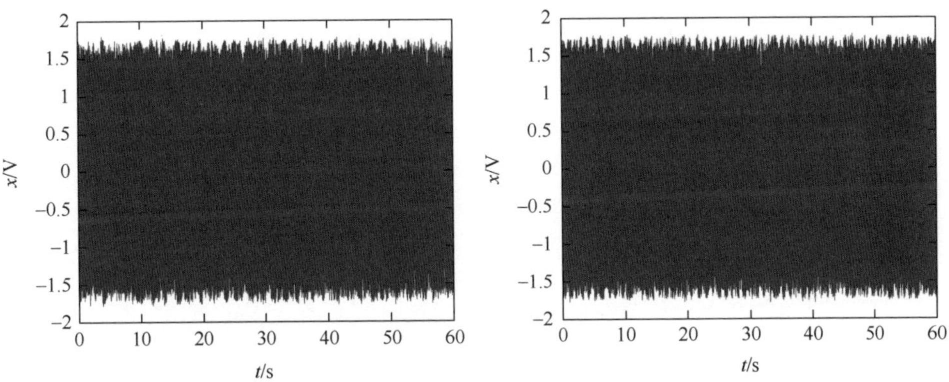

(a) 132号振子(策动力频率$f = 49.49$Hz)　(b) 133号振子(策动力频率$f = 50.97$Hz)

图 6.30　噪声方差为 0.01 时第 132 和 133 号振子出现的间歇混沌现象

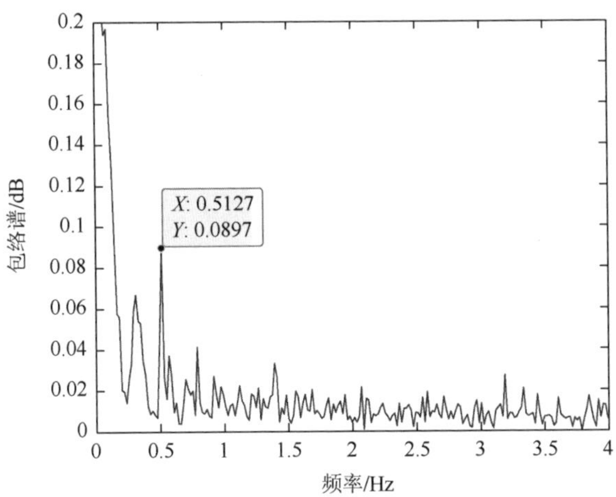

图 6.31　第 132 号振子的间歇混沌包络谱

由以上仿真分析结果可知：基于杜芬振子和希尔伯特变换的信号检测方法能有效实现对频率未知微弱周期信号的检测，检测信噪比可以达到−23.01dB，检测效果优于相关检测法和功率谱分析法。

2. 实测信号分析

假设在检测前舰船信号的线谱频率未知，利用杜芬振子和希尔伯特变换对含噪舰船信号进行检测。含噪舰船信号仍用 $s(t)=ms_{\mathrm{r}}(t)+nz_{\mathrm{r}}(t)$ 表示，令 $m=0.8$，$n=6$，该信号的时域波形及功率谱如图 6.32 所示，此时待测信号的功率谱已经没有明显的线谱。

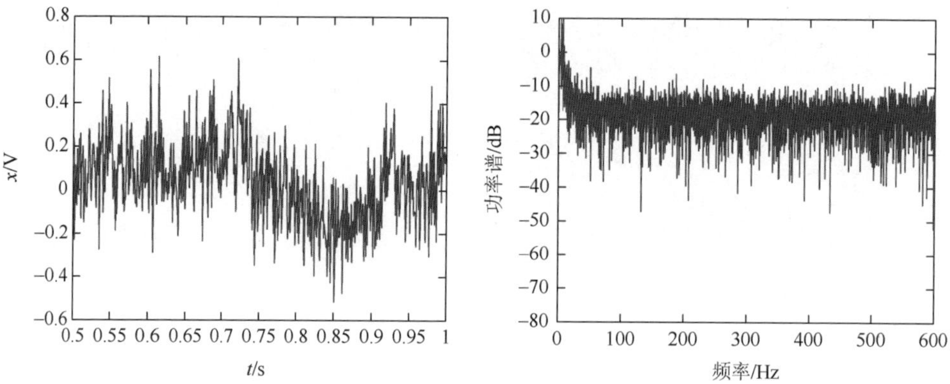

图 6.32　待测信号时域波形及功率谱

利用杜芬振子和希尔伯特变换对该信号进行检测，以 1.03 为公比对舰船信号所处频段划分频率数列，对每一频点设置一组系统参数，构建杜芬系统列，将待测信号加入系统列中的每一个杜芬振子后，发现内置策动力频率为 49.49Hz 和 50.97Hz 的振子出现间歇混沌现象，如图 6.33 所示。利用希尔伯特变换求图 6.33（a）的

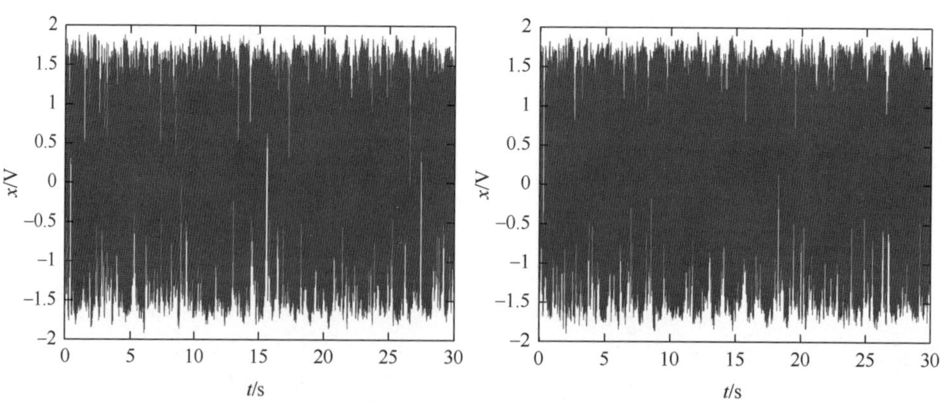

(a) 策动力频率 $f=49.49\text{Hz}$　　(b) 策动力频率 $f=50.97\text{Hz}$

图 6.33　策动力频率为 49.49Hz 和 50.97Hz 的杜芬振子出现的间歇混沌现象

间歇混沌包络谱，结果如图 6.34 所示。可以看到，间歇混沌包络的频率为 0.7691Hz，从而得到舰船信号的线谱频率为 50.2591Hz，检测信噪比为 $\mathrm{SNR} = 10\lg((\mathrm{sum}((ms_{\mathrm{r}})^2))/(\mathrm{sum}((nz_{\mathrm{r}})^2))) = -19.1\mathrm{dB}$。值得注意的是，与仿真分析结果相比，图 6.33 出现的间歇混沌现象不够明显，但通过希尔伯特变换求解间歇混沌的包络谱，仍然可以发现较为明显的谱峰，这凸显了希尔伯特变换在杜芬振子检测中的重要性。

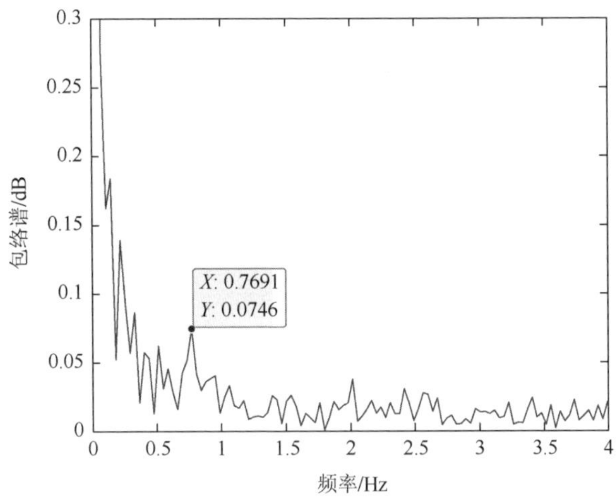

图 6.34　策动力频率为 49.49Hz 的杜芬振子间歇混沌包络谱

本章介绍了杜芬振子模型及其动力学特性，阐释了杜芬振子检测微弱周期信号的基本原理。通过仿真分析和实测舰船信号分析，验证了杜芬振子对水下微弱目标信号检测的有效性。分析结果表明：在待测线谱频率已知的情况下，杜芬振子能在–23.19dB 条件下检测到含噪舰船信号；在待测线谱频率未知的情况下，基于杜芬振子和希尔伯特变换，可以在–19.1dB 条件下检测到含噪舰船信号。

参 考 文 献

[1] 李启虎. 进入 21 世纪的声纳技术[J]. 应用声学, 2002, 21(1): 13-18.

[2] 李启虎. 水声信号处理领域新进展[J]. 应用声学, 2012, 31(1): 2-9.

[3] 赵小红. 基于 Duffing 方程的强混响下弱信号检测[D]. 哈尔滨: 哈尔滨工程大学, 2012.

[4] 李楠. 水下弱目标信号的 Duffing 振子检测方法研究[D]. 哈尔滨: 哈尔滨工程大学, 2017.

[5] 丛超, 李秀坤, 宋扬. 一种基于新型间歇混沌振子的舰船线谱检测方法[J]. 物理学报, 2014, 63(6): 168-179.

[6] 丛超. 一种基于新型间歇混沌振子的舰船线谱检测方法[D]. 哈尔滨: 哈尔滨工程大学, 2014.

[7] 吴冬梅. 基于达芬振子的微弱信号检测方法研究[D]. 哈尔滨: 哈尔滨工程大学, 2010.

[8] 高振斌, 孙月明, 李景春. 基于相图分割的杜芬混沌系统状态判定方法[J]. 河北工业大学学报, 2015, 44(1): 23-27.

[9] 陈志光, 李亚安, 陈晓. 基于 Hilbert 变换及间歇混沌的水声微弱信号检测方法研究[J]. 物理学报, 2015, 64(20): 73-80.

[10] 李月, 杨宝俊. 混沌振子系统(L-Y)与检测[M]. 北京: 科学出版社, 2007.

[11] 李月, 杨宝俊. 混沌振子检测引论[M]. 北京: 电子工业出版社, 2004.

[12] 赖志慧. 基于杜芬振子混沌和随机共振特性的微弱信号检测方法研究[D]. 天津: 天津大学, 2014.

[13] 甘建超. 混沌信号处理在雷达和通信对抗中的应用[D]. 成都: 电子科技大学, 2004.

[14] 王冠宇, 陶国良, 陈行, 等. 混沌振子在强噪声背景信号检测中的应用[J]. 仪器仪表学报, 1997, 18(2): 98-101.

第 7 章　基于熵特征的舰船辐射噪声复杂度分析

7.1 概　　述

舰船辐射噪声是被动声呐进行目标检测、跟踪、识别、定位的信号源，开展舰船辐射噪声的特征提取研究有助于提高被动声呐的工作性能，具有重要的工程意义[1, 2]。由于产生机理复杂，且受到复杂水下海洋环境的影响，被动声呐接收到的舰船辐射噪声往往发生畸变，并表现出非平稳、非高斯、非线性的“三非”特性，使得从中提取稳定特征成为水声信号处理领域研究的难点[1, 3]。

近年来，非线性系统理论和混沌理论的发展为舰船辐射噪声的特征提取提供了新的思路。通过李雅普诺夫指数、分形维数等传统非线性特征提取方法分析舰船辐射噪声的混沌、分形特征，并将其作为检验统计量，可实现对舰船辐射噪声的非线性检测[2, 4]。信息熵理论是非线性理论的重要分支，信息熵算法对非平稳信号有着强大的处理能力。为此，本章将信息熵算法引入水声信号特征提取问题中，通过熵来表征水声信号的复杂性。

本章内容安排如下：首先给出信息熵的基本定义；接着介绍几类典型的信息熵算法，分析参数选取对典型信息熵算法的影响，为运用典型信息熵算法奠定基础；在此基础上，引入一种改进排列熵算法，给出改进排列熵算法与传统信息熵算法的对比分析；最后利用实测舰船数据验证信息熵算法在水声信号特征提取中的有效性。

7.2 信　息　熵

熵是关于无序性的定义，最初源于热力学。1948 年，香农将这一概念引入通信领域，提出了信息熵[5]，使得信息的量化成为可能。为了纪念香农的创举，信息熵通常又被称为香农熵。在香农熵的框架下，学者又相继提出了更为广义的信息熵定义，如瑞利熵[6]、萨利熵[7]、近似熵[8]等，进一步丰富了信息熵理论。

7.2.1 香农熵

设某一物理过程可以用离散概率密度分布 $P=\{p_j, j=1,2,\cdots,N\}$ 进行描述，且

满足 $\sum_{j=1}^{N} p_j = 1$，香农熵[5]定义为

$$S(P) = -\sum_{j=1}^{N} p_j \log_b(p_j) \tag{7.1}$$

式中，对数底数 b 可以取不同数值。在实际运算过程中，为避免计算机发生运算错误，若存在 $p_j = 0$，规定 $0\log_b(0) = 0$。香农熵是对事件不确定性的度量，香农熵越大，事件越不确定。反之，香农熵越小，事件的确定性就越强。特别地，当概率密度分布 P 服从均匀分布，即 $P = \left[\frac{1}{N}, \frac{1}{N}, \cdots, \frac{1}{N}\right]$ 时，香农熵取最大值；当分布 P 中只有一个元素为 1，其他元素为 0，即 $P = [1, 0, \cdots, 0]$ 时，香农熵取最小值，意味着某一事件一定会发生。

7.2.2　瑞利熵

1961 年，瑞利提出了一种更为广义的香农熵定义——瑞利熵[6]，表达式为

$$R_\alpha(P) = \frac{1}{1-\alpha} \ln\left(\sum_{j=1}^{N} p_j^\alpha\right) \tag{7.2}$$

式中，α 为一个偏置参数，其取值范围为 $\alpha > 0$ 且 $\alpha \neq 1$。式（7.2）可以通过调节 α 获得关于概率密度分布 P 的不同“偏好平均”[9, 10]。当 $\alpha < 1$ 时，$R_\alpha(P)$ 更“关注”小概率事件；而当 $\alpha > 1$ 时，$R_\alpha(P)$ 更“关注”大概率事件。瑞利熵 $R_\alpha(P)$ 具有以下重要性质[11, 12]。

（1）固定参数 α，当概率密度分布 P 服从均匀分布，即 $P = \left[\frac{1}{N}, \frac{1}{N}, \cdots, \frac{1}{N}\right]$ 时，$R_\alpha(P)$ 取最大值；当分布 P 中只有一个元素为 1，其他元素为 0，即 $P = [1, 0, \cdots, 0]$ 时，$R_\alpha(P)$ 取最小值。

（2）瑞利熵是关于 α 的非增函数，即对 $\alpha \leqslant \alpha'$，有 $R_\alpha(P) \geqslant R_{\alpha'}(P)$ 恒成立。

（3）当 $\alpha \to 1$ 时，瑞利熵与香农熵等价，即 $\lim_{\alpha \to 1} R_\alpha(P) = S(P)$。

证明　令 $\varepsilon = \alpha - 1$，有 $\sum_{j=1}^{N} p_j^\alpha = \sum_{j=1}^{N} p_j^{1+\varepsilon} = \sum_{j=1}^{N} p_j \exp(\varepsilon \ln p_j)$ 成立。当 ε 趋近于 0 时，将上式按幂展开并略去高阶项，得到

$$\sum_{j=1}^{N} p_j^\alpha \approx \sum_{j=1}^{N} p_j (1 + \varepsilon \ln p_j) = 1 + \varepsilon \sum_{j=1}^{N} p_j \ln p_j \tag{7.3}$$

将式（7.3）代入式（7.2）中，得到

$$\lim_{\alpha\to 1} R_\alpha(P)=\lim_{\varepsilon\to 0}\frac{-1}{\varepsilon}\ln\left(1+\varepsilon\sum_{j=1}^{N}p_j\ln p_j\right) \tag{7.4}$$

式（7.4）可进一步变形为

$$\lim_{\alpha\to 1} R_\alpha(P)=-\sum_{j=1}^{N}p_j\ln p_j\frac{1}{\varepsilon\sum_{j=1}^{N}p_j\ln p_j}\ln\left(1+\varepsilon\sum_{j=1}^{N}p_j\ln p_j\right) \tag{7.5}$$

由于 $\lim_{x\to 0}\ln(1+x)^{1/x}=1$，式（7.5）等号右边的后半部分可约去，故有

$$\lim_{\alpha\to 1} R_\alpha(P)=-\sum_{j=1}^{N}p_j\ln p_j=S(P) \tag{7.6}$$

（4）当 $\alpha\to\infty$ 时，瑞利熵只与最大概率事件有关，并有 $\lim_{\alpha\to\infty}R_\alpha(P)=-\ln p_{\max}$，$p_{\max}$ 代表概率密度分布 P 中各元素的最大值。

证明　当 $\alpha>1$ 时，易知式（7.7）成立：

$$\ln p_{\max}^{\alpha}\leqslant\ln\left(\sum_{j=1}^{N}p_j^{\alpha}\right)\leqslant\ln\left(Np_{\max}^{\alpha}\right) \tag{7.7}$$

对式（7.7）各项同时除以 $1-\alpha$，可得

$$\frac{\alpha\ln p_{\max}}{1-\alpha}\geqslant\frac{1}{1-\alpha}\ln\left(\sum_{j=1}^{N}p_j^{\alpha}\right)\geqslant\frac{\alpha\ln p_{\max}}{1-\alpha}+\frac{\ln N}{1-\alpha} \tag{7.8}$$

当 $\alpha\to\infty$ 时，由夹逼定理可知 $\lim_{\alpha\to\infty}R_\alpha(P)=-\ln p_{\max}$。

（5）当 $\alpha\to 0$ 时，瑞利熵只与事件的状态数有关，并有 $\lim_{\alpha\to 0}R_\alpha(P)=\ln N$。

证明　当 $\alpha\to 0$ 时，$\lim_{\alpha\to 0}R_\alpha(P)=\ln\left(\sum_{j=1}^{N}p_j^{0}\right)=\ln N$。

瑞利熵是一种广义的香农熵。与香农熵相比，瑞利熵对概率密度分布的处理更加灵活。

7.2.3　萨利熵

1988 年，萨利在研究非广延系统时提出了香农熵的另一种广义形式——萨利熵[7]，表达式如下：

$$T_q(P)=\frac{1}{q-1}\left(1-\sum_{j=1}^{N}p_j^{q}\right) \tag{7.9}$$

萨利熵通过参数 q 赋予了概率密度分布不同的权重，从而能获得系统的丰富信息。比较式（7.2）与式（7.9）不难发现，瑞利熵与萨利熵类似，当参数 α 与 q 相等时，二者的转换关系可以用式（7.10）表示：

$$R_{\alpha}(P)=\frac{1}{1-\alpha}\ln(1+(1-\alpha)T_q) \tag{7.10}$$

7.2.4 近似熵

1995 年，Pincus 提出了一种能直接量化时间序列复杂度的信息熵——近似熵（approximate entropy，ApEn）[8]。近似熵的计算过程如下。

（1）设有等间隔采样的一维时间序列 $\{x_1,x_2,\cdots,x_N\}$，给定嵌入维数 m 和时间延迟 τ，根据塔肯斯重构定理[13]重构其相空间：

$$\boldsymbol{X}_i^m=\left[x_i,x_{i+\tau},\cdots,x_{i+(m-1)\tau}\right],\quad 1\leqslant i\leqslant N-(m-1)\tau \tag{7.11}$$

式中，$\boldsymbol{X}_i^m$ 为 $m\times N-(m-1)\tau$ 维相空间的第 i 行，称为嵌入向量。

（2）对行向量 $\boldsymbol{X}_i^m$，根据式（7.12）计算其与相空间中其他行向量 $\boldsymbol{X}_j^m$ 的距离 d_{ij}，其中向量距离由切比雪夫距离定义，i 和 j 满足 $1\leqslant i,j\leqslant N-(m-1)\tau$，$i\neq j$。

$$d_{ij}=\max_{k=1,2,\cdots,m}\left|\boldsymbol{X}_i^m(k)-\boldsymbol{X}_j^m(k)\right| \tag{7.12}$$

（3）给定一个容限 r，若 $\boldsymbol{X}_i^m$ 与 $\boldsymbol{X}_j^m$ 的距离 $d_{ij}\leqslant r$，则认为 $\boldsymbol{X}_i^m$ 与 $\boldsymbol{X}_j^m$ 是相似的。对 $\boldsymbol{X}_i^m$，由式（7.13）计算其局部相似概率 $C_i^m(r)$：

$$C_i^m(r)=\frac{\#(d_{ij}\leqslant r)}{N-(m-1)\tau} \tag{7.13}$$

式中，$\#(d_{ij}\leqslant r)$ 代表 $d_{ij}\leqslant r$ 的个数，$1\leqslant i,j\leqslant N-(m-1)\tau$，$i\neq j$。

（4）对求得的所有局部相似概率 $C_i^m(r)$ 取对数，并平均得到全局相似概率 $\phi^m(r)$：

$$\phi^m(r)=\frac{1}{N-(m-1)\tau}\sum_{i=1}^{N-(m-1)\tau}\ln C_i^m(r) \tag{7.14}$$

（5）重置嵌入维数为 $m+1$，重复步骤（1）～（4），得到 $m+1$ 维条件下的全局相似概率 $\phi^{m+1}(r)$。最后，时间序列的近似熵由式（7.15）求得：

$$\mathrm{ApEn}(m,\tau,r)=\phi^m(r)-\phi^{m+1}(r) \tag{7.15}$$

近似熵脱离了香农熵的架构，度量了时间序列中产生新“模式”的可能性。若向量 $\boldsymbol{X}_i^m$ 与 $\boldsymbol{X}_j^m$ 相似，而 $\boldsymbol{X}_i^{m+1}$ 与 $\boldsymbol{X}_j^{m+1}$ 不再相似，则说明序列产生了新“模式”；反之，则序列没有产生新“模式”。一般而言，时间序列包含的成分越多、越复杂，序列产生新"模式"的概率就越大，$\phi^m(r)$ 与 $\phi^{m+1}(r)$ 的差值也越大，近似熵值越高；反之，时间序列越简单，近似熵值越低。

近似熵在时间序列分析领域有着里程碑式的意义，它的提出使得信息熵理论能被更广泛、灵活地应用于工程实践。

7.3　典型的信息熵算法

7.3.1　样本熵

自 Pincus 提出适用于时间序列分析的近似熵概念以来，越来越多的信息熵算法被提出并应用于工程实践。2000 年，Richman 等对近似熵算法进行了改进，提出了样本熵（sample entropy，SampEn）算法[14]，算法过程如下。

（1）对时间序列 $\{x_1, x_2, \cdots, x_N\}$，按式（7.16）进行相空间重构：

$$\boldsymbol{X}_i^m = \left[x_i, x_{i+1}, \cdots, x_{i+(m-1)}\right],\quad 1 \leqslant i \leqslant N-m+1 \tag{7.16}$$

（2）对行向量 $\boldsymbol{X}_i^m$，根据式（7.12）计算其与相空间中其他行向量 $\boldsymbol{X}_j^m$ 的距离 d_{ij}，其中向量距离由切比雪夫距离定义，i 和 j 满足 $1 \leqslant i, j \leqslant N-(m-1)\tau$，$i \neq j$。

（3）给定一个容限 r，若 $\boldsymbol{X}_i^m$ 与 $\boldsymbol{X}_j^m$ 的距离 $d_{ij} \leqslant r$，则认为 $\boldsymbol{X}_i^m$ 与 $\boldsymbol{X}_j^m$ 是相似的。对于 $\boldsymbol{X}_i^m$，由式（7.17）计算其局部相似概率 $B_i^m(r)$：

$$B_i^m(r) = \frac{\#(d_{ij} \leqslant r)}{N-m} \tag{7.17}$$

式中，$\#(d_{ij} \leqslant r)$ 代表 $d_{ij} \leqslant r$ 的个数，$1 \leqslant i, j \leqslant N-(m-1)\tau$，$i \neq j$。对比式（7.17）与式（7.13），样本熵在计算局部相似概率时剔除了自匹配项，使统计结果更加精确。

（4）对求得的所有局部相似概率 $B_i^m(r)$ 求算术平均得到全局相似概率 $\phi^m(r)$：

$$\phi^m(r) = \frac{1}{N-m+1} \sum_{i=1}^{N-m+1} B_i^m(r) \tag{7.18}$$

与近似熵相比，样本熵在计算全局相似概率时，没有对局部相似概率取对数，而是直接求其算术平均。

（5）重置嵌入维数为 m+1，重复步骤（1）～（4），得到 m+1 维条件下的全局相似概率 $\phi^{m+1}(r)$。最后，样本熵由式（7.19）求得

$$\mathrm{SampEn}(m, r) = \ln\phi^m(r) - \ln\phi^{m+1}(r) \tag{7.19}$$

与近似熵相比，样本熵只在最后的结果计算时使用了对数运算，极大地避免了中间过程出现对数运算无意义的情况，使得样本熵的性能更加稳健。尽管如此，样本熵算法仍然存在以下问题：

（1）抗噪性能差。在样本熵中，向量距离是根据切比雪夫距离定义的，因此向量距离只由向量之差的最大元素决定。当信号中存在噪声时，向量距离的计算很容易受到噪声干扰而失真，进而导致熵值估算不准确。

（2）运算量较大。样本熵算法需要分别计算 m 和 $m+1$ 维相空间中任意两个行向量的距离，因此需要大量的循环运算。当数据长度增大时，运算量会指数级增长。

（3）算法性能不够稳健。尽管相较于近似熵，样本熵算法的稳定性有所提升，但其性能仍然容易受到参数选择的影响。研究表明，只有当数据长度大于 10^m 时，样本熵算法才能给出稳定的熵值估计[15]。当数据长度较小或容限选取不当时，相空间中可能没有或仅有少数向量是相似的，全局相似概率趋于零，对数运算没有意义。

7.3.2 排列熵

2002 年，Bandt 等将符号动力学引入时间序列分析中，提出了排列熵（permutation entropy，PE）[16]算法。该算法概念简单、运算量小，对非线性、非平稳、非高斯信号具有强大的处理能力，因而受到广大学者的青睐。算法的具体流程如下。

（1）对时间序列 $\{x_1,x_2,\cdots,x_N\}$ 按式（7.16）进行相空间重构。

（2）将行向量 $\boldsymbol{X}_i^m$ 中的元素按升序排列得到

$$x_{i+(k_1-1)} \leqslant x_{i+(k_2-1)} \leqslant \cdots \leqslant x_{i+(k_m-1)} \tag{7.20}$$

式中，$k_1,k_2,\cdots,k_m$ 分别为各元素的原始位置。这样，符号向量 $\boldsymbol{\pi}_i=[k_1,k_2,\cdots,k_m]$ 就与行向量 $\boldsymbol{X}_i^m$ 建立起一一对应的关系。$\boldsymbol{\pi}_i$ 实际上表征了 $\boldsymbol{X}_i^m$ 的排列方式，例如，对于向量$[1.1,1.2,1.3]$，其符号向量为$[1,2,3]$。值得一提的是，当向量中存在相同元素时，其排列由元素出现的先后顺序决定。以向量$[1.1,1.1,1.3]$为例，其符号向量依然为$[1,2,3]$。容易知道，对 m 维行向量 $\boldsymbol{X}_i^m$，可能有 $m!$ 种不同的排列方式，每种排列方式称为一种次序模式（ordinal pattern，OP）。当 $m=3$ 时，6 种不同次序模式的示意图如图 7.1 所示。

（3）统计相空间中每种次序模式出现的频次 h_l，并计算其出现的概率 $p_l=h_l/(N-m+1)$，其中 $l=1,2,\cdots,m!$。

（4）最后，排列熵由香农熵定义，即

$$\mathrm{PE}(m)=-\sum_{l=1}^{m!}p_l\ln p_l \tag{7.21}$$

排列熵算法是一种有效的时间序列复杂度度量方法。当相空间中仅存在一种次序模式，即序列为单调递增或递减序列时，PE 取最小值 0；当次序模式服从均匀分布，即 $p_l=1/m!(l=1,2,\cdots,m!)$时，PE 取最大值 $\ln m!$。因此，可以对 PE 进

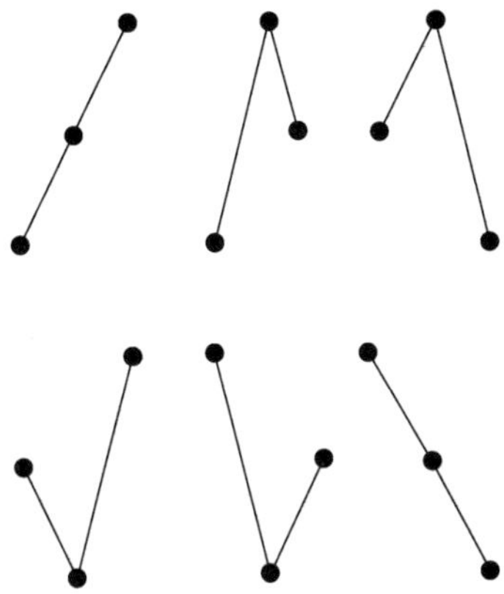

图 7.1　$m=3$ 时，6 种不同次序模式示意图

行归一化，式（7.21）可改写为 $\mathrm{PE}(m)=\left(-\sum_{l=1}^{m!}p_l\ln p_l\right)\Big/\ln m!$。后面若无特殊说明，PE 均指归一化的排列熵。

7.3.3　加权排列熵

2013 年，Fadlallah 等对排列熵算法进行了改进，提出了加权排列熵（weighted permutation entropy，WPE）算法[17]。他们认为排列熵算法忽略了信号的幅值信息，可能将幅值差异很大的向量映射到同一种次序模式上。例如，向量[1.1, 1.2, 1.3]与[5.1, 5.2, 5.3]均用符号向量[1, 2, 3]描述，这可能造成熵值估算不准确。加权排列熵算法流程如下。

（1）对时间序列 $\{x_1,x_2,\cdots,x_N\}$ 按式（7.16）进行相空间重构。

（2）根据式（7.20）将行向量 $\boldsymbol{X}_i^m$ 按升序排列并求得对应的次序模式。

（3）统计相空间中每种次序模式出现的次数 f_l，$l=1,2,\cdots,m!$，并利用式（7.22）计算每种次序模式的加权频率，即

$$\mathrm{wp}_l=\frac{w(t)f_l}{\sum_{t=1}^{N-m+1}w(t)} \tag{7.22}$$

式中，$w(t)$ 可通过式（7.23）与式（7.24）求得

$$w(t)=\frac{1}{m}\sum_{j=1}^{m}[x(t+j-1)-\bar{X}_i^m]^2 \tag{7.23}$$

$$\bar{X}_i^m=\frac{1}{m}\sum_{j=1}^{m}x(t+j-1) \tag{7.24}$$

（4）加权排列熵由香农熵定义，即

$$\mathrm{WPE}(m) = -\sum_{l=1}^{m!} \mathrm{wp}_l \ln \mathrm{wp}_l \tag{7.25}$$

与 PE 类似，当相空间中仅存在一种次序模式时，WPE 取最小值 0；当 $\mathrm{wp}_l = 1/m!$ $(l=1,2,\cdots,m!)$时，WPE 取最大值$\ln m!$。因此，可以对 WPE 进行归一化，式(7.25)可改写为$\mathrm{WPE}(m) = -\sum_{l=1}^{m!} \mathrm{wp}_l \ln \mathrm{wp}_l / \ln m!$。后面若无特殊说明，WPE 均指归一化的加权排列熵。

7.3.4 修正排列熵

除了忽略幅值信息，PE 存在的另一问题是对序列中的相同元素处置不当。已有研究表明，序列中存在的相同元素可能导致 PE 算法产生错误的结论[18]。针对这一问题，2012 年，Bian 等提出了一种修正排列熵（modified permutation entropy，mPE）算法[18]，算法流程如下。

（1）对时间序列$\{x_1, x_2, \cdots, x_N\}$按式（7.16）进行相空间重构。

（2）将行向量$\boldsymbol{X}_i^m$中的元素按升序排列得到

$$x_{i+(k_1-1)} < x_{i+(k_2-1)} < \cdots < x_{i+(k_{j1}-1)} = x_{i+(k_{j2}-1)} < \cdots < x_{i+(k_m-1)} \tag{7.26}$$

通常情况下，当序列中不存在相同元素时，$x_{i+(k_*-1)}$可直接被符号k_*表征。当有相同元素存在时，如$x_{i+(k_{j1}-1)} = x_{i+(k_{j2}-1)}$且$k_{j1} < k_{j2}$，则$x_{i+(k_{j1}-1)}$与$x_{i+(k_{j2}-1)}$均用$k_{j1}$表示。如此，与式（7.26）相对应的次序模式可表示为

$$[k_1, k_2, \cdots, k_{j1}, k_{j1}, \cdots, k_m] \tag{7.27}$$

例如，对两个向量$[0.2,0.5,0.1,0.2,0.7]$及$[0.2,0.5,0.1,0.4,0.7]$，在 PE 框架下，二者均被映射为$[3,1,4,2,5]$，而在 mPE 框架下，二者对应的次序模式分别为$[3,1,1,2,5]$和$[3,1,4,2,5]$。

（3）统计相空间中每种次序模式出现的频次h_l，并计算其出现的概率$p_l = h_l/(N-m+1)$，其中$l=1,2,\cdots,K$。这里，K表示 mPE 框架下可能出现的次序模式总数。K与嵌入维数m的取值息息相关，表 7.1 给出了不同m条件下的K值。

表 7.1 不同 *m* 条件下的 *K* 值

m	*K*	*m*	*K*
3	13	6	4051
4	73	7	37663
5	501		

（4）最后 mPE 由香农熵定义，即

$$\mathrm{mPE}(m) = -\sum_{l=1}^{K} p_l \ln p_l \tag{7.28}$$

同样，当相空间中仅存在一种次序模式时，mPE 取最小值 0；当 $p_l = 1/K$ (l=1,2,$\cdots$,K)时，mPE 取最大值 $\ln K$。因此，可以对 mPE 进行归一化处理，式(7.28)可改写为 $\mathrm{mPE}(m) = -\sum_{l=1}^{K} p_l \ln p_l / \ln K$。后面若无特殊说明，mPE 均指归一化的修正排列熵。

7.3.5　多尺度熵

不论是 ApEn、SampEn、PE、WPE 还是 mPE，这些信息熵算法都是基于单一尺度的，即对一个时间序列，算法只能给出一个熵值估计。实际工程应用中，复杂系统产生的时间序列往往成分复杂，单一尺度的熵特征无法正确分辨这些复杂信号。针对这一问题，Costa 等提出了多尺度熵算法[19]，算法过程如下。

对时间序列 $\{x_1, x_2, \cdots, x_N\}$，由式（7.29）将原序列分解为一系列子序列：

$$y_j^{(s)} = \frac{1}{s} \sum_{i=(j-1)s+1}^{js} x_i, \quad 1 \leqslant j \leqslant N/s \tag{7.29}$$

式中，s 为尺度因子，可以取任何大于等于 1 的整数；$y^{(s)}$ 代表尺度 s 下的子序列。当 $s=1$ 时，$y^{(1)}$ 与原序列相同。式（7.29）也称为粗粒化过程，如图 7.2 所示，其本质是对窗口内的 s 个数据进行平均。实际上，粗粒化过程也对应了 Harr 小波的低频部分。

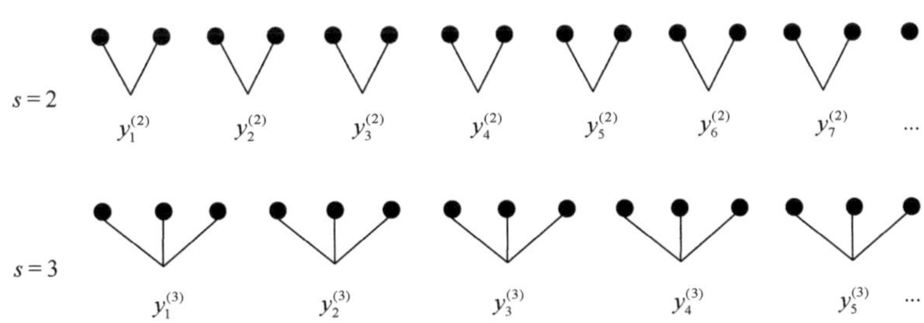

图 7.2　粗粒化过程示意图

对分解后的每一个子序列 $y^{(s)}$，利用基于单一尺度的熵算法进行分析，即可得到多尺度熵结果。常见的多尺度熵算法包括多尺度样本熵（multiscale sample entropy，MSE）算法、多尺度排列熵（multiscale permutation entropy，MPE）算法、多尺度加权排列熵（multiscale weighted permutation entropy，MWPE）算法、多尺度修正排列熵（multiscale modified permutation entropy，MmPE）算法等。

7.4 参数选择对传统信息熵算法性能的影响

在使用信息熵算法进行信号分析时，需要对一些参数进行选择，包括数据长度 N、嵌入维数 m、时间延迟 τ 、容限 r、尺度因子 s 等。本节通过仿真分析，明确这些参数对各类信息熵算法的影响，为正确使用这些算法提供参考。

7.4.1 嵌入维数和时间延迟对信息熵算法性能的影响

同大多数非线性时间序列分析以及混沌信号处理方法类似，信息熵算法的第一步是对观察到的时间序列进行相空间重构。塔肯斯定理[13]指出：当 m 和 τ 选取合适时，针对简单的一维时间序列 $\{x_1, x_2, \cdots, x_N\}$，可以通过式（7.11）恢复系统的复杂动力学模型。例如，对如图 7.3（a）所示的洛伦茨系统 x 轴分量，采用 $m=3$ 和 $\tau=4$ 进行相空间重构的结果［图 7.3（b）］与真实相空间［图 7.3（c）］结构相似，证明了塔肯斯定理的有效性。图 7.3 中，洛伦茨系统的 x 轴分量和真实相空间可通过求解式（7.30）确定：

$$\begin{cases} \dot{x} = 16(y - x) \\ \dot{y} = x(45.92 - z) - y \\ \dot{z} = xy - 4z \end{cases} \tag{7.30}$$

目前常用的确定 m 和 τ 的方法包括伪近邻法[20]、互信息法[21]、自相关法等。然而，这些方法容易受到噪声影响，准确性不高，算法之间的一致性不强，且计算量大，难以用于工程实践。2016 年一项研究在非完整相空间（由不精确的 m、τ 重构出的相空间）条件下，实现了对 Lorenz-96 系统的精确预测，表明非完整相

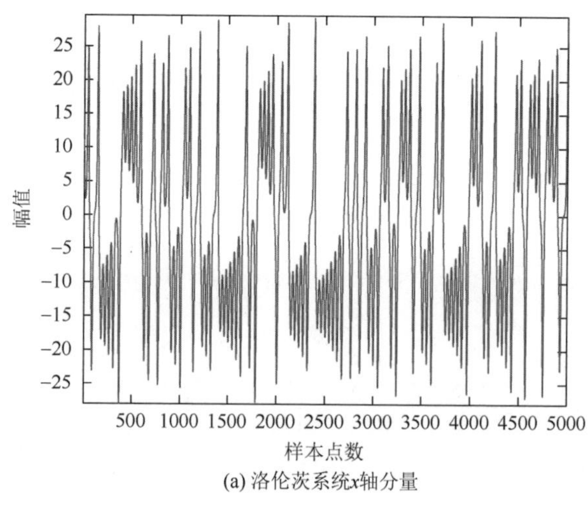

(a) 洛伦茨系统x轴分量

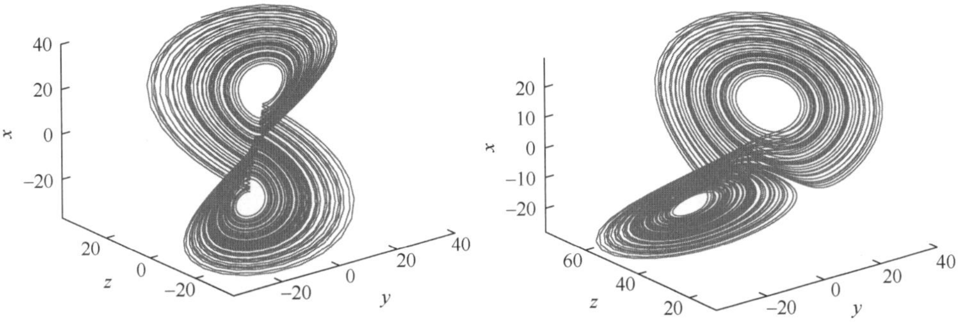

(b) 由x轴分量重构的相空间　　(c) 洛伦茨系统真实相空间

图 7.3　洛伦茨系统真实相空间与相空间重构结果对比图

空间依然能捕获足够的系统状态信息[22]。受这一结论的启发，许多学者对非完整相空间条件下的信息熵算法性能进行了分析[23, 24]，结果表明：①时间延迟 τ 选取过大会导致样本间的相关性丢失，实践中令 $\tau=1$ 可以保留数据的原始结构并节约运算成本；②嵌入维数 m 越大，排列熵算法对不同类别信号的分辨能力越强，但也会带来更高的运算成本，实践中通常在 $2\leqslant m\leqslant 7$ 选择。下面通过分析信号复杂程度较高的高斯白噪声（white Gaussian noise，WGN）和粉色噪声（一种功率谱密度与其频率倒数成正比的噪声），明确在以上数值范围内，两类参数对不同信息熵算法性能的影响。

1. 嵌入维数对样本熵的影响

为了研究 m 对 SampEn 算法的影响，控制数据长度 $N=10000$、时间延迟 $\tau=1$ 和容限 $r=0.15\text{STD}$［STD（standard deviation）表示原始序列的标准差］不变，不断改变 m，观察 SampEn 算法的变化情况。为了使分析结果更具有说服力，分别仿真产生了 20 组不同的高斯白噪声和粉色噪声，计算结果如图 7.4 所示。其中，误差棒中心代表 20 次实验的平均熵值，误差棒代表 20 次实验结果的标准差。如无特殊说明，本节后文中的误差棒图均为 20 次实验的分析结果。可以看到，当 m 较小时，两类噪声熵值的标准差较小；随着 m 增加，熵值的标准差增大，说明 SampEn 的稳定性下降；进一步增加 m，SampEn 算法开始失效，产生无意义熵值，图中不再展示。这一现象是因为随着 m 增加，相空间中的相似向量大量减少，全局相似概率不断趋于零，进而使对数运算失去意义。

不同 m 条件下，样本熵算法完成 20 组高斯白噪声特征分析所需的运算时间如表 7.2 所示。值得注意的是，本章中所有仿真实验均在 MATLAB R2016a 上运行，计算机的 CPU 型号为 i5-7300，主频为 2.5GHz，内存大小为 16GB。可以看到，SampEn 算法的运算复杂度较高，且随着 m 增大运算时间不断增大。考虑到

$m=1$在一些情况下不能捕获足够多的系统状态信息，综合图 7.4 与表 7.2 的结果，在实践中建议选取$m=2$。

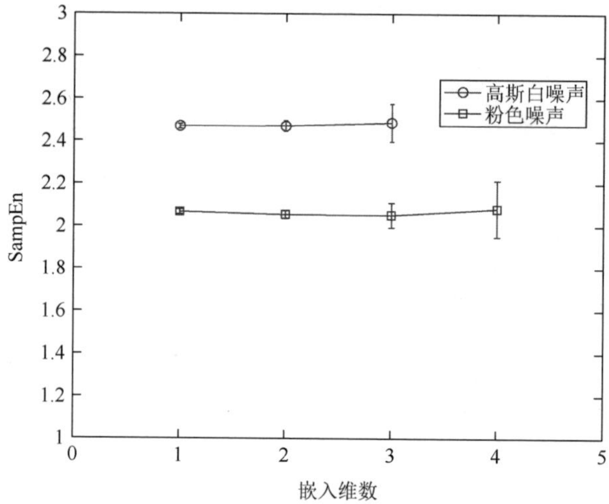

图 7.4　嵌入维数对样本熵算法的影响

表 7.2　不同 *m* 条件下样本熵算法完成 20 组高斯白噪声特征分析所需的运算时间（单位：s）

m	SampEn 运算时间	m	SampEn 运算时间
1	374.42	3	1445.24
2	1427.34	4	1460.58

2. 嵌入维数对排列熵及其改进算法的影响

为了研究 m 对 PE 算法及其改进算法的影响，控制数据长度$N=10000$、时间延迟$\tau=1$不变，不断改变 m，观察熵值的变化情况，结果如图 7.5 所示。可以看到，PE 算法及其改进算法对两类噪声的分辨能力随着 m 的增大而逐步增大，其中 WPE 的分辨能力最好。与图 7.4 相比，PE 算法及其改进算法在不同 m 下的取值均具有较好的一致性，STD 较小，说明算法具有很强的稳定性。值得注意的是，当$m\geqslant 6$时，三类算法的熵值均有所下降。这是因为随着 m 增大，潜在的次序模式数量增大，现有数据长度不足以覆盖所有次序模式，因此熵值下降。在此情况下，只要增加数据长度，算法就能给出正确的熵值估计。在图 7.5（c）中，mPE 算法的值始终远离最大熵值 1 也正是基于这个原因。由于仿真的噪声中基本不存在相同元素，mPE 算法中的潜在次序模式无法被完全覆盖，造成了许多次序模式的“浪费”。以$m=2$为例，mPE 算法中的潜在次序模式数量为 3，而被高斯白噪声覆盖的次序模式数量为 2，因而估计得到的 mPE 值为$\ln 2/\ln 3=0.631$，与图 7.5（c）中的结果相符。

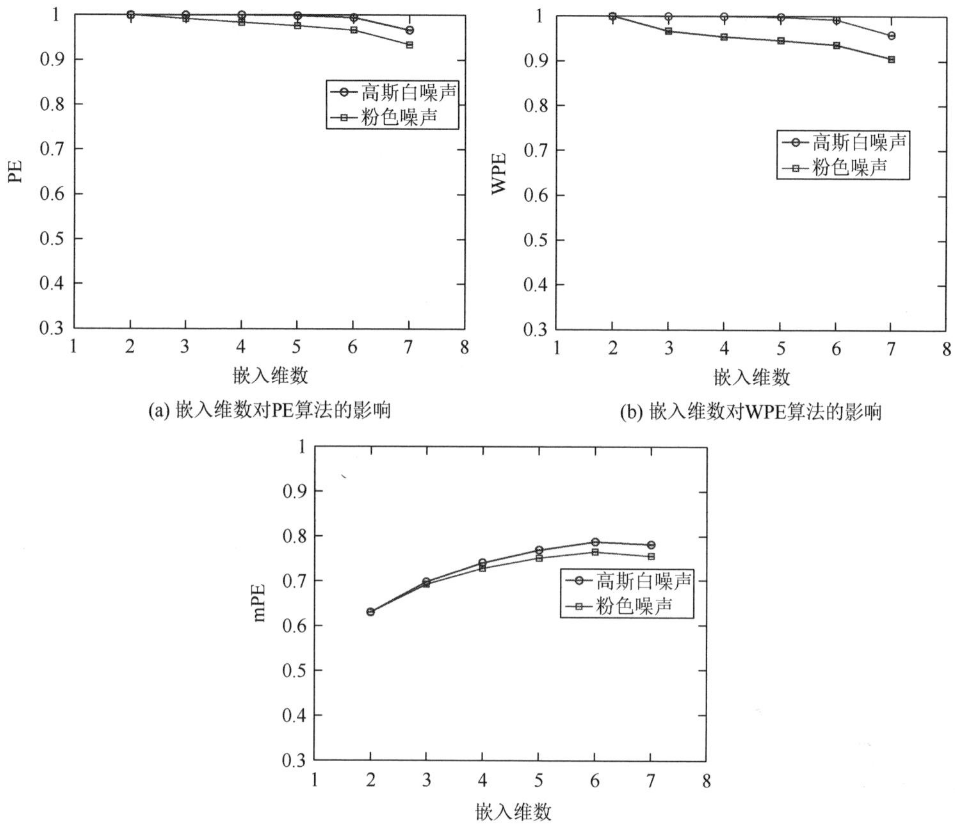

(a) 嵌入维数对PE算法的影响　(b) 嵌入维数对WPE算法的影响

(c) 嵌入维数对mPE算法的影响

图 7.5　嵌入维数对排列熵及其改进算法的影响

不同 m 条件下，三类算法完成 20 组高斯白噪声特征分析所需的运算时间如表 7.3 所示。可以发现，随着 m 的增大，三类算法所需的计算时长也不断增加。综合图 7.5 与表 7.3 的结果，对 PE 算法及其改进算法，选取 $3 \leqslant m \leqslant 5$ 既能保证较好的信号分析能力，又能节约运算成本。

表 7.3　不同 *m* 条件下排列熵及其改进算法完成 20 组高斯白噪声特征分析所需的运算时间　（单位：s）

算法	*m*				
	2	3	4	5	6
PE	0.59	0.99	2.73	11.79	69.74
WPE	2.37	2.86	4.62	15.28	73.15
mPE	1.26	1.91	3.71	12.47	71.52

3. 时间延迟对信息熵算法性能的影响

为了研究时间延迟τ对几类信息熵算法性能的影响，保持其他参数不变，不断改变τ，观察几类熵值的变化情况。其中，对样本熵，保持$N=10000$、$m=2$以及$r=0.15\text{STD}$不变；对排列熵及其改进算法，控制$N=10000$和$m=4$不变，结果如图7.6所示。不难发现，当时间延迟τ在图7.6中的范围内变化时，传统信息熵算法对高斯白噪声和粉色噪声的分析结果并无太大改变。一定程度上，改变τ相当于对原信号进行了重采样，当数据长度足够长时，这并不改变信号的内在结构。另外，当数据长度足够长时，改变τ对重构相空间的长度影响很小，因而几类信息熵算法所需的循环次数几乎不变，计算量也不变。综上，为了尽可能地保留数据的原始结构，在利用几类典型信息熵算法进行数据分析时，一般选取$\tau=1$。实际上，时间延迟τ与传统自相关函数中数据偏移量的作用是类似的，通过计算不同时间延迟τ下的信息熵，还可以表征时间序列的相关性。

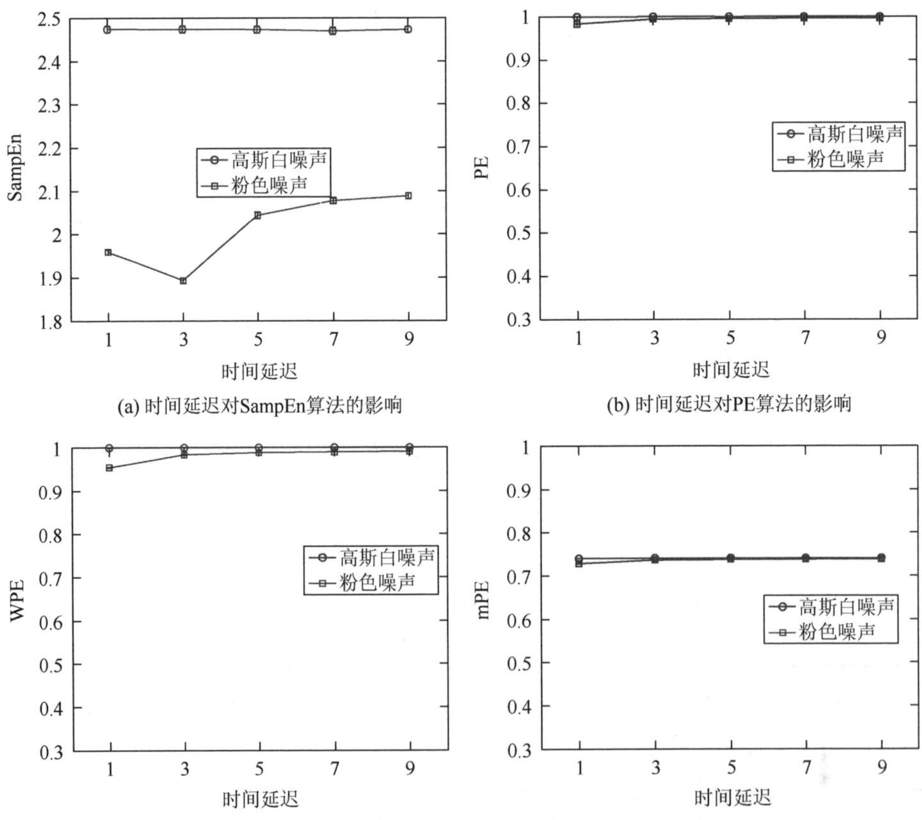

(a) 时间延迟对SampEn算法的影响　　(b) 时间延迟对PE算法的影响

(c) 时间延迟对WPE算法的影响　　(d) 时间延迟对mPE算法的影响

图 7.6　时间延迟对信息熵算法的影响

7.4.2　容限对样本熵算法性能的影响

对 SampEn 算法而言，容限 r 的选取至关重要。r 过大，相空间中的多数向量都相似，熵值趋于零，熵估计没有意义；r 过小，相似向量数趋于零，熵值趋于无穷大，在计算机仿真条件下，会导致对数运算无意义。控制 $N=10000$、$m=2$ 以及 $\tau=1$ 不变，令容限 r 在 0.05STD 至 0.95STD 之间变化，变化步长取 0.1STD，结果如图 7.7 所示。与分析结果一致，随着 r 的增大，两类噪声的 SampEn 值呈递减趋势。为了保留 SampEn 对信号的分辨能力，本书建议容限 r 在 0.15STD 至 0.25STD 之间选取。

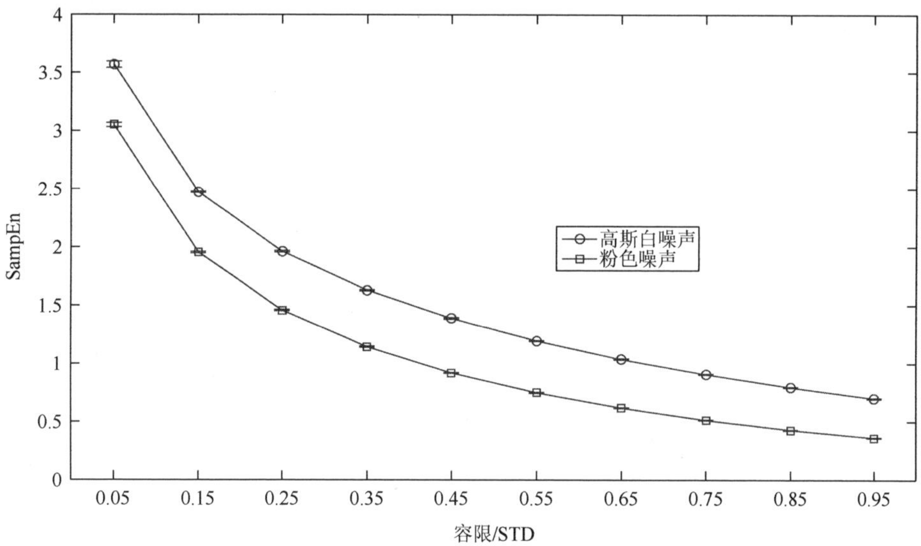

图 7.7　容限对样本熵算法的影响

7.4.3　数据长度对信息熵算法性能的影响

可以推断，数据长度 N 对信息熵算法性能的影响主要体现在两个方面：一是算法稳定性，二是运算时间。为了验证推断一，令数据长度 N 在 10～2000 变化，变化步长为 10 个样本点，控制其他参数不变，观察两类噪声熵值的变化情况。其中，对样本熵，保持 $m=2$、$\tau=1$ 以及 $r=0.15$STD 不变；对排列熵及其改进算法，则保持 $m=4$ 及 $\tau=1$ 不变，计算结果如图 7.8 所示。观察图 7.8（a），当 $N\leqslant 200$ 时，由于相空间中没有或仅有少数向量相似，全局相似概率趋于高斯分布，对数运算没有意义，无法给出相应的熵估计；当 $200 \leqslant N \leqslant 700$ 时，SampEn 算法能给出相应的运算结果，但多次结果间波动较大，算法不够稳定，对两类噪声的区分度也不足；当 $N \geqslant 700$ 时，算法对两类噪声区分性变好，多次计算结果趋于一致，算法稳定性提高。观察图 7.8(b)～(d)，可以看到 PE 算法及其改进算法的熵值在 $10 \leqslant N \leqslant 100$ 时均呈上升趋势，意味着此时三类算法均无法给出正确的熵值估计。这是因为，数据长度 N 至少应满足 $N \geqslant m!$ 才有可能包含所有次序模式，否则不可能得到准确的熵估计。当 $N \geqslant 100$ 时，三类算法的熵值逐渐平稳，且对两类噪声的区分度有所提高。这一现象说明 PE 算法及其改进算法在 $N \geqslant 100$ 时就已经能够给出稳定、准确的熵值估计。需要注意的是，以上最小数据长度 $N \geqslant 100$ 的推断结果仅对 $m = 4$ 有效，若 m 变化，该数值也将随之改变。图 7.8 的结果与推断一基本相符。

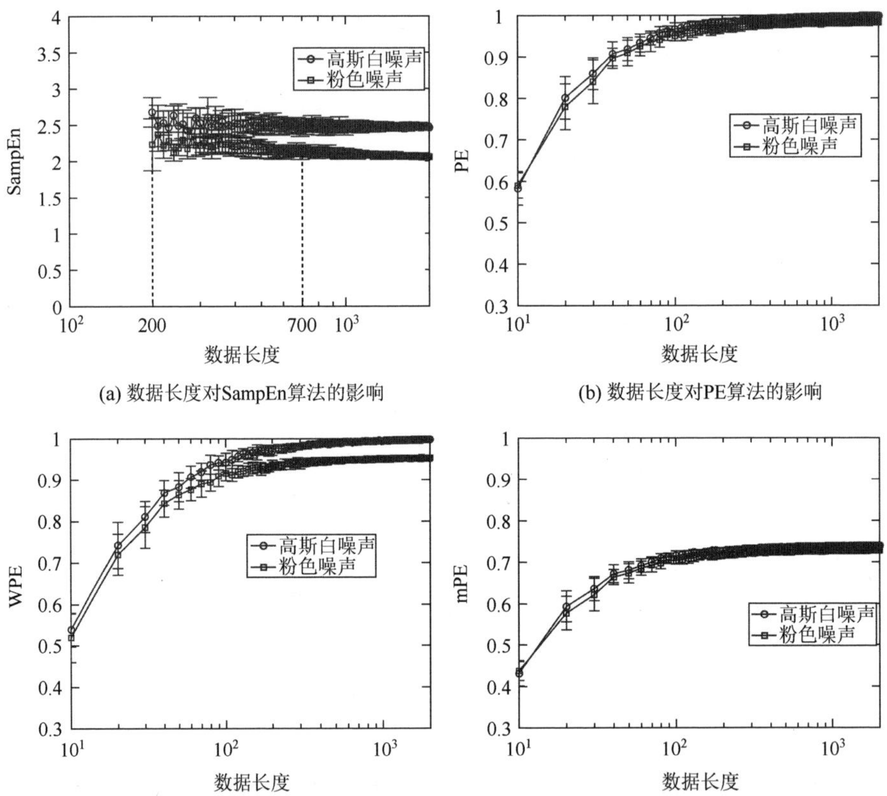

(a) 数据长度对SampEn算法的影响　(b) 数据长度对PE算法的影响

(c) 数据长度对WPE算法的影响　(d) 数据长度对mPE算法的影响

图 7.8　数据长度对信息熵算法的影响（彩图附书后）

为了验证推断二，对具有不同数据长度的高斯白噪声，统计了四类信息熵算法完成 20 次特征分析实验所需的运算时间，结果如表 7.4 所示。可以看到，四类算法的运算时间均随着 N 的增大而增加，与推断相符。具体来看，当数据长度较短时，四类算法的运算时间都很短，相差不大；当 N 不断增大时，PE、WPE 以及 mPE 算法的运算时间缓慢增长，而 SampEn 算法的计算复杂度快速上升。这一现象可以从理论上予以解释。SampEn 算法需要分别计算 m 维和 $m+1$ 维相空间中任意两个行向量的距离，因此需要对相空间循环遍历两次；而对 PE、WPE 和 mPE 算法而言，只需对相空间遍历一次就能给出熵估计。因此，SampEn 算法的计算复杂度可表示为 $O(N^2)$，而 PE、WPE 和 mPE 算法的计算复杂度可表示为 $O(N)$。表 7.4 的结果与以上理论推导基本一致，佐证了理论推导的正确性。

表 7.4　不同 N 条件下四类算法完成 20 组高斯白噪声特征分析所需的运算时间（单位：s）

算法	N				
	200	1000	3000	5000	10000
SampEn	0.59	13.78	123.32	343.49	1420.94
PE	0.09	0.32	0.85	1.36	2.84
WPE	0.12	0.47	1.41	2.26	4.64
mPE	0.09	0.37	1.12	1.81	3.63

综上，当利用 SampEn 算法进行数据分析时，应谨慎选取数据长度。N 过小会导致 SampEn 算法不稳定；N 过大会导致计算成本过高，本书建议在 $700 \leqslant N \leqslant 3000$ 选取。在使用 PE、WPE 以及 mPE 算法时，数据长度的选取可以不必太严格。一般而言，只需满足 $N \geqslant 100$ 的基本条件即可。

7.4.4　尺度因子对信息熵算法性能的影响

由式（7.29）可知，随着尺度因子的增加，被分解的子序列长度会不断减小。对尺度 s 下的子序列 y^s，其数据长度减少为 $\lfloor N/s \rfloor$，其中 $\lfloor \bullet \rfloor$ 表示向下取整。因此，尺度因子对信息熵算法的影响主要来源于数据长度的减小，7.4.3 节已对此进行了分析。实际应用中，应保证最小子序列的长度 $\lfloor N/s \rfloor$ 满足 7.4.3 节中的相关结论。

7.5　多尺度改进排列熵

目前，能对时间序列进行有效分析的几类典型信息熵算法在诸多方面存在不足，例如：样本熵算法的运算量大，难以满足实时处理的要求；排列熵算法忽略了信号的幅值信息，在某些情况下的信号分辨能力不强。针对传统信息熵算法中存在的问题，本节引入一种多尺度改进排列熵（multiscale improved permutation entropy，MIPE）算法[25]，该算法概念简单，能够在增强信号分辨能力的同时降低运算量。

7.5.1 多尺度改进排列熵算法的基本原理

传统的信息熵算法在许多方面存在缺陷，例如，SampEn 算法对参数选取的依赖性较高，算法不稳定，且计算成本高。又如，PE 算法未考虑信号的幅值信息，对嵌入向量中的相等元素处置不当。此外，传统信息熵算法的性能容易受到噪声的干扰[25]。这些缺陷将严重限制传统信息熵算法在舰船辐射噪声特征提取中的应用。针对以上问题，文献[25]提出了一种 MIPE 算法，它是基于单一尺度的改进排列熵算法（improved permutation entropy，IPE）与粗粒化技术的结合，算法流程如下。

（1）对时间序列 $\{x_1,x_2,\cdots,x_N\}$，通过如式（7.31）所示的累积分布函数进行归一化处理。其中，μ 和 σ^2 分别为时间序列的均值和方差。

$$y_i=\frac{1}{\sigma\sqrt{2\pi}}\int_{-\infty}^{x_i}\mathrm{e}^{\frac{-(t-\mu)^2}{2\sigma^2}}\mathrm{d}t \tag{7.31}$$

（2）由式（7.29）将归一化序列 y 分解为一系列子序列 y^s，$s=1,2,\cdots$。

（3）根据式（7.11），对尺度下 s 的子序列 y^s 进行相空间重构得到（如无特殊说明，时间延迟 τ 一般取 1）

$$Y_i^s=\left[y_i^s,y_{i+\tau}^s,\cdots,y_{i+(m-1)\tau}^s\right],\quad 1\leqslant i\leqslant N/(s-m+1) \tag{7.32}$$

（4）通过如式（7.33）所示的均匀量化算子（uniform quantification operator，UQO），将相空间 Y^s 的第一列 $Y^s(:,1)$ 符号化，得到符号相空间 S^s 的第一列 $S^s(:,1)$：

$$\mathrm{UQO}(u)=\begin{cases}0, & y_{\min}^s\leqslant u<\varDelta+y_{\min}^s\\ 1, & y_{\min}^s+\varDelta\leqslant u<2\varDelta+y_{\min}^s\\ \vdots & \qquad\vdots\\ L-1, & y_{\max}^s-\varDelta<u\leqslant y_{\max}^s\end{cases} \tag{7.33}$$

式中，L 为预设的离散化参数；$\varDelta$ 为离散间隔且满足 $\varDelta=(y_{\max}^s-y_{\min}^s)/L$，$y_{\max}^s$ 和 $y_{\min}^s$ 分别为子序列 y^s 的最大值和最小值。

（5）对相空间 Y^s 的第 k 列 $Y^s(:,k)$，$2\leqslant k\leqslant m$，通过式（7.34）得到相应的符号化结果：

$$S^s(j,k)=S^s(j,1)+\left\lfloor (Y^s(j,k)-Y^s(j,1))/\varDelta\right\rfloor,\quad 1\leqslant j\leqslant N/(s-m+1) \tag{7.34}$$

（6）与 PE 算法中对次序模式的定义类似，MIPE 算法将符号化相空间 S^s 中的每一行认定为一种“模式”π_l，$1\leqslant l\leqslant L^m$。后面 MIPE 算法中的“模式”使用符号模式（symbolic pattern，SP）代指。统计符号相空间中每种符号模式出现的概率 p_l，$1 \leqslant l \leqslant L^m$，MIPE 最终由香农熵定义：

$$\mathrm{MIPE}^s(m,L) = -\sum_{l=1}^{L^m} p_l \ln p_l \tag{7.35}$$

当符号模式的概率密度分布中只有一个元素为 1，其余元素为 0 时，MIPE^s 取最小值 0；当概率密度分布服从均匀分布时，MIPE^s 取最大值 L^m 。因此，可以对 MIPE^s 按式（7.36）进行归一化处理。后面若无特殊说明，MIPE^s 均指经过归一化处理的熵值。

$$\mathrm{MIPE}^s(m,L) = \frac{-\sum_{l=1}^{L^m} p_l \ln p_l}{\ln L^m} \tag{7.36}$$

上述过程中，若不进行（2）的粗粒化处理，其余步骤得到的就是基于单一尺度的 IPE 结果。MIPE 算法综合了多种传统信息熵算法的优点，并对其缺点加以改进。与几类传统的信息熵算法相比，MIPE 算法具有以下特点：

（1）MIPE 算法吸纳了 SampEn 算法的优点。实际上离散化参数 L 与 SampEn 算法中的容限 r 起到相似的作用。在 SampEn 算法中，若相空间中任意两行向量 $\boldsymbol{X}_i^m$ 与 $\boldsymbol{X}_j^m$ 的距离 $d_{ij} \leqslant r$ ，则认为两个向量相似；而 MIPE 算法通过式（7.33）对相空间 Y^s 的第一列 $Y^s(:,1)$ 进行了符号化处理，$Y^s(:,1)$ 中数值相近的元素将被认为相似，从而被赋予相同的符号。更重要的是，容限 r 只能判别两向量相似或不相似，两种状态之间缺少缓冲；而离散化参数 L 构造了这种缓冲，符号距离越近的元素越相似，符号距离越远的元素越不相似。

（2）MIPE 算法同时考虑了信号的幅值和次序信息。首先，式（7.33）的符号化过程是根据序列 y^s 的最大值 $y^s_{\max}$ 和最小值 $y^s_{\min}$ 完成的，因此充分考虑了信号的幅值信息。在此基础上，次序信息可通过式（7.34）反映。

（3）对序列中的相同元素，MIPE 算法采取与 mPE 算法相同的处理方式，即赋予它们相同的符号。在采样频率很低、序列中相同元素较多的情形下，这种处理方式的优势将大大体现。

（4）与 PE 算法相比，MIPE 算法拥有更丰富的潜在“模式”去表征信号，因此能获得更好的信号分辨效果。如图 7.9 所示，在 PE 算法中，多种数据结构均使用一种次序模式度量，如此一来，许多关于信号的细节信息就被忽略了。而在 MIPE 算法中，右侧的多种数据结构均可由不同的符号模式表征，使得信号的细节信息能被准确提取。

（5）与传统的信息熵算法相比，MIPE 算法具有更好的抗噪性，这一优势是通过离散化参数 L 取得的。在 PE 算法中，向量[1.01,1,1.01]及[1,1.01,1.01]将被赋予不同的次序模式。然而，信号中各元素幅值的微小差异可能来源于噪声干扰，在 MIPE 算法中，以上向量将会被相同的符号模式表征。离散化参数 L 取值越大，

离散间隔 $\varDelta$ 越小，算法对噪声越敏感。反之，离散化参数 L 取值越小，离散间隔 $\varDelta$ 越大，噪声的干扰效果越不明显。当然，当 L 的取值过小时，算法对信号的描述失真也越大。

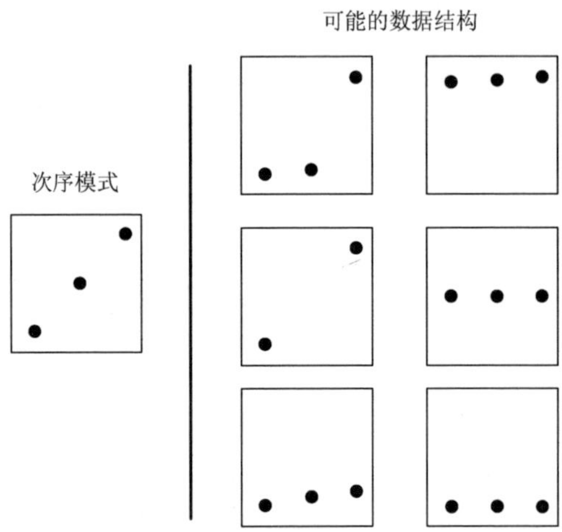

图 7.9　PE 算法中一种次序模式对应的多种数据结构

7.5.2　多尺度改进排列熵算法的性能分析

在利用 MIPE 算法进行信号分析之前，需要对一些参数进行选取，如嵌入维数 m、离散化参数 L、数据长度 N 以及尺度因子 s 等。由 7.4.4 节的分析可知，尺度因子 s 对信息熵算法的影响仅在于数据长度的减小，因此研究尺度因子 s 对 MIPE 算法的影响等价于研究 N 对 MIPE 算法的影响。又由于 MIPE 算法本质上是对各子序列 y^s 求 IPE，只需研究各参数对 IPE 算法的影响即可得到一般结论。

本节首先研究各类参数对 MIPE 算法性能的影响，探索参数选取的一般规律。在此基础上，通过分析不同信噪比条件下的洛伦茨信号，观察 MIPE 算法的抗噪性。最后，通过分析随机程度各异的不同阶自回归时间序列，验证 MIPE 算法的熵特征提取性能。

1. 嵌入维数对 IPE 算法的影响

为了研究嵌入维数 m 对 IPE 算法的影响，控制 $L=4$ 和 $N=50000$ 不变，不断改变 m，观察 IPE 的变化情况。为了使分析结果更具有说服力，分别仿真产生了 20 组不同的高斯白噪声和粉色噪声，计算结果如图 7.10 所示。其中，误差棒中心代表 20 次实验的平均熵值，误差棒代表 20 次实验结果的标准差。可以看到，两类噪声 IPE 估算结果误差棒很短，说明多次估算结果的一致性很高，算法很稳定。

此外，当 m 变化时，两类噪声的熵值变化较小，说明 m 对 IPE 算法的影响较小。当 $4 \leqslant m \leqslant 7$ 时，IPE 算法对两类噪声的区分度更好。

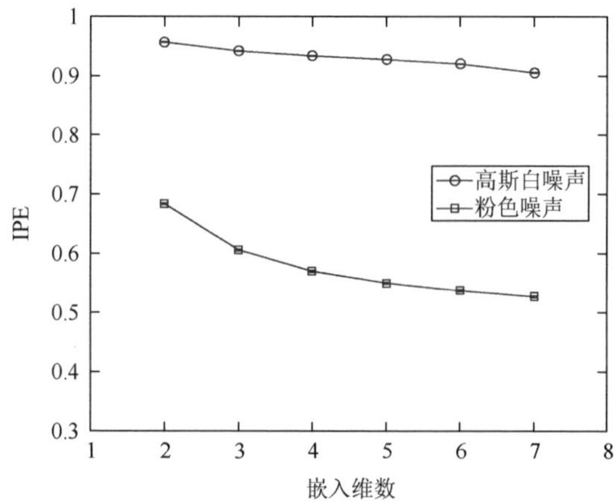

图 7.10　嵌入维数对 IPE 算法的影响

不同 m 条件下，IPE 算法完成 20 组高斯白噪声特征分析所需的运算时间如表 7.5 所示。可以看到，当 $m \leqslant 5$ 时，随着 m 增大，IPE 算法的运算时间增长较慢；而当 $m \geqslant 6$ 时，IPE 算法的运算时间增长较快。这是因为当 m 增大时，式（7.34）需要进行更多次的运算，从而导致运算成本增加。

综合以上分析，在运用 IPE 算法时，建议 m 在 $3 \leqslant m \leqslant 6$ 范围内选取。

表 7.5　不同 m 条件下 IPE 算法完成 20 组高斯白噪声特征分析所需的运算时间（单位：s）

m	IPE 运算时间	m	IPE 运算时间
2	0.33	5	2.74
3	0.49	6	8.56
4	0.98	7	25.77

2. 数据长度对 IPE 算法的影响

为了研究数据长度 N 对 IPE 算法的影响，控制 $m=4$ 和 $L=4$ 不变，令 N 在 10～10000 变化，变化步长为 50 个样本点，观察 IPE 的变化情况。如图 7.11 所示，两类噪声的 IPE 值随着 N 的增大先快速上升，然后趋于平稳。当 $N \leqslant 100$ 时，IPE 算法无法将两类噪声区分开。这是因为 IPE 算法中共有 L^m 个潜在“模式”可用于描述信号（此例中，潜在“模式”总数为 $L^m=256$），因此至少需要 L^m 个数据点才有可能将潜在“模式”完全覆盖，从而正确描述信号。当 $N \leqslant L^m$ 时，IPE 对信号的表征是不准确的。可以看到，当 $N \geqslant 1000$ 时，两类噪声的 IPE 值趋于平稳，且区分度很高。由于 $1000 \approx 4 \times 256$，可以大致推断 IPE 算法在满足 $N \geqslant 4L^m$ 时，可以对信号进行稳定、准确的熵估计。

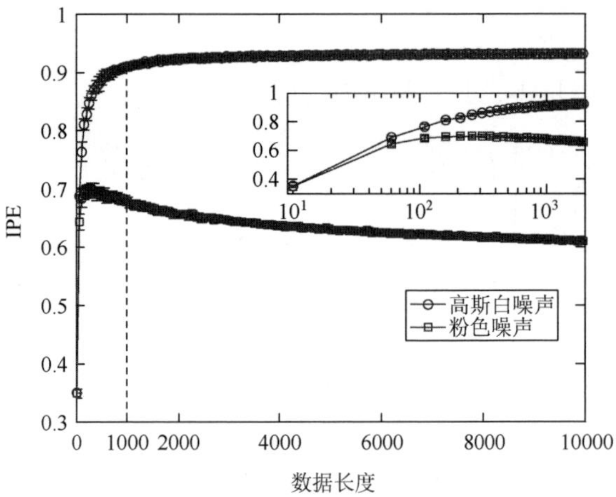

图 7.11　数据长度对 IPE 算法的影响（彩图附书后）

不同 N 条件下，IPE 算法完成 20 组高斯白噪声特征分析所需的运算时间如表 7.6 所示。可以看到，在不同数据长度下，IPE 算法所需的运算时间都很短，说明 IPE 算法的复杂度很低。随着 N 的增大，IPE 算法所需的运算时间也只有细微的上涨。值得注意的是，考察 IPE 算法的计算成本需要同时考虑 m 和 N，表 7.6 是在 $m=4$ 的条件下得出的。若 m 取其他值，对应的运算时间也将改变。表 7.6 的结果说明，在现有参数条件下，数据长度 N 对算法的运算性能影响不大。对比表 7.6 与表 7.4 不难发现，相比于传统的信息熵算法，IPE 算法的运算速度大幅提升，尤其是当数据长度取较大值时，这一结果有利于将 IPE 算法在实时应用。

表 7.6　不同 N 条件下 IPE 算法完成 20 组高斯白噪声特征分析所需的运算时间（单位：s）

N	IPE 运算时间	N	IPE 运算时间
1000	0.24	50000	0.97
5000	0.32	100000	1.66
10000	0.40		

综合以上分析，在运用 IPE 算法时，数据长度满足 $N \geqslant 4L^m$ 的基本条件即可。

3. 离散化参数 L 对 IPE 算法的影响

为了研究离散化参数 L 对 IPE 算法的影响，控制 $m=4$ 和 $N=50000$ 不变，令

L 在 2～10 变化，观察 IPE 的变化情况。如图 7.12 所示，当 $L \leqslant 6$ 时，随着 L 增加，两类噪声的 IPE 快速上升；而当 $L \geqslant 6$ 时，增加 L，两类噪声的 IPE 增长缓慢，趋于平稳。这是因为在利用式（7.33）对 $Y^s(:,1)$ 进行符号化处理时，不可避免地丢失部分系统信息。L 越大，对 $Y^s(:,1)$ 的划分越精确，IPE 结果也越准确；L 越小，对 $Y^s(:,1)$ 的划分越粗糙，IPE 结果就越偏离真实值。图 7.12 中，高斯白噪声的 IPE 结果始终接近却不等于最大熵值 1 也是因为这个原因。值得一提的是，当 L 较小时，IPE 算法的抗噪性在一定程度上能得到加强。因此，离散化参数 L 的选择需要在熵估计精度和抗噪性之间加以平衡。观察图 7.12 可以发现，当 $L=4$ 时，白噪声的 IPE 约等于 0.93，已经与真实值 1 非常接近。因此，在运用 IPE 算法时，建议选取 $L \geqslant 4$。

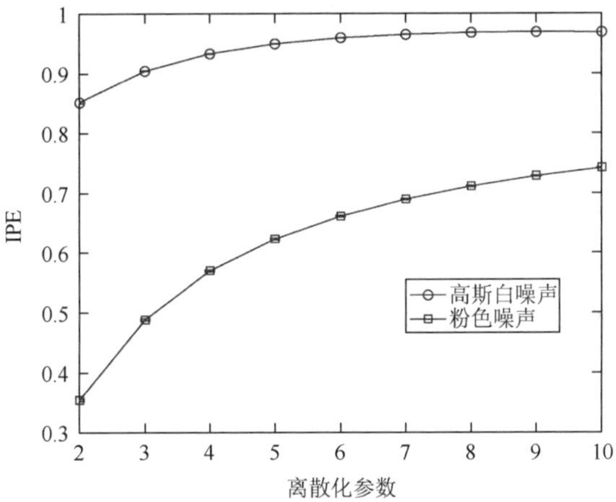

图 7.12　离散化参数对 IPE 算法的影响

4. MIPE 算法的抗噪性能分析

为了研究 MIPE 算法的抗噪性能，选取洛伦茨混沌信号进行分析。混沌信号可通过求解式（7.30）得到，本节选取洛伦茨方程 z 轴分量的分析结果进行展示，其他分量的计算结果类似。为了使计算结果更具有说服力，仿真生成了 20 组不同的洛伦茨混沌信号。通过向洛伦茨混沌信号中添加不同强度的高斯白噪声，可以得到不同信噪比（signal to noise ratio，SNR）条件下的含噪洛伦茨混沌信号。本章中，SNR 均定义为信号功率与噪声功率之商，可通过式（7.37）求得：

$$\mathrm{SNR} = \lg \frac{\sum_{i=1}^{N} x_i^2}{\sum_{i=1}^{N} n_i^2} \tag{7.37}$$

式中，x_i 和 n_i 分别为信号和噪声的第 i 个元素。选取参数 $m=4$、$N=10000$ 及

$s=1\sim10$，令 L 分别等于 4 和 8，计算 MIPE，结果如图 7.13 所示。可以看到，不同 SNR 条件下的洛伦茨混沌信号熵值曲线接近，说明 MIPE 算法的抗噪性能较好。当 $L=4$ 时，熵值曲线仅在−5dB 时略有上升；而当 $L=8$ 时，曲线在 5dB 时已经开始分离。这一现象验证了前文的观点，即当 L 较小时，MIPE 算法的抗噪性在一定程度上得到加强。

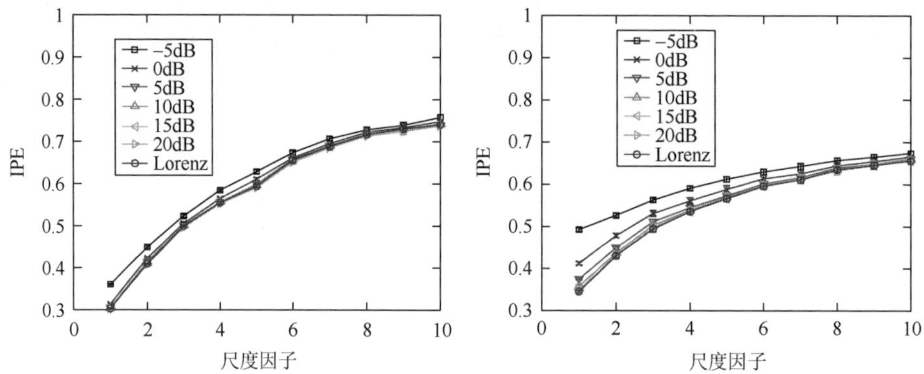

(a) $L=4$　　　　(b) $L=8$

图 7.13　洛伦茨混沌信号的 MIPE 分析结果

利用传统的多尺度信息熵算法对上述洛伦茨混沌信号进行分析，结果如图 7.14 所示。可以看到，含噪洛伦茨混沌信号的熵值在低尺度迅速偏离其真实值，当 SNR = −5dB 时，$s=1$ 处的熵值甚至已与高斯白噪声相同，说明传统的信息熵算法均容易受到噪声的影响。对比图 7.13 与图 7.14，显然，MIPE 算法的抗噪性相比于传统的多尺度信息熵算法得到了很大的提升。

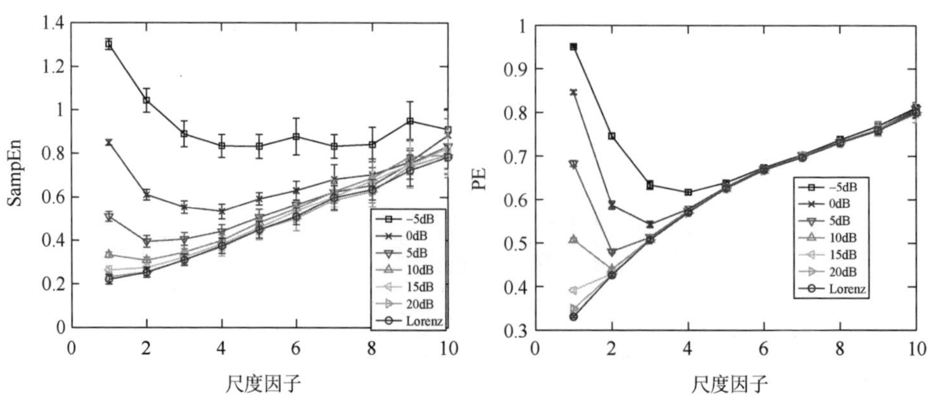

(a) MSE分析结果($m=2$, $r=0.15$STD)　　　　(b) MPE分析结果($m=4$)

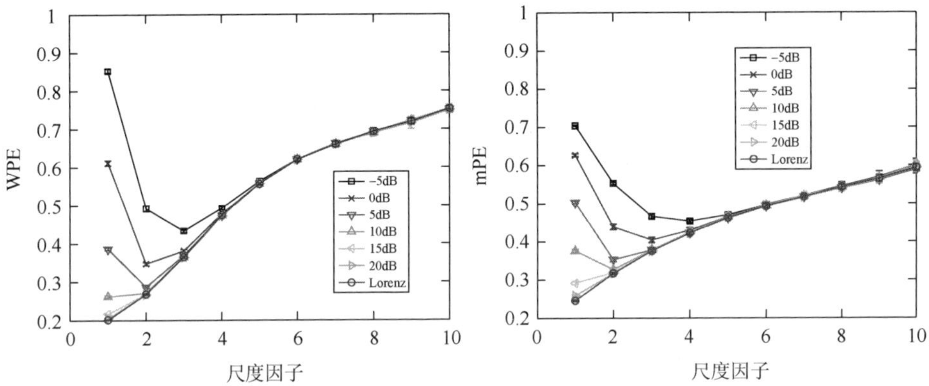

(c) MWPE分析结果($m=4$)　　(d) MmPE分析结果($m=4$)

图 7.14　基于传统多尺度信息熵算法的洛伦茨混沌信号分析结果

5. MIPE 算法的熵特征提取性能分析

衡量一个信息熵算法的好坏，一个重要的方面是考察其对信号随机程度、不确定度、可预测度的估计是否准确，对由不同系统产生的具有不同动力学特性的信号是否能够正确分辨。本节将这一考察标准定义为熵特征提取性能。熵特征提取性能越好，对不同类别信号的分辨能力越强；反之，对不同类别信号的分辨能力越弱。为了考察 MIPE 算法的熵特征提取性能，利用如式（7.38）所示的自回归（autoregressive，AR）模型产生不同阶次的 AR 时间序列：

$$\mathrm{AR}_p(t)=\sum_{i=1}^{p}\alpha_i \mathrm{AR}(t-i)+n(t) \tag{7.38}$$

式中，$n(t)$ 表示均值为 0、方差为 1 的高斯白噪声；p 为 AR 时间序列的阶数，当 $p=0$ 时，AR_0 与高斯白噪声等价；α_i 为预先定义的相关系数。产生不同阶次 AR 时间序列的参数详情如表 7.7 所示，其对应的时域波形如图 7.15 所示。一般来说，AR 时间序列的阶次越高，样本点间的相关性越强，可预测性越强，序列的随机程度越低；序列阶次越低，样本点间的相关性越弱，可预测性越弱，序列的随机程度越高。从图 7.15 中也可以看出，AR 时间序列的阶次越低，其时域波形与高斯白噪声越接近。

表 7.7　AR 时间序列的参数详情

项目	α_1	α_2	α_3	α_4	α_5	α_6	α_7
AR_1	1/2	—	—	—	—	—	—
AR_2	1/2	1/4	—	—	—	—	—
AR_3	1/2	1/4	1/8	—	—	—	—

续表

项目	α_1	α_2	α_3	α_4	α_5	α_6	α_7
AR_4	1/2	1/4	1/8	1/16	—	—	—
AR_5	1/2	1/4	1/8	1/16	1/32	—	—
AR_6	1/2	1/4	1/8	1/16	1/32	1/64	—
AR_7	1/2	1/4	1/8	1/16	1/32	1/64	1/128

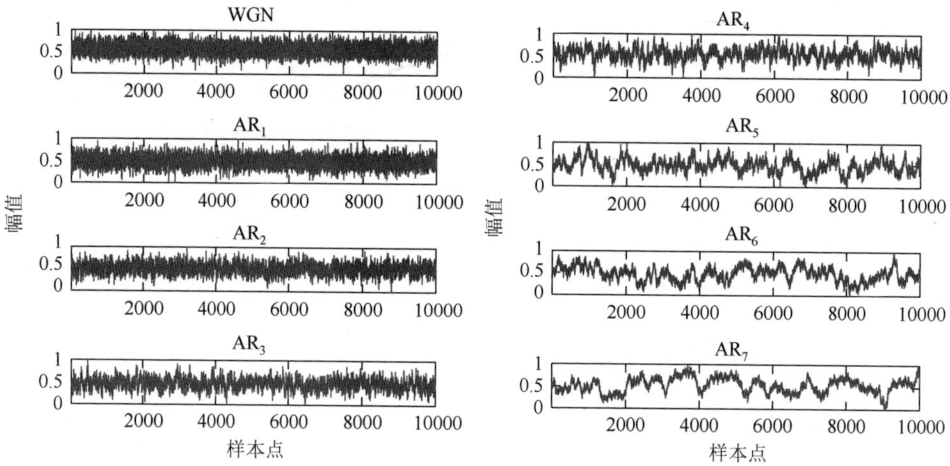

(a) AR_0(WGN)～AR_3时域波形　　(b) AR_4～AR_7时域波形

图 7.15　不同阶次 AR 时间序列的时域波形

利用 MIPE 算法对以上不同阶次的 AR 时间序列进行特征分析，选取参数为 $m=4$、$N=10000$、$L=4$ 及 $s=1$～10。为了使结果更具有说服力，对每一阶 AR 时间序列，分别独立进行 20 组特征分析实验，结果如图 7.16 所示。图中，AR 时间序列的 MIPE 特征曲线依次排列，且 AR 时间序列的阶次越高，平均 MIPE 值越低，意味着序列的随机程度越低，可预测性越强。图 7.16 的结果说明，MIPE 算法的熵特征提取性能较好，对信号随机程度和可预测度的估计准确，对由不同系统产生的具有不同动力学特性的信号能够正确分辨。

利用传统的多尺度信息熵算法对上述AR时间序列进行特征分析，结果如图7.17所示。可以看到，图 7.17（a）中，随着 AR 时间序列阶次的增加，与之对应的 MSE 熵值曲线大致呈递减趋势排列，与实际物理模型基本吻合。但当 AR 时间序列的阶次较大时，AR_6 与 AR_7 的 MSE 特征存在重叠，说明 MSE 算法对二者的区分度减弱。此外，随着尺度因子增加，高斯白噪声在各尺度上的 SampEn 值呈递减趋势，在尺度 $s=10$ 上的平均熵值甚至低于 AR_6，这与实际情况不符。在图 7.17（b）～（d）

中，MPE、MWPE 以及 MmPE 三类算法的熵值曲线走势大致相同。当阶次小于 5 时，三类算法对 AR 时间序列的区分度较好；而当阶次进一步增大时，三类算法无法正确区分 AR_6 与 AR_7。其次，在较低尺度处，所有阶次的 AR 时间序列均被三类算法赋予较高的熵值，这与实际物理模型不符。此外，不难发现，所有阶次 AR 时间序列的多尺度熵值均局限在较窄范围内，意味着基于以上三类算法提取到的熵特征对不同类别信号的区分度不足。

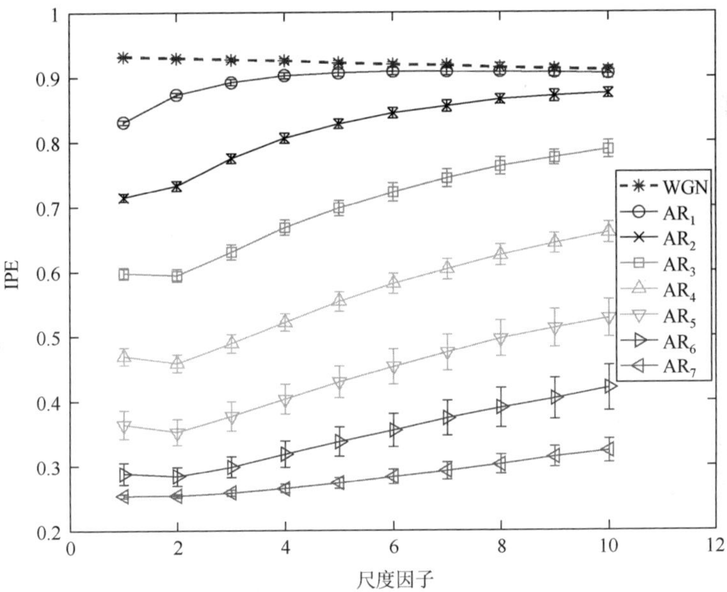

图 7.16　不同阶次 AR 时间序列的 MIPE 特征

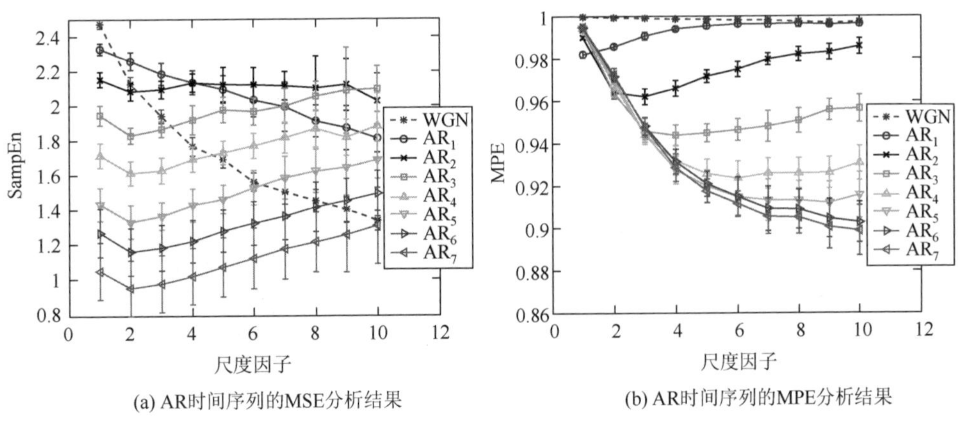

(a) AR时间序列的MSE分析结果

(b) AR时间序列的MPE分析结果

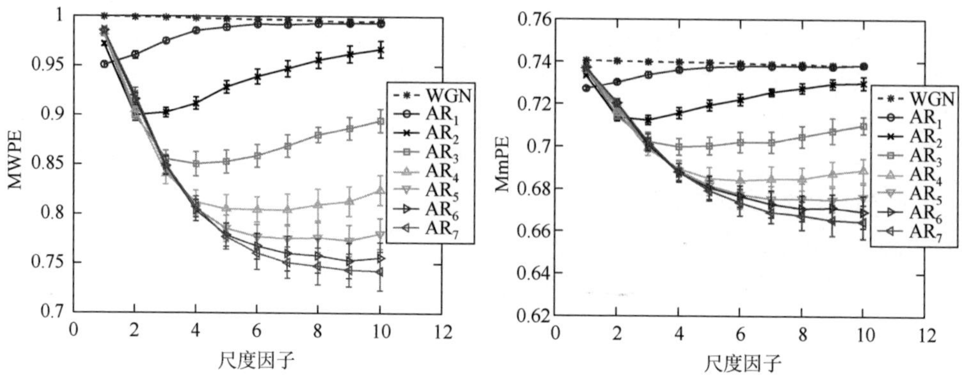

(c) AR时间序列的MWPE分析结果　　(d) AR时间序列的MmPE分析结果

图 7.17　基于传统多尺度信息熵算法的 AR 时间序列特征分析结果

对比图 7.16 与图 7.17 可以发现，与传统多尺度信息熵算法相比，MIPE 算法具有以下优势：①MIPE 算法的分析结果与实际物理模型的吻合度更高；②MIPE 算法的多次实验结果一致性更高，算法更稳定；③MIPE 算法对由不同系统产生的具有不同动力学特性的信号分辨能力更强。因此，MIPE 算法的熵特征提取性能更强。

7.6　水声信号的熵特征

本节利用信息熵算法分析实测水声信号，提取水声信号的熵特征，利用神经网络分类器对提取到的熵特征进行分类、识别，最后通过识别率验证信息熵算法在水声信号特征提取中的有效性。

7.6.1　实测水声数据集

本节分析的实测数据包括海洋背景噪声及三类水面舰船目标：客船、大型邮轮/货船和摩托艇。其中，海洋背景噪声和大型货船数据测量于中国南海，采样频率为 20000Hz，水听器布放深度约为 3000m。其余水面舰船目标数据来源于 ShipsEar[26]数据库，数据主要测量于西班牙维戈港（42°14.5′N，008°43.4′W）附近，该处最大海深约为 45m，是世界上较繁忙的港口之一。如图 7.18 所示，水听器下接铅块，上接浮球，以浮标的形式布放至海底（除海深不同外，本节中测量于中国南海的水声数据的测量方式与图 7.18 类似，故不再额外作图展示）。水听器灵敏度为−193.5dBre1V/lμPa，且在 1Hz～28kHz 的频率范围内响应平坦。在 2012 年秋季至 2013 年夏季期间，不同类别的舰船辐射噪声被该实验系统采集，采样频率为 52734Hz。为使两批数据保持一致，在进行数据分析时，可对 ShipsEar 数据库中的数据进行降采样处理。

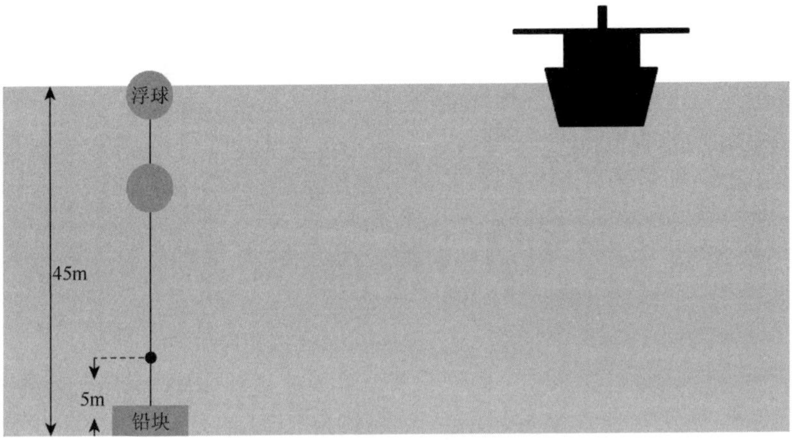

图 7.18　数据测量装置示意图

如表 7.8 所示，每类水面舰船目标均包含数艘船只的辐射噪声样本，这有利于验证同类目标特征的一致性。后续分析中，为方便展示，不同船只分别用客船-1、客船-2、客船-3、客船-4、大型邮轮-1、大型邮轮-2、大型邮轮-3、大型货船、摩托艇-1、摩托艇-2、摩托艇-3、摩托艇-4 加以表示。另外，由表 7.8 可知，海洋背景噪声及三类舰船目标的样本总时长分别为 300s、580s、958s 和 306s，数据量较为充分，数据分析结果相对可靠。

图 7.19 为三类水面舰船目标的外观示意图，可以看到，三类目标在外观、吨位上均存在较大区别，将其划分为三个类别是合理的。图 7.20 为海洋背景噪声和三类舰船目标的归一化时域波形，为作图方便，每类信号仅选取 30s 样本用于展示。

表 7.8　实测水声数据集概况

类别	舰船名称	样本时长/s	合计时长/s
海洋背景噪声	—	300	300
客船	客船-1	276	580
	客船-2	130	
	客船-3	68	
	客船-4	106	

续表

类别	舰船名称	样本时长/s	合计时长/s
大型邮轮/货船	大型邮轮-1	163	958
	大型邮轮-2	95	
	大型邮轮-3	400	
	大型货船	300	
摩托艇	摩托艇-1	79	306
	摩托艇-2	89	
	摩托艇-3	39	
	摩托艇-4	99	

(a) 客船

(b) 大型邮轮/货船

(c) 摩托艇

图 7.19　三类水面舰船目标的外观示意图[26]

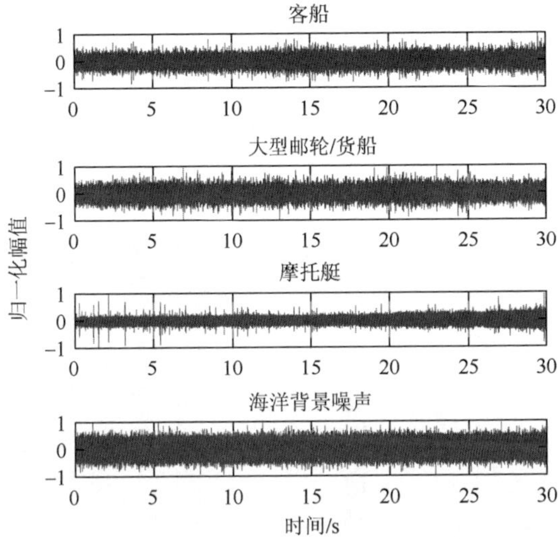

图 7.20　海洋背景噪声和三类舰船目标的归一化时域波形

7.6.2　水声信号的谱特征

功率谱分析是最常用的水声信号特征提取方法。通过功率谱分析，可以得到目标信号在频域上的能量分布。特别地，对目标信号的低频段做功率谱就可以得到它的低频分析与记录（low frequency analysis and recording，LOFAR）谱。

三类目标的 LOFAR 谱特征如图 7.21～图 7.23 所示，其中横坐标表示频率，纵坐标表示时间。可以看到，在某些特殊频点上，能量在一定时间范围内持续存在，从而在时间-频率图中形成垂直于频率轴的亮线，这些亮线也称为线谱。线谱一般是由船体中各类机械设备的往复运动以及螺旋桨叶片的周期转动产生的。一般而言，不同类别的水声目标由于功能、用途不同，其采用的推进系统、机械设备往往存在较大差异。那么，通过观察线谱出现的位置，就可以大致判断水声目标的类别。例如，观察图 7.22 可知，三艘大型邮轮在 60Hz 附近均能观察到稳定的线谱。然而，单一的基于线谱的水声目标识别方法面临着诸多挑战：一方面，线谱特征只是频谱特征的一部分，仅体现了目标的部分特性，而与船体结构、船体材料等息息相关的连续谱部分未能得到充分利用；另一方面，许多机械设备产生的线谱的频带范围大致相同，通过线谱出现的位置很难反推其具体由何种设备产生，也难以对目标的具体类别做出判别。例如，观察图 7.21，可以看到客船在 60Hz 附近也存在稳定的线谱，这与图 7.22 中大型邮轮的线谱位置是相互重叠的，那么 60Hz 处的线谱就难以作为区分客船和大型邮轮的有效特征。另外，想要得到稳定的线谱特征，需要较长时间的连续观测，这就要求目标信号具备平稳性，实际中，目标工况的改变、海洋环境的影响等诸多因素均可能使目标信号非平稳。

此外，远处航船产生的辐射噪声中还包含了大量的干扰线谱，进一步加大了基于线谱特征进行水声目标识别的难度。可见，想要提取出对水声目标识别有益的线谱特征，往往需要一定的先验信息以及丰富的专家知识，在目前的水声装备中，LOFAR 谱主要用于辅助声呐员判别。

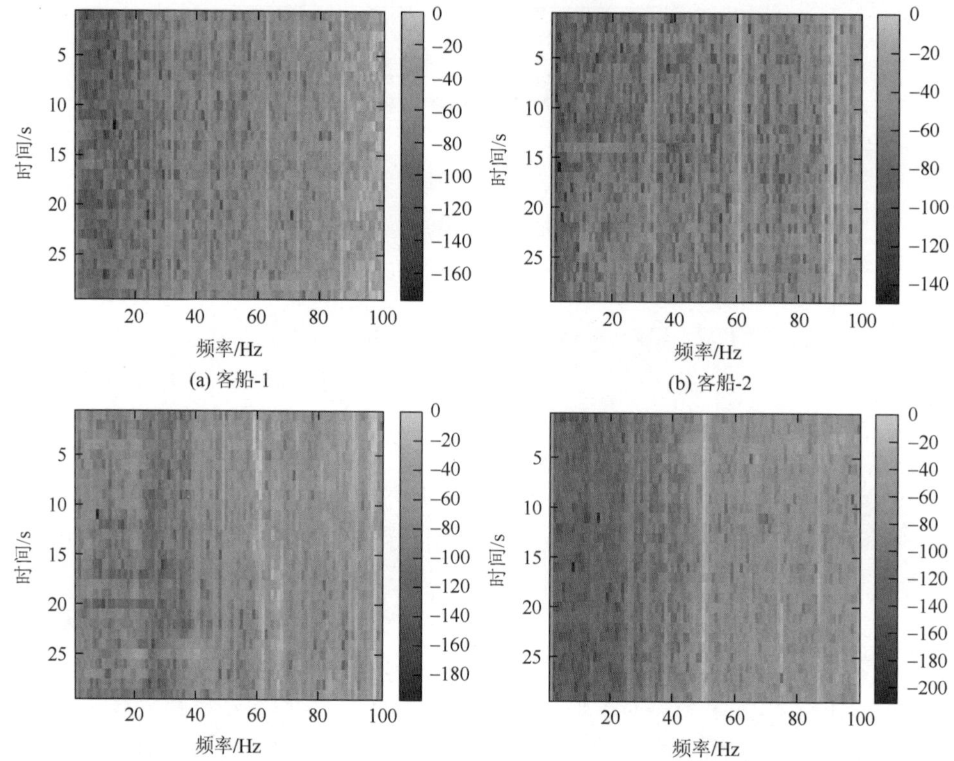

(a) 客船-1　(b) 客船-2　(c) 客船-3　(d) 客船-4

图 7.21　客船的 LOFAR 谱特征（彩图附书后）

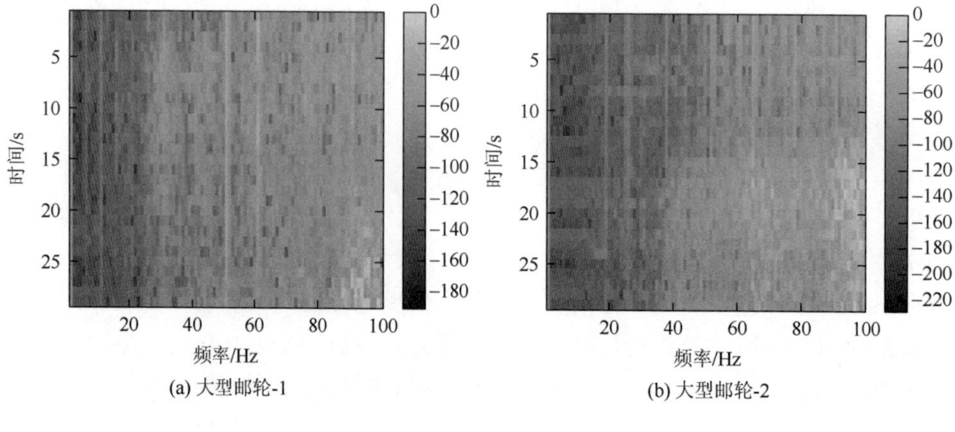

(a) 大型邮轮-1　(b) 大型邮轮-2

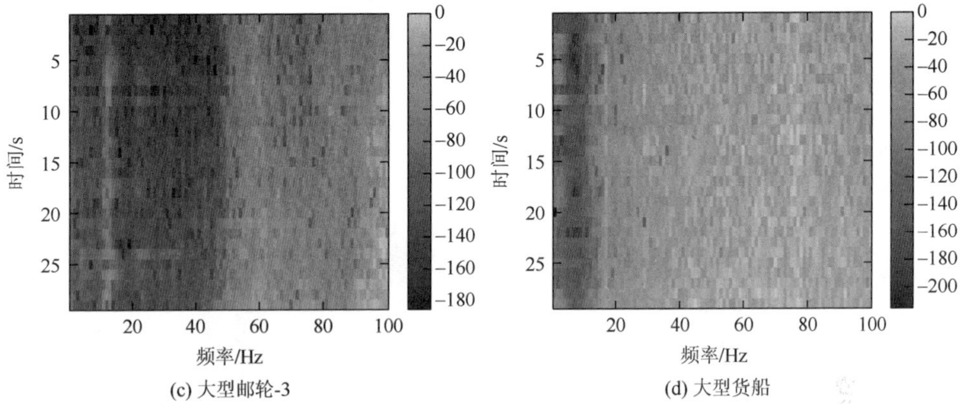

图 7.22　大型邮轮/货船的 LOFAR 谱特征（彩图附书后）

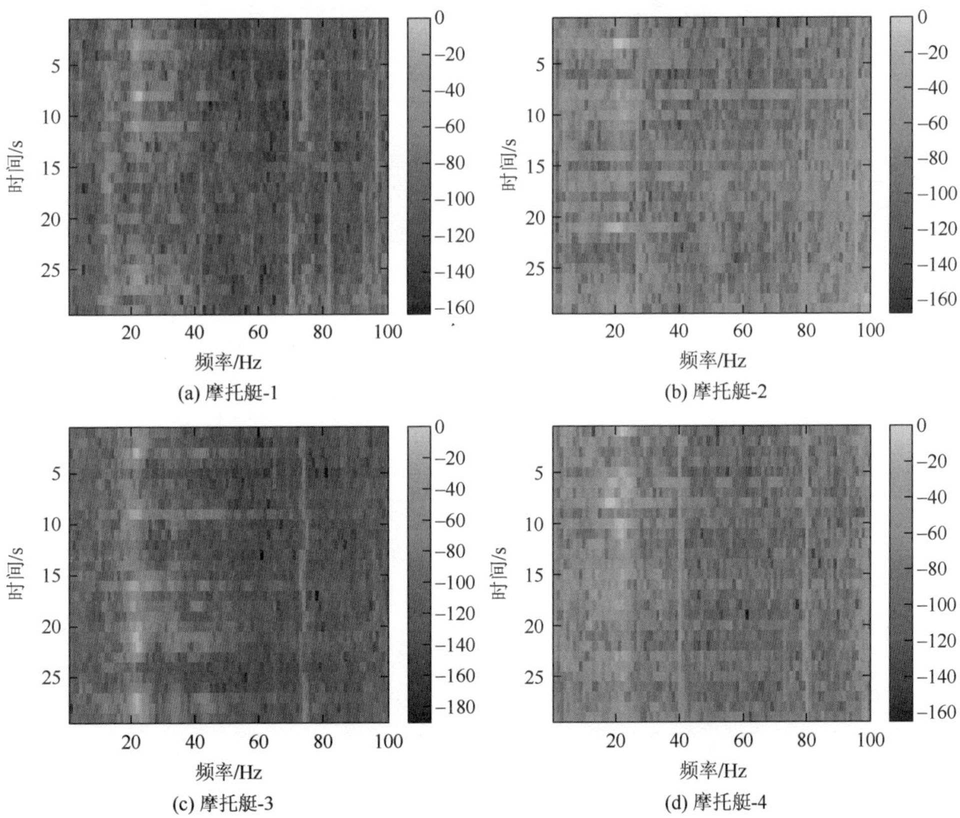

图 7.23　摩托艇的 LOFAR 谱特征（彩图附书后）

作为对比，图 7.24 给出了海洋背景噪声的 LOFAR 谱。可以看到，在低频段，海洋背景噪声的谱特征杂乱无章。这一方面是由于测量过程中，该片海域周围没有船只经过，远处航船噪声的贡献较小。另一方面，在测量过程中风浪较大，风成噪声比重较大，进一步加大了背景噪声的随机性。

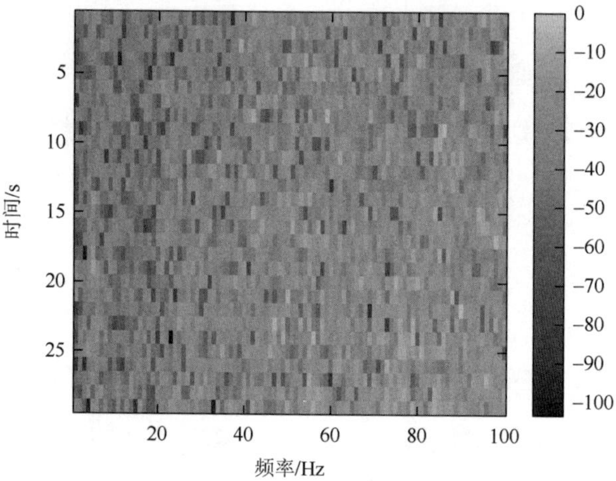

图 7.24　海洋背景噪声的 LOFAR 谱特征（彩图附书后）

7.6.3　实测水声信号的熵特征

本节使用信息熵算法对海洋背景噪声及三类水面舰船目标进行分析。由于数据量较大，对每类信号，使用一个长度为 3s、滑动步长为 1s 的滑动窗将信号分割为若干个小样本。例如，总样本长度为 68s 的客船-3 可被分割为 65 个小样本，每个小样本的数据长度为 3s。分割后，四类水声信号的样本数分别为 297（海洋背景噪声）、559（客船）、946（大型邮轮/货船）和 297（摩托艇）。

设置算法参数为 $m=4$、$L=4$ 以及 $s=1\sim40$，四类水声信号的 MIPE 特征提取结果如图 7.25（a）所示。图中，MIPE 特征以误差棒图的形式呈现，误差棒中心为某尺度下某类水声信号全体样本的 IPE 均值，误差棒则表示 IPE 值的标准差。可以看到，由于风浪较大，风成噪声的比重较多，导致海洋背景噪声的随机性较强，其 IPE 值几乎不随尺度因子变化，始终稳定在 0.9 以上。对三类水面舰船目标而言，随着尺度因子的增加，其熵值曲线均呈先上升后平稳的趋势。其中，客船的熵值曲线在尺度 1～12 的区间内为上升阶段，IPE 值从 0.35 上升到 0.88，从尺度 13 开始，IPE 值不再随尺度因子变化，稳定在 0.9 附近；大型邮轮/货船的熵值曲线则全程处于递增状态，在低尺度上升较快，高尺度上升放缓，IPE 值从 0.25 上升到 0.8；摩托艇熵值曲线的上升阶段较短，仅从尺度 1 上升至尺度 5，随后趋于平缓。

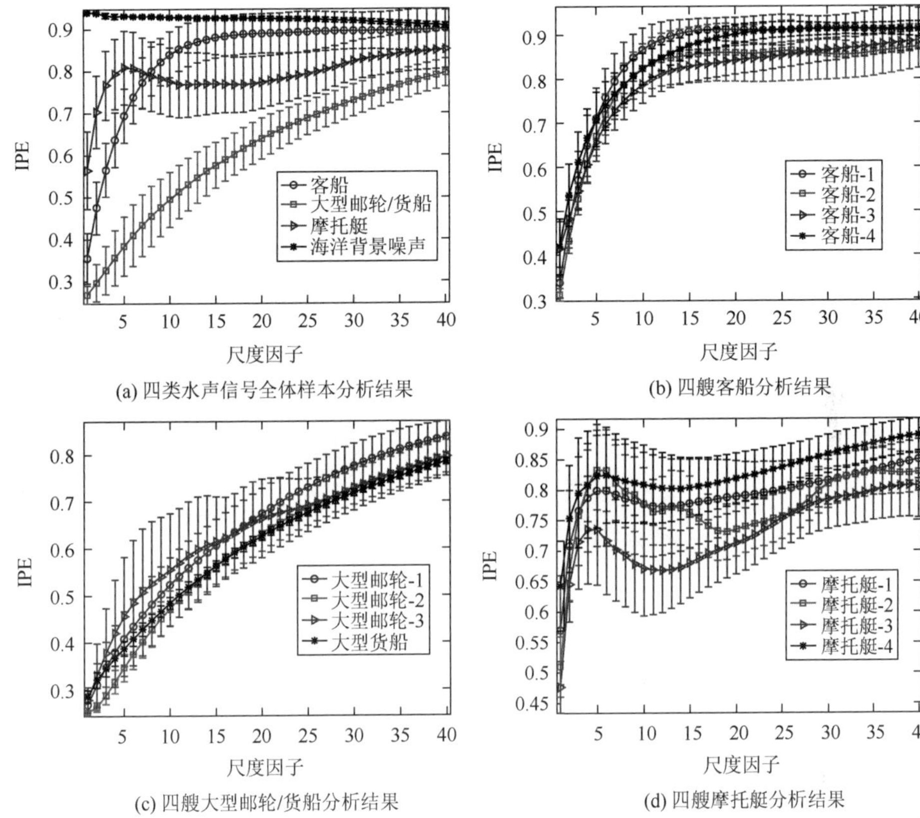

图 7.25　海洋背景噪声及三类水面舰船目标的 MIPE 特征提取结果（$m=4$、$L=4$、$s=1$～40）

就图 7.25（a）而言，四类水声信号 MIPE 特征具有较强的可分性。可分性主要体现在两个方面：①从熵值大小来说，从尺度 1 到尺度 5，四类水声信号的 IPE 值分布在图中的不同区域，几乎不存在重叠，通过熵值大小就可以对四类信号进行区分；②从整体熵值曲线来看，四类水声信号 IPE 值随尺度因子的变化趋势也存在较大差异，这种差异是由信号内在的频率成分不同而产生的，也可据此对四类信号进行区分。

图 7.25（b）～（d）为具体的 12 艘水面舰船目标的 MIPE 特征提取结果。可以看到，不论从熵值大小还是熵值曲线的变化趋势来看，同一类别下不同舰船的 MIPE 特征均有着较强的一致性。

图 7.26 为$m=3$、$L=3$及$s=1$～40参数条件下，四类水声信号的 MIPE 特征提取结果。与图 7.25 相比，图 7.26 的变化不明显，说明参数选取对 MIPE 算法的影响较小，算法稳定性较强。

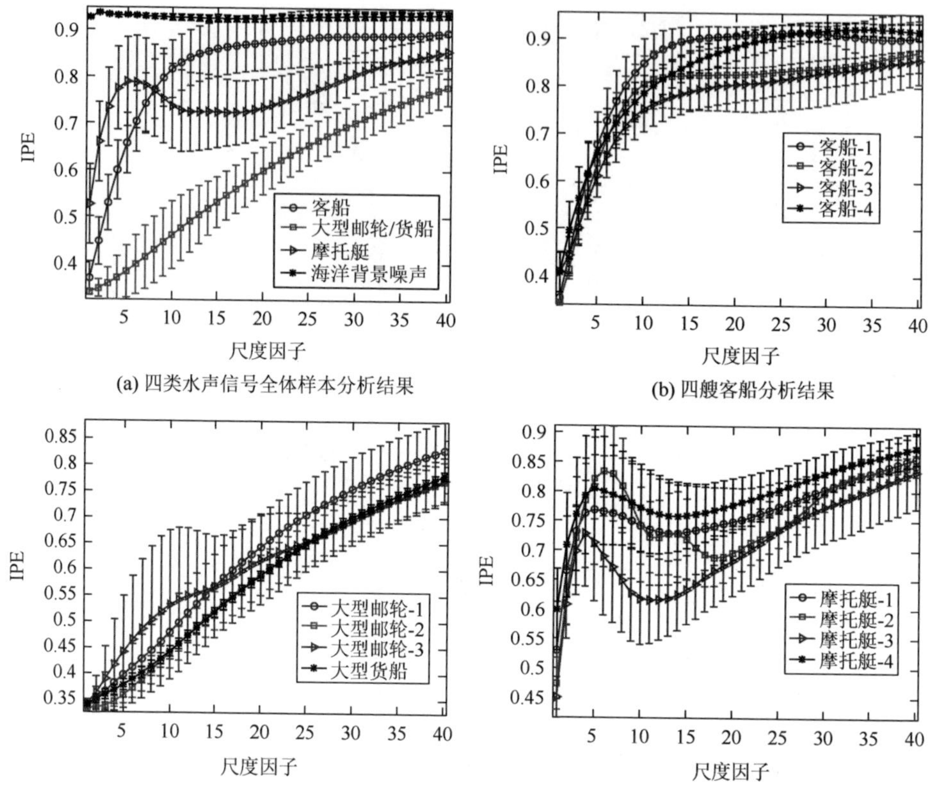

(a) 四类水声信号全体样本分析结果　(b) 四艘客船分析结果

(c) 四艘大型邮轮/货船分析结果　(d) 四艘摩托艇分析结果

图 7.26　海洋背景噪声及三类水面舰船目标的 MIPE 特征提取结果（$m=3$、$L=3$、$s=1\sim40$）

作为对比，图 7.27 给出了一种传统的多尺度熵算法——MPE 算法的特征提取结果。计算 MPE 的参数设置为：$m=4$、$\tau=1$ 及 $s=1\sim40$。比较图 7.27（a）与图 7.25（a）不难发现，传统的 MPE 算法对四类水声信号的可分性要显著弱于

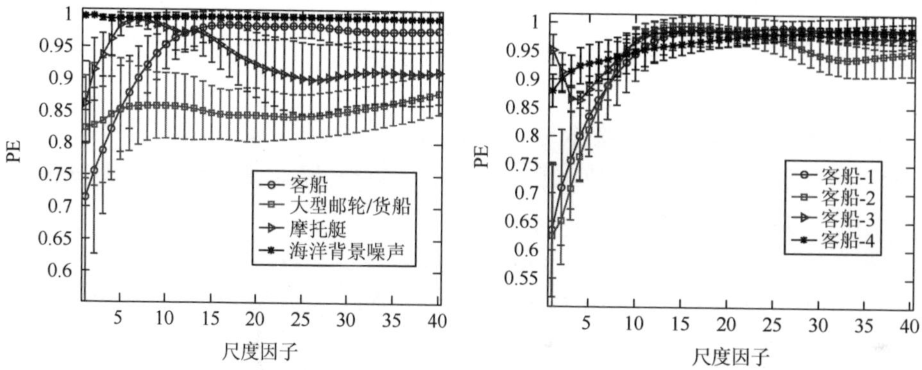

(a) 四类水声信号全体样本分析结果　(b) 四艘客船分析结果

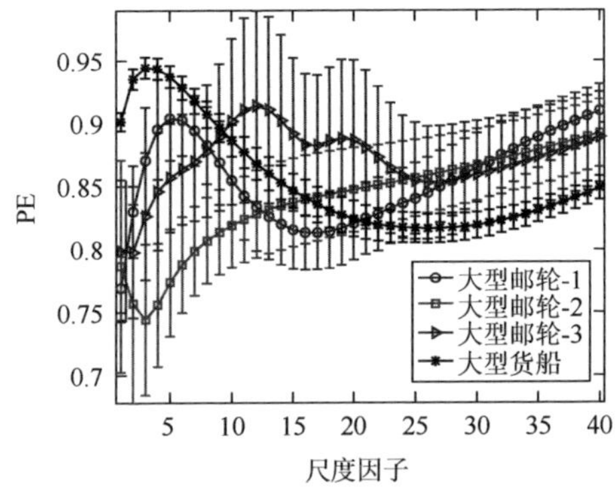

(c) 四艘大型邮轮/货船分析结果

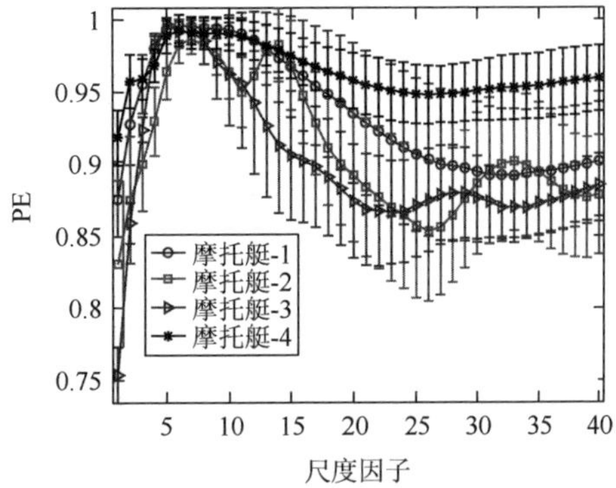

(d) 四艘摩托艇分析结果

图 7.27　海洋背景噪声及三类水面舰船目标的 MPE 特征提取结果（$m=4$，$\tau=1$，$s=1\sim40$）

MIPE 算法。从熵值大小来看，四类水声信号的 PE 值均集中在 0.7～1，且在各个尺度上均存在重叠，难以根据熵值大小对四类信号进行识别。观察图 7.27（b）～（d）可以看到，同一类别下不同舰船 MPE 特征的一致性不高，这一点在四艘客船上体现得尤为明显。

7.6.4　基于概率神经网络的水声信号分类

在图 7.25 和图 7.26 中，已经可以比较直观地看到 MIPE 特征对四类水声信号有着较好的可分性，但仍缺少指标量化该特征的具体性能。本节利用人工神经网络对提取到的特征进行分类、识别，通过识别率进一步说明 MIPE 算法在水声信号特征提取中的有效性。

概率神经网络（probabilistic neural network，PNN）[27]是一种有监督的神经网络分类器，自 1989 年被提出以来，该网络就因训练速度快、分类结果准确等优点而被广泛运用。基于此，本节使用 PNN 对所提取的特征进行处理。同时，为了与传统的水声信号特征提取方法进行对比，本节还分别计算了四类水声信号的倒谱和梅尔倒谱系数（Mel-frequency cepstrum coefficient，MFCC）。其中，根据 Das 等的研究结果[28]，仅选取倒谱的前 512 维数据输入神经网络。另外，在计算 MFCC 特征时，其参数主要参照王强等的建议[29]，即在 20～2000Hz 范围内设置 24 个梅尔滤波器，并选取前 13 维特征参数输入分类器中。

在利用 PNN 进行分类、识别时，需要对训练集和测试集进行划分。本节参照文献[30]中的数据集划分标准，对每类信号，分别选取前 50%的样本进行训练，其余样本进行测试，详情如表 7.9 所示。

表 7.9　四类水声信号的训练集和测试集

类别	训练样本数	测试样本数	总样本数
客船	279	280	559
大型邮轮/货船	476	470	946
摩托艇	144	150	294
海洋背景噪声	147	150	297

不同参数条件下，基于 MIPE 特征的四类水声信号 PNN 分类结果如表 7.10 和表 7.11 所示（为方便表示，后面将这两种方法的组合表示为 MIPE-PNN，其余方法的组合可依此类推）。可以看到，两组参数条件下获得的 MIPE 特征均在 PNN 中取得了较好的分类效果，总体识别率分别达到 89.71%和 88.19%，这一结果与图 7.25 和图 7.26 所展示的效果基本一致。从识别结果来看，MIPE 特征的问题主要在于未能将客船和摩托艇完全区分。

表 7.10　四类水声信号的 MIPE-PNN 分类结果（$m=4$、$L=4$、$s=1\sim40$）

类别	PNN 判别				识别率/%
	客船	大型邮轮/货船	摩托艇	海洋背景噪声	
客船	233	7	40	0	83.21
大型邮轮/货船	0	442	28	0	94.04
摩托艇	4	11	117	18	78
海洋背景噪声	0	0	0	150	100
总计	—	—	—	—	89.71

表 7.11　四类水声信号的 MIPE-PNN 分类结果（$m=3$、$L=3$、$s=1\sim40$）

类别	PNN 判别				识别率/%
	客船	大型邮轮/货船	摩托艇	海洋背景噪声	
客船	201	17	62	0	71.79
大型邮轮/货船	0	450	20	0	95.74
摩托艇	0	25	125	0	83.33
海洋背景噪声	0	0	0	150	100
总计	—	—	—	—	88.19

表 7.12～表 7.14 分别为 MPE-PNN、倒谱-PNN 和 MFCC-PNN 的分类结果，三者的总体识别率分别达到 80.10%、88.19%和 80.86%。尽管这三类方法的总体

识别率仅比 MIPE-PNN 略低，但三者均存在对某一类目标的识别效果较差的问题。不难发现，MPE-PNN 将 57 份摩托艇样本判别为背景噪声，使得该方法对摩托艇的识别率仅为 56.67%。另外，倒谱特征很容易将客船和大型邮轮混淆，导致其对客船的识别率仅为 68.93%。此外，MFCC 则将许多客船样本识别为了背景噪声，造成其对客船的识别率仅为 31.79%。相反，在 $m=4$、$L=4$ 条件下，MIPE-PNN 能对四类水声信号均实现较好的区分，对某类目标而言，其最低识别率也达到 78%。可以认为，MIPE 特征对四类水声信号的识别效果更为均衡。

表 7.12　四类水声信号的 MPE-PNN 分类结果（$m=4$、$\tau=4$、$s=1\sim40$）

类别	PNN 判别				识别率/%
	客船	大型邮轮/货船	摩托艇	海洋背景噪声	
客船	204	1	14	61	72.86
大型邮轮/货船	5	402	63	0	85.53
摩托艇	0	8	85	57	56.67
海洋背景噪声	0	0	0	150	100
总计	—	—	—	—	80.10

表 7.13　四类水声信号的倒谱-PNN 分类结果

类别	PNN 判别				识别率/%
	客船	大型邮轮/货船	摩托艇	海洋背景噪声	
客船	193	86	1	0	68.93
大型邮轮/货船	0	470	0	0	100
摩托艇	35	0	115	0	76.67
海洋背景噪声	0	0	2	148	98.67
总计	—	—	—	—	88.19

表 7.14　四类水声信号的 MFCC-PNN 分类结果

类别	PNN 判别				识别率/%
	客船	大型邮轮/货船	摩托艇	海洋背景噪声	
客船	89	7	0	184	31.79
大型邮轮/货船	0	470	0	0	100
摩托艇	0	10	140	0	93.33
海洋背景噪声	0	0	0	150	100
总计	—	—	—	—	80.86

参考文献

[1] 陈哲，李亚安. 基于多尺度排列熵的舰船辐射噪声复杂度特征提取研究[J]. 振动与冲击，2019，38(12): 225-230.

[2] 李亚安，徐德民，张效民. 舰船噪声信号的混沌特性研究[J]. 西北工业大学学报, 2001, 19(2): 266-269.

[3] 吴国清，李靖，陈耀明，等. 舰船噪声识别(Ⅰ)——总体框架、线谱分析和提取[J]. 声学学报，1998，23(5): 394-400.

[4] 曹红丽，方世良，罗昕炜. 舰船辐射噪声的非线性特征提取和识别[J]. 南京大学学报(自然科学版)，2013，49(1): 64-71.

[5] Shannon C E. A mathematical theory of communication[J]. Bell System Technical Journal, 1948, 27(3): 3-55.

[6] Renyi A. On measures of information and entropy[C]. Proceedings of the 4th Berkeley Symposium on Mathematics, Statistics and Probability, 1961, 1: 547-561.

[7] Tsallis C. Possible generalization of Boltzmann-Gibbs statistics[J]. Journal of Statistical Physics, 1988, 52(1-2): 479-487.

[8] Pincus S. Approximate entropy(ApEn) as a complexity measure[J]. Chaos, 1995, 5(1): 110-117.

[9] Han N C, Muniandy S V, Dayou J. Acoustic classification of Australian anurans based on hybrid spectral-entropy approach[J]. Applied Acoustics, 2011, 72(9): 639-645.

[10] Kurths J, Voss A, Saparin P, et al. Quantitative analysis of heart rate variability[J]. Chaos: An Interdisciplinary Journal of Nonlinear Science, 1998, 5(1): 88-94.

[11] Beck C, Schögl F. Thermodynamics of Chaotic Systems: An Introduction(Cambridge Nonlinear Science Series)[M]. Cambridge: Cambridge University Press, 1993.

[12] Życzkowski K. Rényi extrapolation of Shannon entropy[J]. Open Systems & Information Dynamics, 2012, 10(3): 297-310.

[13] Takens F. Detecting Strange Attractors in Turbulence[M]. Berlin: Springer, 1981.

[14] Richman J, Moorman J. Physiological time-series analysis using approximate entropy and sample entropy[J]. American Journal of Physiology, Heart and Circulatory Physiology, 2000, 278: H2039-H2049.

[15] Alcaraz R, Abásolo D, Hornero R, et al. Study of sample entropy ideal computational parameters in the estimation of atrial fibrillation organization from the ECG[C]. Computing in Cardiology, 2010: 1027-1030.

[16] Bandt C, Pompe B. Permutation entropy: A natural complexity measure for time series[J]. Physical Review Letters, 2002, 88(17): 174102.

[17] Fadlallah B, Chen B, Keil A, et al. Weighted-permutation entropy: A complexity measure for time series incorporating amplitude information[J]. Physical Review E: Nonlinear, and Soft Matter Physics, 2013, 87(2): 022911.

[18] Bian C, Qin C, Ma Q D, et al. Modified permutation-entropy analysis of heartbeat dynamics[J]. Physical Review E: Nonlinear, and Soft Matter Physics, 2012, 85(2 Pt 1): 021906.

[19] Costa M, Goldberger A L, Peng C K. Multiscale entropy to distinguish physiologic and synthetic RR time series[J]. Computers in Cardiology, 2002, 29(29): 137-140.

[20] Kennel M B, Brown R, Abarbanel H D. Determining embedding dimension for phase-space reconstruction using a geometrical construction[J]. Physical Review A, 1992, 45(6): 3403-3411.

[21] Fraser A M, Swinney H L. Independent coordinates for strange attractors from mutual information[J]. Physical

Review A, 1986, 33(2): 1134-1140.

[22] Garland J, Bradley E, Meiss J D. Exploring the topology of dynamical reconstructions[J]. Physica D: Nonlinear Phenomena, 2016, 334: 49-59.

[23] Zhu S, Gan L. Incomplete phase-space method to reveal time delay from scalar time series[J]. Physical Review E: Nonlinear, and Soft Matter Physics, 2016, 94(5-1): 052210.

[24] 朱胜利, 甘露. 一种基于非完整二维相空间分量置换的混沌检测方法[J]. 物理学报, 2016, 65(7): 59-67.

[25] Chen Z, Li Y, Liang H, et al. Improved permutation entropy for measuring complexity of time series under noisy condition[J]. Complexity, 2019, 2019(4): 1-12.

[26] Santos-Domínguez D, Torres-Guijarro S, Cardenal-López A, et al. ShipsEar: An underwater vessel noise database[J]. Applied Acoustics, 2016, 113: 64-69.

[27] Specht D F. Probabilistic neural networks and the polynomial Adaline as complementary techniques for classification[J]. IEEE Transactions on Neural Networks, 2002, 1(1): 111-121.

[28] Das A, Kumar A, Bahl R. Radiated signal characteristics of marine vessels in the cepstral domain for shallow underwater channel[J]. Journal of the Acoustical Society of America, 2010, 128(4): EL151.

[29] Wang Q, Zeng X, Wang L, et al. Passive moving target classification via spectra multiplication method[J]. IEEE Signal Processing Letters, 2017, 24(4): 451-455.

[30] Shen S, Yang H, Li J, et al. Auditory inspired convolutional neural networks for ship type classification with raw hydrophone data[J]. Entropy, 2018, 20(12): 990.

索　引

R

S

T

W

X

Y

Z

彩　　图

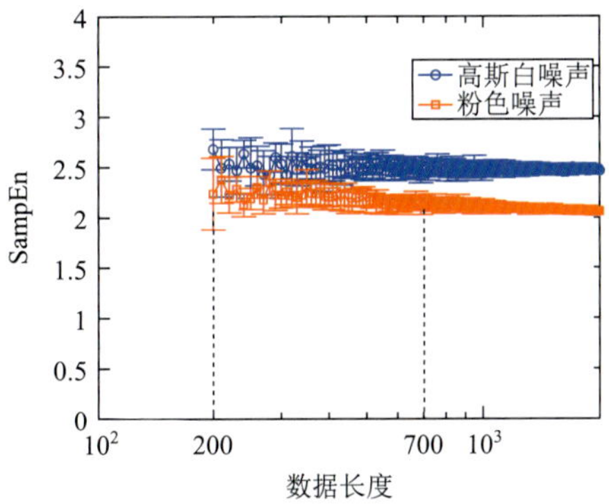

(a) 数据长度对SampEn算法的影响

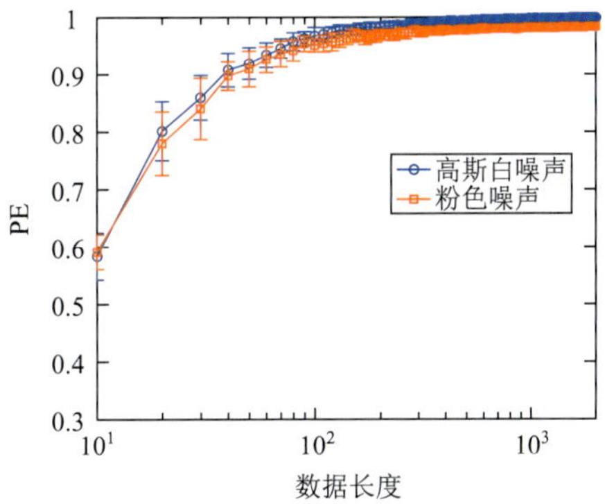

(b) 数据长度对PE算法的影响

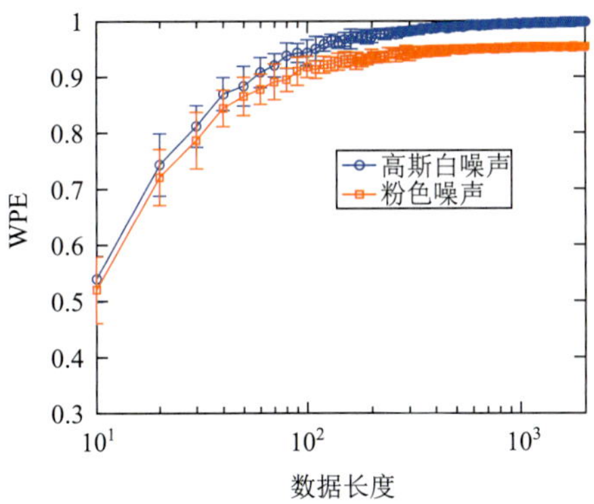

(c) 数据长度对WPE算法的影响

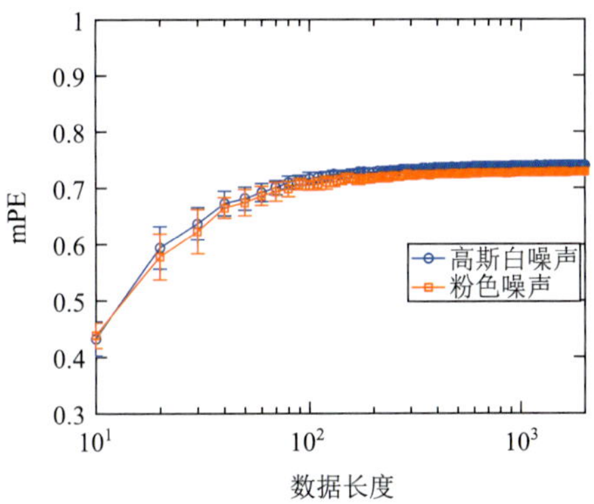

(d) 数据长度对mPE算法的影响

图 7.8　数据长度对信息熵算法的影响

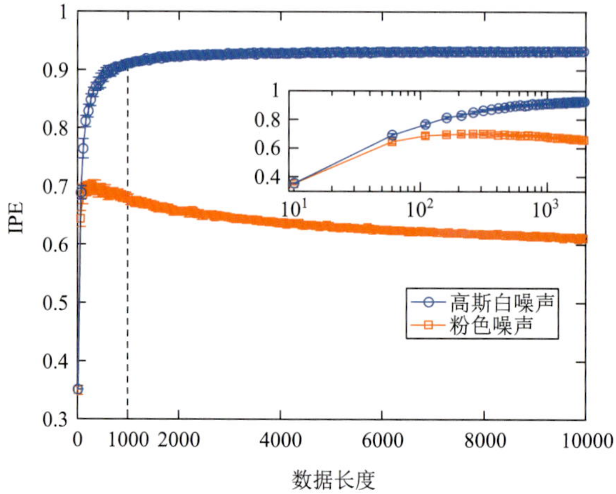

图 7.11　数据长度对 IPE 算法的影响

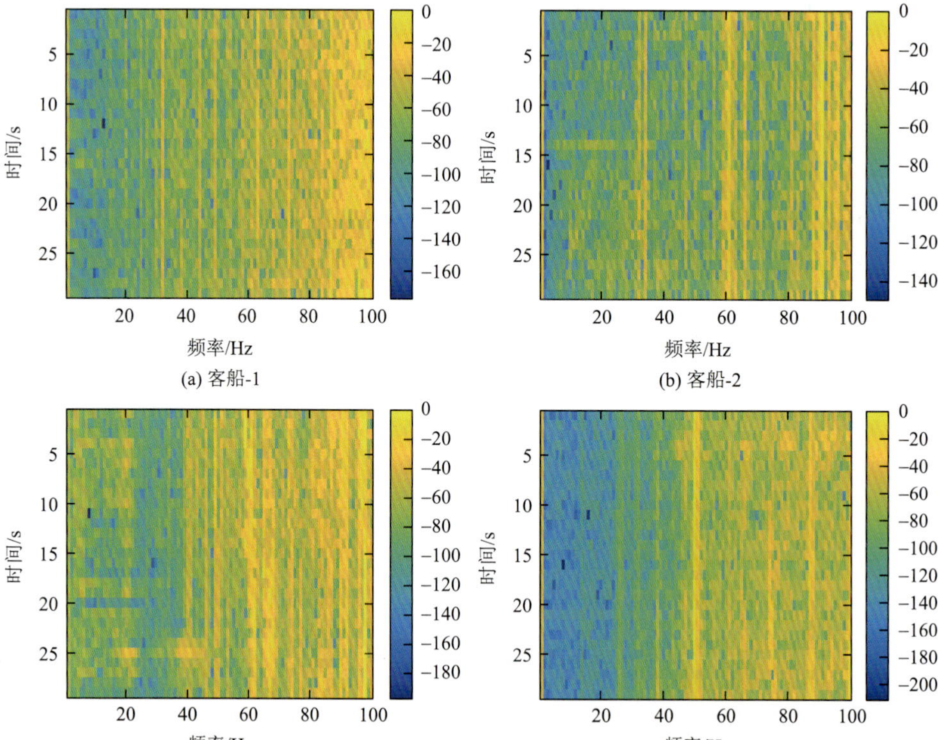

(a) 客船-1

(b) 客船-2

(c) 客船-3

(d) 客船-4

图 7.21　客船的 LOFAR 谱特征

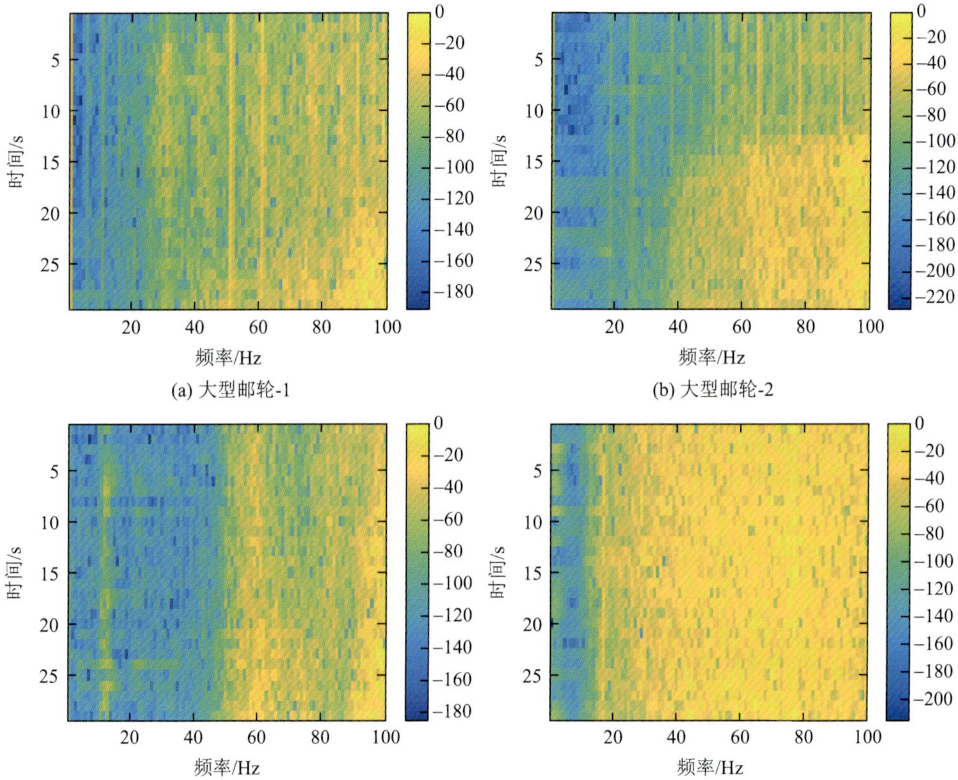

(a) 大型邮轮-1　(b) 大型邮轮-2

(c) 大型邮轮-3　(d) 大型货船

图 7.22　大型邮轮/货船的 LOFAR 谱特征

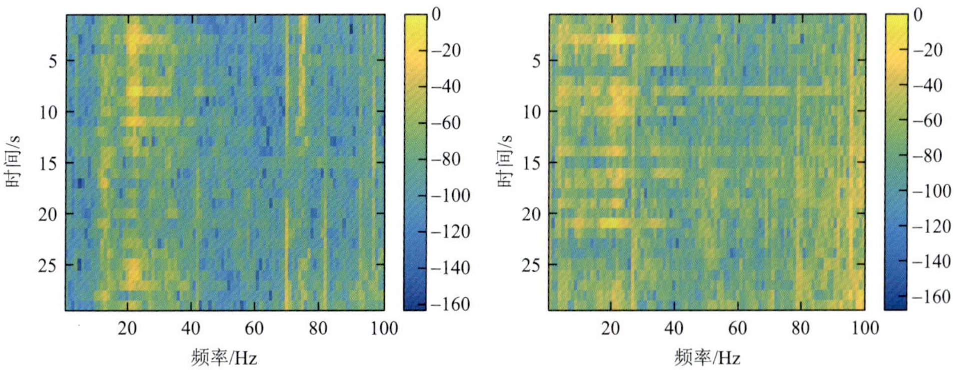

(a) 摩托艇-1　(b) 摩托艇-2

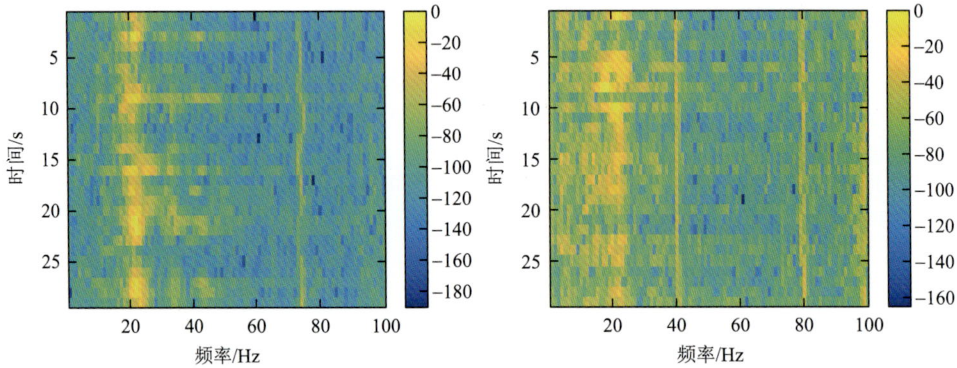

(c) 摩托艇-3　　(d) 摩托艇-4

图 7.23　摩托艇的 LOFAR 谱特征

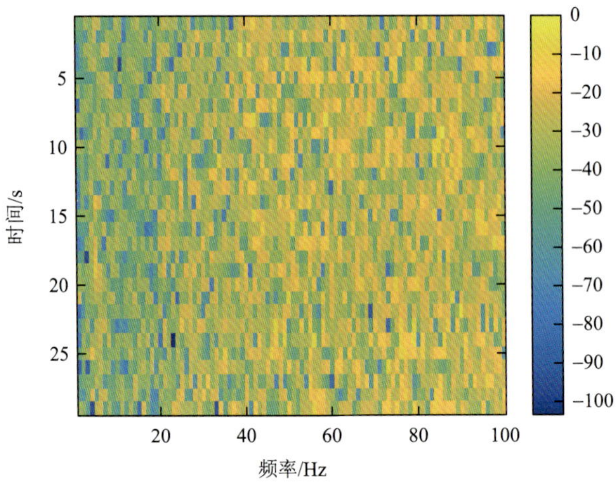

图 7.24　海洋背景噪声的 LOFAR 谱特征